高等学校教材

食品工厂设计与环境保护

王 颉 主编

化学工业出版社
教材出版中心
·北 京·

图书在版编目（CIP）数据

食品工厂设计与环境保护/王颉主编．—北京：化学
工业出版社，2006.3（2021.7重印）
高等学校教材
ISBN 978-7-5025-8036-0

Ⅰ．食…　Ⅱ．王…　Ⅲ．①食品厂-设计-高等学校-教材
②食品厂-环境保护-高等学校-教材　Ⅳ．①TS208②X322

中国版本图书馆 CIP 数据核字（2006）第 017998 号

责任编辑：赵玉清　　　　　　　　　文字编辑：温建斌
责任校对：于志岩　　　　　　　　　装帧设计：潘　峰

出版发行：化学工业出版社　教材出版中心（北京市东城区青年湖南街 13 号　邮政编码 100011）
印　　装：北京虎彩文化传播有限公司
787mm×1092mm　1/16　印张 16½　字数 433 千字　2021 年 7 月北京第 1 版第 9 次印刷

购书咨询：010-64518888　　　　　　售后服务：010-64518899
网　　址：http://www.cip.com.cn
凡购买本书，如有缺损质量问题，本社销售中心负责调换。

本 书 编 委 会

主　　　编：王　颉（河北农业大学）

参加编写人员：薛文通（中国农业大学）

陈复生（河南工业大学）

张大力（吉林农业大学）

艾志录（河南农业大学）

何俊萍（河北农业大学）

袁　丽（河北农业大学）

陈　洁（河南工业大学）

张　慧（中国农业大学）

前　　言

食品工业是中国最具活力的主要产业之一。进入 21 世纪食品工业发展速度进一步加快，预计未来 10～20 年，食品加工产业链继续延伸扩展，中国食品产业将继续保持高速发展的势头。

在食品工业基本建设领域，工厂设计发挥着重要的作用。新建、改建和扩建一个工厂，均离不开设计工作。

食品工厂设计是综合性很强的一门科学技术。其内容包括了企业内应该配置的一切单项工程的完整设计，一般包括总平面布置，生产车间，动力车间（如锅炉房、变电站、给排水工程等），厂内外运输，自控仪表，采暖通风，环境保护工程，福利设施，办公楼，技术经济概算等单项工程设计。除了要求设计工作者具有计算、绘图、表达等基本功和专业理论、专业知识外，还应对工厂设计的工作程序、范围、设计方法、步骤、内容、设计的规范标准、设计的经济性等内容熟练掌握和运用。只有这样，才能完成有关的设计任务。本课程的主要任务是：了解我国基本建设的有关方针政策和规定，掌握基本建设的工作程序、内容和设计范围分工；了解食品工厂生产工艺设计在总体设计中的地位和作用，掌握生产工艺设计的范围、内容、基本方法和步骤、生产工艺设计的深度要求等基本知识；了解生产工艺设计与公用工程设计的关系，熟悉公用工程设计的有关知识；了解和熟悉工厂设计的有关规范标准以及技术经济和概算等内容要求；了解国家在环境保护方面的有关法规、标准和要求；熟悉作为工艺设计主要成果的食品工厂设计说明书和工艺设计图（工程语言）的有关内容、特点、表示方法、规范和标准等知识。

生产工艺设计是总体设计的主导设计，其他配套专业是根据生产工艺提出的要求来进行设计。食品工厂生产工艺设计负责全厂生产工艺流程设计和各生产车间的设计，并向配套专业人员提供设计依据、提出设计要求。作为配套专业也有自身的工艺，如供热、供冷、给排水等工程，需要根据相关专业知识来进行工艺设计。生产工艺设计不仅要求工艺设计具有先进性和合理性，而且也将直接影响到其他协同设计的配套专业的设计先进性和合理性。食品工厂设计要求工艺专业人员，不仅要熟练地掌握本专业的知识和技能，而且还要熟悉有关专业的知识和技能。只有这样，才能更好地与各专业相互配合，紧密合作，共同搞好设计工作。

食品工厂的总体设计是由各个车间设计构成的，车间设计是总体设计的组成部分，总体设计和车间设计都是由生产工艺设计和其他非工艺设计（包括土建、采暖通风、供水、供电、供热等）组成的。生产工艺设计人员主要是担负工艺设计部分，其中尤以车间工艺设计为主。因此，车间工艺设计是本书的中心内容。

食品工厂设计与环境保护是食品工程专业及相关专业的重要专业课

程。它是以工艺设计为主要内容的多学科的综合性课程，同时又是一门实用性很强的课程。学生学习本课程后，把在大学所学的知识，通过毕业设计的形式进行综合运用。但因食品种类复杂，品种繁多，在本教材中无法面面俱到，只能根据食品工厂设计的特点叙述其基本原理及设计方法。

本教材中第1章、第2章、第4章、第8章、第9章、第10章由河北农业大学王颉教授和袁丽老师编写，第3章由河北农业大学王颉教授、何俊萍副教授和河南工业大学陈复生教授、陈洁副教授编写，第5章由吉林农业大学张大力副教授编写，第6章由河南农业大学艾志录教授编写，第7章由中国农业大学薛文通教授和张慧副教授编写，全书由王颉统稿。

在编写过程中得到了化学工业出版社和河北农业大学等单位的同志们的热情帮助，教材中凝聚了全体作者在教学科研实践中的经验和心血，研究生王菁莎和郭雪霞同学，为本书的出版做了大量的辅助性工作，此外，本教材引用了大量公开发表的文献资料，在此一并向这些作者和提供过帮助的人们致以衷心的感谢！

由于作者水平有限，书中错误在所难免，恳请读者批评指正。

编 者
2006.2

目　　录

第1章 基本建设程序和工厂设计的内容

教学目标

（1）了解基本建设及基本建设程序的主要内容；

（2）熟悉项目建议书概要，进行食品工厂设计应注意的问题；

（3）掌握可行性研究的主要依据、作用、步骤、可行性研究报告的内容及可行性研究注意事项；

（4）了解食品工厂设计工作的职责、具体内容、工作步骤及施工、安装、试产、验收、交付生产的工作程序和要求。

1.1 基本建设及其程序

基本建设是指固定资产的建筑、添置和安装，包括工厂、农场、水库、商店等工程的建设，以及机械设备和车辆等的添置和安装，也包括机关、学校、医院等房屋、设备的建筑、添置和安装及居民住宅的建设等。基本建设是一项主要为发展生产奠定物质基础的工作，通过勘察、设计和施工以及其他有关部门的经济活动来实现。按经济内容可分为生产性建设与非生产性建设，按建设性质可分为新建、改建、扩建和恢复。其内容主要包括：①建筑工程，如各种房屋和构筑物的建筑工程、设备的基础、支柱的建筑工程等；②设备安装工程，如生产、动力等各种需要安装的机械设备的装配、装置工程；③设备（包括需要安装的和不需要安装的）、工具、器具的购置；④其他与固定资产扩大再生产相联系的勘察、设计等工作。

基本建设程序是指基本建设项目在整个建设过程中各项工作的先后顺序。这个顺序受地质、水文等自然条件和物质技术条件的约束，工厂设计应遵循基本建设的程序，按照科学的逻辑顺序和时间序列安排基本建设项目的建设工作。

建设项目是指按照一个总体设计进行施工的基本建设工程，一般由一个或几个互有内在联系的单项工程组成，建成后在经济上可以独立经营，行政上可以统一管理，也称建设单位。例如一个食品工厂即为一个建设项目。

基本建设工作的涉及面广，内外协作配合的环节多，必须按计划有步骤、有程序地进行，才能达到预期的效果。按规定，一个项目从计划建设到建成投产，一般要经过下列几个阶段。

首先，根据国民经济和社会发展的长远规划和生产力布局的要求，结合行业和区域发展规划的要求，提出项目建议书。

其次，项目建议书经有关部门批准后，进行初步可行性研究或可行性研究，同时选择厂址。

第三，在可行性研究获得批准后，编写设计计划任务书。

第四，根据批准的设计计划任务书进行勘察、设计、施工、安装、试产、验收，最后交付使用。

1.1.1 项目建议书

项目建议书必须根据国民经济和社会发展的长远规划和工业布局的要求，以及国内外市场的需求，在进行初步调查研究的基础上提出，是投资决策前对拟建项目的轮廓性设想，主要是分析项目建设的必要性和可行性。项目建议书的内容主要包括产品方案、市场分析、生产规模、投资额度、厂址选择、资源状况、建设条件、建设期限、资金筹措及经济效益和社会效益分析等。项目建议书经国家有关部门批准后即可开展可行性研究。

1.1.2 可行性研究

可行性研究是对拟建项目在工程技术、经济及社会等方面的可行性和合理性进行的研究。可行性研究以大量数据作为基础，对各项调查研究材料进行分析、比较后得出可行性研究结论，因而在进行可行性研究时，必须搜集大量的资料和数据。

1.1.2.1 可行性研究的主要依据

（1）根据国民经济和社会发展的长远规划及行业和区域发展规划进行可行性研究　发展规划是对整个国民经济和社会发展或行业发展的整体部署和安排，体现了整体的发展思路，建设项目在进行可行性研究时如果脱离开宏观经济发展的引导，就难以客观准确地评价建设项目的实际价值。在可行性研究中，任何与国民经济整体发展趋势和行业总体发展趋势相悖的项目都不应作为选定的项目。

（2）根据市场的供求状况及发展变化趋势进行可行性研究　市场是商品供求关系的总和，可行性研究应根据食品工业的特点，分析消费者的收入水平对拟生产产品的需求状况的影响，分析拟生产产品与本行业中原有产品的替代关系，预测拟生产产品可能占有的市场份额。在可行性研究中，任何产品市场需求不足的投资项目都不应作为选定的项目。

（3）根据可靠的自然、地理、气象、地质、经济、社会等基础资料进行可行性研究　拟建项目应有经国家正式批准的资源报告及有关的各种区划、规划，应对项目所需原材料、燃料、动力等的数量、种类、品种、质量、价格及运输条件等进行客观的分析评价。

（4）根据与项目有关的工程技术方面的标准、规范、指标等进行可行性研究　这些与项目有关的工程技术方面的标准、规范、指标等是可行性研究中进行厂址选择、项目设计和经济技术评价必不可少的资料，可以有效地保障投资项目在技术上的先进性、工艺上的科学性及经济上的合理性。

（5）根据国家公布的关于项目评价的有关参数、指标等进行可行性研究　在进行财务、经济分析时，需要有一套相应的参数、数据及指标，如基准收益率、折现率、折旧率、社会折现率、外汇汇率和投资回收期等，所采用的应是国家公布实行的参数。

1.1.2.2 可行性研究的作用

可行性研究的最终研究成果是可行性研究报告，它是投资者在前期准备阶段的纲领性文件，是进行其他各项投资准备工作的主要依据。可行性研究的作用有以下几个方面。

（1）为投资者进行工程项目决策提供依据　可行性研究是投资者在投资前期的重要工作，投资者一般应委托有资质的、有信誉的工程咨询机构，在充分调研和分析论证的基础上，编制可行性研究报告，并以可行性研究的结论作为其决策的主要依据。

（2）为投资者申请项目贷款提供依据　无论是国外，还是国内的银行和其他金融机构在受理项目贷款申请时，首先要求申请者提供可行性研究报告，然后对其进行全面细致的审查和分析论证，在此基础上编制项目评估报告，评估报告的结论是金融机构确定贷款与否的重要依据。世界银行集团的国际复兴开发银行、国际金融协会、国际金融公司和亚洲开发银行等国际金融机构也都将提交可行性研究报告作为申请贷款的先决条件。

（3）为商务谈判和签订有关合同或协议提供依据 有些项目可能需要引进技术和进口设备，如与外商谈判时要以可行性研究报告的有关内容（如设备选型、生产能力、技术先进程度）为依据。在项目实施与投入运营之后，也需要供电、供水、供气、通讯和原材料供应等单位或部门协作配套，因此，要根据可行性研究报告的有关内容与这些单位和部门签订有关合同或协议。

（4）可行性研究是建设项目进行项目设计和项目实施的基础 在可行性研究中对产品方案、建设规模、厂址、工艺流程、主要设备选型、总平面布置等都进行了较为详细的方案比较和论证，依据技术先进、工艺科学及经济合理的原则，对项目建设方案进行筛选。可行性研究报告经审批后，建设项目的设计工作及实施须以此为据。

（5）可行性研究是投资项目制订技术方案、设备方案的依据 通过可行性研究，可以保障建设项目采用的技术、工艺及设备等的先进性、可靠性、适用性及经济合理性，在市场经济条件下投资项目的技术选择、设计方案选择主要取决于其经济合理性。

（6）可行性研究是安排基本建设计划，进行项目组织管理、机构设置及劳动定员等的依据 项目组织管理、机构设置及劳动定员等的状况直接关系到项目的运作绩效，可行性研究为建立科学有序的项目管理机构和管理制度提供了客观依据，可以保障建设项目的顺利实施。

（7）可行性研究是环保部门审查建设项目对环境影响程度的依据 根据《中华人民共和国环境保护法》、《基本建设项目环境保护管理办法》等的规定，在编制项目可行性研究时，要对建设项目的选址、设计、建设及生产等对环境的影响做出评价，在审批可行性研究报告时，要同时审查环境保护方案，防污、治污设施与项目主体工程必须同时设计、同时施工、同时投产，各项有害物质的排放必须符合国家规定标准。

（8）为企业投资上市提供依据 一般而言，企业成长到一定阶段都要公开发行股票，根据资本市场融资的要求，而在发行股票时，不论是首次公开发行、增资发行还是配股，一般都会包含一些工程项目。按我国有关政府职能部门的要求，这些工程项目都要进行可行性研究，并且要经过审批。因此说可行性研究可以为企业投资上市提供依据。

1.1.2.3 可行性研究的步骤

可行性研究既有工程技术问题，又有财务经济问题，其内容涉及面广，在进行可行性研究时一般要涉及项目建设单位、主管部门、金融机构、工程咨询公司、工程建设承包单位、设备及材料供应单位以及环保、规划、市政公用工程等部门和单位。应有工业经济、市场分析、工业管理、工艺、设备、土建及财务等方面的人员参与这项工作，在工作过程中还可根据需要请一些其他专业人员如地质、土壤等方面的人员短期协助工作。可行性研究分为以下五个步骤。

（1）组建工作小组 对拟建的工程项目进行可行性研究，首先要确定工作人员，组建可行性研究工作小组。工作小组的人员结构要尽量合理，食品企业可行性研究编制的工作小组一般可包括工业经济专家、市场分析专家、财务分析专家、土木建筑工程师、专业技术工程师和其他辅助人员。从国外实践来看，工程项目的可行性研究一般都由投资者委托有实力、有信誉的中介机构去做。根据我国有关规定，工程项目可行性研究一般也要委托有资质的工程咨询机构来承担，特别是大型工程项目。如果投资者委托工程咨询机构进行可行性研究，首先由委托单位与可行性研究编制机构签订委托协议，然后成立工作小组。工作小组一般由编制可行性研究的机构来组织，工作小组的人员可以是咨询机构的专职人员，也可以是外聘的专家。工作小组成立以后，可按可行性研究的内容进行基本的分工，并分头进行调研，分别撰写详细的提纲，然后由组长综合工作小组成员的意见，编写可行性研究报告的详细提纲，并要求根据提纲展开下一步工作。

（2）数据调研与收集 根据分工，工作小组各成员分别进行数据调查、整理、估算、分析以及有关指标的计算等。在可行性研究中，数据的调查分析是重点。可行性研究所需要的数据来自三个方面。一是投资者提供的资料。因为投资者在进行项目的初步决策时，已经对与项目有关的问题进行过比较详细的考察，并获取一定量的信息，这可以作为工程咨询机构的重要信息来源渠道。二是工程咨询机构本身所拥有的信息资源。工程咨询机构都是有资质的从事工程项目咨询的机构，拥有丰富的经验和专业知识，同时也占有大量的历史资料、经验资料和关于可行性研究方面的其他相关信息。三是通过调研占有信息。一般而言，投资者提供的资料和工程咨询机构占有的信息不可能满足编制可行性研究报告的要求，还要进行广泛的调研，以获取更多的信息资料。必要时，也可以委托专业调研机构进行专项信息调研，以保证获取更加全面的信息资料。从实践来看，对于结构比较复杂的大型工程项目，在进行可行性研究时，委托专业研究机构进行专业调查研究，往往会取得事半功倍的效果。在实践中，可以由工程咨询机构委托，也可由投资者委托，但从实际效果看，由工程咨询机构委托较为合理。

（3）方案编制与优化 取得信息资料后，要对其进行整理和筛选，并组织有关人员进行分析论证，以考察其全面性和准确性。在此基础上，对项目的建设规模与产品方案、场址方案、技术方案、设备方案、工程方案、原材料供应方案、总图布置与运输方案、公用工程与辅助工程方案、环境保护方案、组织机构设置方案、实施进度方案以及项目投资与资金筹措方案等进行备选方案的编制，并进行方案论证后，提出推荐方案。

（4）形成可行性研究报告初稿 在提出推荐方案以后，即进入可行性研究报告的编写阶段，首先根据可行性研究报告的要求和编写分工，编写出可行性研究报告的初稿。报告的编写，要求工作小组成员进行很好的衔接、配合和联合工作才能完成。

（5）论证和修改 编写出可行性研究报告初稿以后，首先要由工作小组成员分析论证，形式是：由工作小组成员介绍各自负责的部分，大家一起讨论，提出修改意见。对于可行性研究报告，要注意前后的一致性、数据的准确性、方法的正确性和内容的全面性等，提出每一个结论，都要有充分的依据。有些项目还可以扩大参加论证的人员范围，可以请有关方面的决策人员、专家和投资者等参加讨论，在经过充分的讨论后，对可行性研究报告进行修改，并最后定稿。

1.1.2.4 可行性研究报告的内容

建设项目的性质、任务、规模以及工程复杂程度不同，可行性研究的内容也各有其侧重点，但基本内容是相同的。我国2002年出版的由中国国际工程咨询公司组织编写的《投资项目可行性研究指南》提供的可行性研究报告结构和内容包括以下几方面。

（1）总论 ①项目提出的背景；②项目概况；③问题和建议。

（2）市场预测 ①市场现状分析；②产品供需预测；③价格预测；④竞争力分析；⑤市场风险分析。

（3）资源条件分析 ①资源可利用量；②资源品质情况；③资源赋存条件；④资源开发价值。

（4）建设规模与产品方案 ①建设规模与产品方案构成；②建设规模与产品方案的比选；③推荐的建设规模与产品方案；原有设施利用情况。

（5）场址选择 ①场址现状；②场址方案比选；③推荐的场址方案；④技术改造项目原有场址的利用情况。

（6）技术方案、设备方案和工程方案 ①技术方案选择；②主要设备方案选择；③工程方案选择；④技术改造项目改造前后的比较。

（7）原材料、燃料供应　①主要原材料供应方案；②燃料供应方案。

（8）总图、运输与公用辅助工程　①总图布置方案；②场内外运输方案；③公用工程与辅助工程方案；④技术改造项目现有公用辅助设施利用情况。

（9）节能措施　①节能措施；②能耗指标分析。

（10）节水措施　①节水措施；②水耗指标分析。

（11）环境影响评价　①环境条件调查；②影响环境因素分析；③环境保护措施。

（12）劳动、卫生、安全与消防　①危险因素与危害程度分析；②安全消防措施；③卫生保健措施；④消防设施。

（13）组织机构与人力资源配置　①组织机构及其适应性分析；②人力资源配置；③员工培训。

（14）项目实施进度　①建设工期；②实施进度安排；③技术改造项目建设与生产的衔接。

（15）投资估算

（16）融资方式　①融资组织形式；②资本金筹措；③债务资金筹措；④融资方案分析。

（17）财务评价　①财务评价基础数据与参数选取；②销售收入与成本费用估算；③财务评价报表；④盈利能力分析；⑤偿债能力分析；⑥不确定性分析；⑦财务评价结论。

（18）国民经济评价　①影子价格及评价参数选取；②效益费用范围与数值调整；③国民经济评价报表；④国民经济评价指标；⑤国民经济评价结论。

（19）社会评价　①项目对社会影响分析；②项目与所在地互适性分析；③社会风险分析；④社会评价结论。

（20）风险分析　①项目主要风险识别；②风险程度分析；③社会防范风险对策。

（21）研究结论与建议　①推荐方案总体描述；②推荐方案优缺点描述；③主要对比方案；④结论与建议。

建设项目可行性研究中的附件应包括如下内容。

① 项目可行性研究依据文件，包括项目建议书、初步可行性研究报告、各类批文及协议、调查报告及资料汇编、试验报告及其他；②厂址选择报告书；③资源勘探报告；④贷款意向；⑤环境影响报告书；⑥需要单独进行可行性研究的单项或配套工程的可行性研究报告（如自备热电站、铁路专用线、水厂等）；⑦对国民经济有重要影响的产品的市场调查报告；⑧引进技术项目的考察报告、设备协议；⑨利用外资项目的各类协议文件；⑩其他。

（22）附图　建设项目可行性研究中的附图应包括：①厂址地形或位置图；②总平面布置方案图；③工艺流程图；④主要车间布置方案简图；⑤其他。

（23）报表　建设项目可行性研究中的附表应包括：①现金流量表；②损益表；③资产负债表；④资金来源与运用表；⑤外汇平衡表；⑥国民经济效益费用流量表；⑦固定资产投资估算表；⑧流动资金估算表；⑨投资总额及资金筹措表；⑩借款还本付息表；⑪产品销售收入和销售税金估算表；⑫总成本费用估算表；⑬固定资产折旧估算表；⑭无形及递延资产摊销估算表。

1.1.2.5 可行性研究应注意事项

（1）可行性研究应实事求是，客观公正　编制可行性研究报告，必须坚持实事求是的态度，在调查研究的基础上据实论证，本着对国家、企业负责的精神，客观、公正地进行建设项目方案的分析比较，尽量避免把可行性研究当成一种目的，为了"可行"而"研究"，把可行性研究报告作为争投资、争项目的"通行证"。可行性研究是一种科学的方法，只有保持项目可行性研究报告的客观性和公正性，才能保证可行性研究的科学性和严肃性，才能为投资决策提供科学的依据。

（2）可行性研究的深度应能达到标准要求　可行性研究报告的基本内容应完整，文件应齐全，研究深度应达到国家规定的有关标准。建设项目可行性研究的内容和深度是否达到国家规定的标准，将直接关系到可行性研究的质量。如果项目可行性研究的内容和质量达不到规定要求，评估机构、投资机构等部门和单位将不予受理。食品工业项目的可行性研究内容应按 1.1.2.4 要求编制，方可保证建设项目可行性研究的质量，充分发挥其应有的作用。

（3）承担可行性研究工作的单位应具备的条件　可行性研究工作一般委托经资格审定、国家正式批准颁发证书的设计单位或工程咨询公司承担。委托单位向承担单位提交项目建议书，说明对拟建项目的基本设想、资金来源的初步计划，并提供基础资料。为保证可行性研究成果的质量，应保证必要的工作周期，可采取有关部门或建设单位向承担单位进行委托的方式，由双方签订合同，明确可行性研究工作的范围、前提条件、进度安排、费用支付办法以及协作方式等内容，如果发生纠纷，可按合同追究责任。

（4）可行性研究报告的审批　可行性研究报告编制完成以后，由项目单位上报，申请有关部门审批。根据国家有关规定，大中型项目建设的可行性研究报告，由各主管部，各省、市、自治区或全国性专业公司负责预审，报国家发展和改革委员会审批，或由国家发展和改革委员会委托有关单位审批。重大项目和特殊项目的可行性研究报告，由国家发展和改革委员会会同有关部门预审，报国务院审批。小型项目的可行性研究报告则按隶属关系由各主管部，各省、市、自治区或全国性专业公司审批。有的设计项目经过可行性研究，已经证明没有建设的必要时，经审定后即将项目取消。为了严格执行基本建设程序，我国还规定，大中型建设项目未附可行性研究报告及其审批意见的，不得审批设计计划任务书。

1.1.3　设计计划任务书

设计计划任务书的编写，是在调查研究之后，认为建立该食品厂具有可行性的基础上进行的，可由项目单位自己组织人员编写，亦可请专业设计部门参与，或者委托设计部门编写。

1.1.3.1　设计计划任务书的内容

设计计划任务书是根据可行性研究的结论，提出建设一个食品工厂的计划。设计计划任务书包括以下内容。

（1）建设目的。叙述原材料供应、产品生产及市场销售三方面的状况，同时说明建厂后对国民经济的影响作用。

（2）建设规模。说明项目产品的年产量、生产范围及发展远景。如果分期建设，则需说明每期投产能力以及最终生产能力。

（3）产品方案或纲领。说明产品品种、规格标准及各种产品的产量。

（4）生产方式。提出主要产品的生产方式，并且说明这种产品生产方式在技术上的先进性、成熟性，并对主要设备提出订货计划。

（5）工厂组成。新建厂包括哪些部门，有哪几个生产车间及辅助车间，有多少仓库，用哪些交通运输工具等。还有哪些半成品、辅助材料或包装材料是需要与其他单位协同解决的，以及工厂中经营管理人员和生产工人的配备和来源状况等。

（6）工厂的总占地面积和地形图。

（7）工厂总的建筑面积和要求。

（8）公用设施。包括给排水、电、汽、通风、采暖及"三废"治理等要求。

（9）交通运输。说明交通运输条件（是否有公路、码头、专用铁路），吞吐量，需要多少厂内外运输设备。

（10）投资估算。包括固定资金和流动资金各方面的总投资。

（11）建厂进度。包括设计、施工由何单位负责，何时完工、试产，何时正式投产。可用图表表示。

（12）估算建成后的经济效益。设计计划任务书中的经济效益应着重说明工厂建成后拟达到的各项技术经济指标和投资利润率。投资利润率是指工厂建成投产后每年所获得的利润与投资总额的比值。投资利润率越高，说明投资效果越好。

技术经济指标包括产量，原材料消耗，产品质量指标，生产每吨成品的水、电、汽耗量，生产成本和利润等。

1.1.3.2　编写设计计划任务书时应注意的问题

（1）工程地质、水文地质的勘探、勘察报告，要按照规定，有主管部门的正式批准文件。

（2）主要原材料和燃料、动力需要外部供应的，要有有关部门、有关单位签署的协议草案或意见书。

（3）交通运输、给排水、市政公用设施等应有协作单位或主管部门草签的协作意见书或协议文件。

（4）建设用地要有政府部门批准的正式文件。

（5）产品销路、经济效果和社会效益应有技术、经济负责人签署的调查分析和论证计算资料。

（6）环保措施要有环保部门的鉴定意见。

（7）采用新技术、新工艺时，要有技术部门签署的技术工艺成熟、可用于工程建设的鉴定书。

（8）建设资金来源，如中央预算、地方预算内统筹、自筹、银行贷款、合资联营、利用外资，均需注明。如金融机构提供项目贷款的，应附有关金融机构签署的意见。

1.1.4　设计工作

设计单位接受设计任务后，必须严格按照基建程序办事。设计工作必须以已批准的可行性研究报告、设计计划任务书及其他有关资料为依据。在市场供求状况、建设规模和厂址选择这几个因素中，市场供求状况是建设项目存在的前提，也是确定项目建设规模的根据。而规模和厂址则是工厂设计的前提。只有规模和厂址方案都确定了，才能进行工厂设计。工厂设计完成后，才能进行投资和成本的概算工作。

1.1.4.1　设计准备

设计单位接受设计任务后，首先对与项目设计有关的资料进行分析研究，然后对其不足的部分资料，再进行进一步收集。

（1）到拟建项目现场收集资料。设计者到现场对有关的资料进行核实，对不清楚的问题加以了解直至弄清为止。例如拟建食品工厂厂址的地形、地貌、地物情况，四周是否有特殊的污染源，以及水源水质问题等。要从当地水、电、热、交通运输部门了解对新建食品工厂设计的约束。要了解当地的气候、水文、地质资料，同时向有关单位了解工厂所在地的发展方向，新厂与有关单位协作分工的情况及建筑加工的预算价格等。

（2）到同类工厂或同类工程项目所在地考察一些技术性、关键性资料，以备参考。

（3）从政府有关部门收集国民经济发展规划、城市发展规划、环境保护执行标准、基础设施现状与规划资料等。

1.1.4.2　设计

食品工厂的设计工作一般是在收集资料以后进行的。首先拟订设计方案，而后根据项目的大小和重要性，一般分为二阶段设计和三阶段设计两种。对于一般性的大中型基建项目，采用二阶段设计，即扩大初步设计（简称扩初设计）和施工图设计。对于重大的复杂项目或援外项目，采用三阶段设计，即初步设计、技术设计和施工图设计。小型项目有的也可指定只做施工图设计。目前，国内食品工厂设计项目，一般只做二阶段设计。现将有关二阶段设计中的扩初设计和施工图设计的深度、内容及审批权限叙述如下。

1.1.4.2.1　扩大初步设计（简称扩初设计）

扩初设计是在设计范围内做详细全面的计算和安排，说明本食品厂的全貌，但图纸深度不深，还不能作为施工指导，但可供有关部门审批，这种深度的设计叫扩初设计。根据原轻工业部颁发的《轻工业企业初步设计内容暂行规定（试行）》共分为总论、技术经济、总平面布置及运输、工艺、自动控制、测量仪表、建筑结构、给排水、供电、供汽、供热、采暖、通风、空压站、氮氧站、冷冻站、环境保护及综合利用、维修、中心化验室（站）、仓库（堆场）、劳动保护、生活福利设施和总概算等部分，分别进行扩初设计。

（1）扩初设计的深度要求　①满足对专业设备和通用设备的订货要求，提出委托设计或试制的技术要求；②满足主要建筑材料、安装材料（钢材、木材、水泥、大型管材、高中压阀门及贵重材料等）的估算数量和预安排要求；③控制基本建设投资；④征用土地；⑤确定劳动指标；⑥核定经济效益；⑦设计审查；⑧建设准备；⑨满足编制施工图设计要求。

（2）扩初设计文件（或叫初步设计文件）的编制内容　根据扩初设计的深度要求，设计人员通过设计说明书、附件和总概算书三部分，对食品工厂整个工程的全貌（如厂址、全厂面积、建筑形式、生产方法与方式、产品规格、设备选型、公用配套设施和投资总数等）做出轮廓性的设计和描述，供有关部门审批。把扩初设计说明书、附件和总概算书总称为"扩初设计文件"。

扩初设计说明书中有按总平面、工艺、建筑等各部分分别进行叙述的内容；附件中包括图纸、设备表、材料表等内容；总概算书是将整个项目的所有工程费和其他费用汇总编写而成。下面以某车间初步设计文件中工艺部分的内容为例加以说明。

① 扩初设计说明书　说明书的内容应根据食品工业的特点、工程的繁简条件和车间的多少分别进行编写。其内容如下。

a.概述。说明车间设计的生产规模、产品方案、生产方法、工艺流程的特点；论证其技术先进、经济合理和安全可靠性；说明论证的根据和多方案比较的要求；车间组成、工作制度、年工作日、日工作小时、生产班数、连续或间歇生产情况等。

b.成品或半成品的主要技术规格或质量标准。

c.生产流程简述。叙述物料经过工艺设备的顺序及生成物的去向，产品及原料的运输和储备方式；说明主要操作技术条件，如温度、压力、流量、配比等参数（如果是间歇操作，须说明一次操作的加料量、生产周期及时间）；说明易爆工序或设备的防护设施和操作要点。

d.说明采用新技术的内容、效益及其试验鉴定经过。

e.原料、辅助材料、中间产品的费用及主要技术规格或质量标准。单位产品的原材料、动力消耗指标（如水、电、汽等）与国内已达到的先进指标的比较说明（表1.1）。

表1.1　原材料、动力消耗指标及需用量

序　号	名　称	规格或质量标准	单　位	单位产品消耗指标	需　用　量			国内已达到的先进水平	备　注
					时	天	年		

f. 主要设备选择。主要设备的选型、数量和生产能力的计算，论证其技术先进性和经济合理性。需引进设备的名称、数量及说明。

g. 物料平衡、热能平衡图（表）及说明。

h. 节能措施及效果。

i. 室外工艺管道有特殊要求的应加以说明。

j. 存在问题及解决办法和意见。

② 附件

a. 设备表（表1.2）。

表1.2 设备表

序号	布置图设备编号	设备名称	型号与名称	主要材料	数量	质量（设备单重）/kg	每台设备所附电动机或电热器				电动机或电热器		设备来源及图号	设备单价	备注
							型号	容量/kW	电压	台数	总容量	总台数			

b. 材料估算表（表1.3）。

表1.3 材料估算表

序号	名称规格	材料	单位	数量	单位质量/kg	总质量/kg	备注

c. 图纸：工艺流程图，设备布置图，项目内自行设计的关键设备草图等。

③ 总概算书 见第9章。

（3）扩初设计的审批权限 扩初设计完成后，将设计文件交主管部门审批。

大型建设项目的初步设计文件，按隶属关系，由国务院主管部门或省、市、自治区提出审查意见，报国家建设部批准。

中型建设项目的初步设计文件，按隶属关系，由国务院主管部门或省、市、自治区审批，批准文件抄送建设部备案。国家指定的中型项目的初步设计文件要报国家建设部审批。

小型项目的设计内容和审批权限，由各部门和省、市、自治区自行规定。

上级单位在审批项目设计文件时，往往要召集会议，组织有关单位，并邀请同类工厂中有经验的人参加，对设计提出意见和问题。设计单位应阐述设计意图，回答所有提出的问题，最后由上级部门加以归纳，并以文件的形式发给各单位。若城市规划、疾控中心、环境保护等单位认为设计不符合他们的规范和规定，可对设计提出否定意见，也可对设计的不合理部分提出修改意见。

设计文件经批准后，全厂总平面布置、主要工艺过程、主要设备、建筑面积、建筑结构、安全卫生措施、环境保护、总概算等需要修改时，必须经过原设计文件批准机关同意。未经批准，不可更改。

1.1.4.2.2 施工图设计

初步设计文件或扩初设计文件被批准后，就要进行施工图设计。在施工图设计中只是对已批准的初步设计在深度上进一步深化，使设计更具体、更详细地达到施工指导的要求。施工图是用图纸的形式使施工者了解设计意图，使用什么材料和如何施工等。在施工图设计时，对已批准的初步设计，在图纸上应将所有尺寸都标注清楚，便于施工。而在初步设计或扩初设计中只标注主要尺寸，供上级审批。在施工图设计时，允许对已批准的初步设计中发现的问题做修正和补充，使设计更合理化，但对主要设备等不做更改。若要更改时，必须经批准机关同意方可；在施工图设计时，应有设备和管道安装图、各种大样图和标准图等。例如食品工厂工艺设计的扩初设计图纸中没有管道安装图（管路透视图、管路平面图和管路支架等），而在施工图中就必不可少。在食品工厂工艺设计中的车间管道平面图、车间管道透视图及管道支架详图等都属工艺设计施工图。对于车间平面布置图，若无更改，则将图中所有尺寸标注清楚即可。

在施工图设计中，不需另写施工图设计说明书，而一般将施工说明写在有关的施工图上，所有文字必须简单明了。

工艺设计人员不仅要完成工艺设计施工图，而且还要向有关设计工种提出各种数据和要求，使整个设计和谐、协调。施工图完成后，交付施工单位施工。设计人员需要向施工单位进行技术交底，对相互不了解的问题加以说明磋商。如施工图施工有困难时，设计人员应与施工单位共同研究解决办法，必要时在施工图上做合理的修改。

三阶段设计中的初步设计近似扩初设计，深度可稍浅一些。通过审批后再做技术设计。技术设计的深度往往较扩初设计深，对于一些技术复杂的工程，不仅要有详细的设计内容，还应包括计算公式和参数选择。

1.1.5 施工、安装、试产、验收、交付生产

项目单位根据批准的基建计划和设计文件，提出物资、设备采购计划，落实建筑材料的供应来源、办理征地拆迁手续、落实水电及道路等外部施工条件和施工力量。所有建设项目，必须列入国家年度计划，做好建设准备，具备施工条件后，才能施工。施工单位应根据设计单位提供的施工图，编制施工预算和施工组织计划。施工预算如果突破设计概算，要讲明理由，上报原批准单位批准。施工前要认真做好施工图的会审工作，明确质量要求。施工中要严格按照设计要求和施工验收规范进行，确保工程质量。

土建施工完成后，要按照设计要求，认真组织设备的安装调试工作。

项目单位在建设项目完成后，应及时组织专门班子或机构，抓好生产调试和生产准备工作，保证项目或工程建成后能及时投产。要经过负荷运转和生产调试，保证在正常情况下能够生产出合格产品，还要及时组织验收。

大型项目，由国家建设部组织验收；中小型项目，按隶属关系由部或省、市、自治区负责组织验收。竣工项目验收前，建设单位要组织设计、施工等单位先行验收，向主管部门提出竣工验收报告，并系统整理技术资料，绘制竣工图，在竣工验收时作为技术档案，移交生产单位保存。建设单位要认真清理所有财产和物资，编好工程竣工决算，报上级主管部门审查。

竣工项目验收交接后，应迅速办理固定资产交付使用的转账手续，以加强固定资产的管理。

1.2 工厂设计的任务与内容

1.2.1 工厂设计的任务

工厂设计的主要任务是通过图纸来体现可行性研究报告提出的设想。可行性研究报告是

项目建设的总体思路，在工厂设计中应很好地体现这个思路，将项目总体设计的指导思想贯彻在工厂设计中，遵循技术上先进成熟、经济上合理的原则。工厂设计不可千篇一律，应从具体建设项目的具体条件和实际情况出发。例如，布局在工业发达地区的工厂与布局在工业欠发达地区的工厂或布局在少数民族地区的工厂的设计，不能一律追求设备的先进性，要考虑到当地的技术力量和施工条件及设备的实用性。又如，在劳动力过剩的地区，在工厂设计中应适当考虑劳动力的就业问题。

完成施工图纸后，设计单位必须向施工单位进行技术交底，介绍设计意图，与施工单位共同研究施工中的问题，使施工顺利进行。设备安装完毕后，设计单位还应参与试车运行，检查所选用的设备是否达到预计的效果。而后再与有关部门和单位共同验收签字。在整个项目结束后可根据需要，做好图纸的存档工作。

工厂设计是技术、工程、经济的结合体，工厂设计所采用的技术必须是成熟的技术。科研是先进技术的先导，科研成果必须经过中试、放大后才能应用到设计中来，这样才能保证设计中所选用技术的成熟程度。目前国内外有很多设计单位，为了采用先进技术，承担"技术开发"工作，将科研成果根据需要加以放大试验，改进提高，成为生产性的技术，这是设计单位非常重要的工作内容。科研成果的中试、放大虽不是设计本身的工作，但为设计提供了新技术和新设备，从而提高了设计水平和经济效果。在设计工作中一般会涉及城市规划、卫生、环境保护、消防及防空等部门，设计单位有责任按各部门的规范和指标进行设计，从而保证项目建成后能够正常运转。

1.2.2 工厂设计的内容

工厂设计包括工艺设计和非工艺设计两大组成部分。所谓工艺设计，就是按工艺要求进行工厂设计，其中又以车间工艺设计为主，并对其他设计部门提出各种数据和要求，作为非工艺设计的设计依据。

1.2.2.1 工艺设计

食品工厂工艺设计的内容主要包括全厂总体工艺布局，产品方案及班产量的确定，主要产品和综合利用产品生产工艺流程的确定，物料计算，设备生产能力的计算、选型及设备清单，车间平面布置，劳动力计算及平衡，水、电、汽、冷、风、暖等用量的估算，管道布置、安装及材料清单和施工说明等。

食品工厂工艺设计除上述内容外，还必须提出工艺对总平面布置中相对位置的要求，对车间建筑、采光、通风、卫生设施的要求，对生产车间的水、电、汽、冷、能耗量及负荷进行计算，对给水水质的要求，对排水和废水处理的要求和对各类仓库面积的计算及仓库温湿度的特殊要求等。

1.2.2.2 非工艺设计

食品工厂非工艺设计包括总平面、土建、采暖通风、给排水、供电及自控、制冷、动力、环保等的设计，有时还包括设备的设计。非工艺设计都是根据工艺设计的要求提出的数据进行设计的。

食品工厂工艺设计与非工艺设计之间的相互关系体现为工艺向土建提出工艺要求，而土建给工艺提供符合工艺要求的建筑；工艺向给排水、电、汽、冷、暖、风等提出工艺要求和有关数据，而水、电、汽等又反过来为工艺提供有关车间安装图；土建对给排水、电、汽、冷、暖、风等提供有关建筑，而给排水、电、汽等又给建筑提供有关涉及建筑布置的资料；用电各工程工种如工艺、冷、风、汽、暖等向供电提出用电资料；用水各工程工种如工艺、冷、风、汽、消防等向给排水提出用水资料。因为整个设计涉及工种多，而且纵横交叉，所以，各工种间的相互配合是搞好工厂设计的关键。

复习思考题

1. 食品工厂设计的任务是什么?
2. 可行性研究报告及设计计划任务书的内容有哪些?
3. 以你所在地为条件拟一份食品厂建设可行性研究报告提纲。

第2章　厂址选择和总平面设计

教学目标

(1) 掌握食品厂厂址选择的原则及厂址选择报告的编写内容；

(2) 了解总平面设计的原则、内容和基本方法。

2.1　厂址选择

食品工业的布局，涉及一个地区的长远规划。一个食品工厂的建设，与当地资源、交通运输、农业发展都有密切关系。食品工厂的厂址选择是否得当，将直接影响到工农关系、城乡关系，有时甚至还影响到基建进度、投资费用以及建成投产后的生产条件和经济效果。同时，与产品质量、卫生条件以及职工的劳动环境等，都有着密切关系。

厂址选择工作应当在当地城建部门的统筹安排下，由筹建单位负责，会同主管部门、建筑部门、城市规划部门和区、乡（镇）等有关单位，经过充分讨论和比较，选择优点最多的地址为建厂的地址。在选择厂址时，设计单位亦应参加。

2.1.1　厂址选择的原则

(1) 食品工厂的厂址应设在当地的规划区内，以适应当地发展规划的统一布局，并尽量不占或少占良田，做到节约用地。所需土地可按基建要求分期分批征用。食品工厂应设在环境洁净，绿化条件好，水源清洁的区域。

(2) 食品工厂一般建在原料产地附近的大中城市郊区，个别产品为有利于销售也可设在市区。这不仅可获得足够数量和质量新鲜的原料，也有利于加强食品企业对农村原料基地生产的指导和联系，而且还便于辅助材料和包装材料的获得，利于产品的销售，同时还可以减少运输费用。

(3) 所选厂址要有可靠的地质条件，应避免将工厂设在流沙、淤泥、土崩断裂层上。在矿藏地表处不应建厂。厂址应有一定的地耐力。建筑冷库的地方，地下水位不能过高。

(4) 厂区的标高应高于当地历史最高洪水位，特别是主厂房及仓库的标高更应高出当地历史最高洪水位。厂区自然排水坡度最好在 (4~8)/1000 之间。

(5) 所选厂址面积的大小，应能尽量满足生产要求，并有发展余地和留有适当的空余场地。

(6) 所选厂址附近应有良好的卫生环境，没有有害气体、放射源、粉尘和其他扩散性的污染源（包括污水、传染病医院等），特别是在上风向地区的工矿企业，更要注意它们对食品厂生产有无危害。厂址不应选在受污染河流的下游。还应尽量避免在古坟、文物、风景区和机场附近建厂，并避免高压线、国防专用线穿越厂区。

(7) 所选厂址应有较方便的运输条件（高速公路、铁路及水路）。若需要新建公路或专用铁路时，应选最短距离为好，以减少投资。

(8) 有一定的供电条件。在供电距离和容量上应得到供电部门的保证。

（9）所选厂址附近不仅要有充足的水源，而且水质要好（水质必须符合卫生部所颁发的饮用水水质标准）。城市采用自来水，即符合饮用水标准。若采用江、河、湖水，则需加以处理。若要采用地下水，则需向当地了解，是否允许开凿深井。同时，还得注意其水质是否符合饮用水要求。水源水质是食品工厂选择厂址的重要条件，特别是饮料厂和酿造厂，对水质要求更高。厂内排除废渣，应就近处理。废水经处理后排放。要尽可能对废渣、废水做综合利用。

（10）厂址最好选择在居民区附近，这样可以减少宿舍、商店、学校等职工的生活福利设施。

2.1.2 厂址选择报告

在选择厂址时，应多选几个点，根据上述要求进行分析比较，从中选出最适者作为定点，而后向上级部门呈报厂址选择报告。厂址选择报告的内容如下。

（1）厂址的坐落地点，四周环境情况。地质及有关自然条件资料。厂区范围、征地面积、发展计划、施工时有关的土方工程及拆迁民房情况，并绘制 1/1000 的地形图。

（2）原料供应情况。

（3）水、电、燃料、交通运输及职工福利设施的供应和处理方式。

（4）废水排放情况。

（5）经济分析。对厂区一次性投资估算及生产中经济成本等综合分析。

（6）选择意见。通过选择比较，经济分析，确认哪一个厂址符合条件。

2.2 总平面设计

2.2.1 总平面设计的内容

总平面设计是食品工厂设计的重要组成部分，它是将全厂不同使用功能的建筑物、构筑物按整个生产工艺流程，结合用地条件进行合理的布局，使建筑群组成一个有机整体。这样便于组织生产和企业管理。否则，可能使一个建设项目的总平面布置分散、紊乱，影响生产和生活的合理组织，以及建设的经济效果和建设速度，失去了建筑群体的统一完整。

进行食品工厂总平面设计时，应根据全厂各建筑物、构筑物的组成内容和使用功能的要求，结合用地条件和有关技术要求，进行综合分析，正确处理建筑物布置、交通运输、管线排布和绿化诸方面的关系。充分利用地形、节约用地，使建筑群的组成内容和各项设施，成为统一的有机体，并与周围的环境及其建筑群体相协调。

食品工厂总平面设计的内容包括平面布置和竖向布置两大部分。平面布置就是合理地对用地范围内的建筑物、构筑物及其他工程设施在水平方向进行布置。平面布置中的工程设施包括以下内容。

（1）运输设计　合理进行用地范围内的交通运输线路的布置，使人流和货流分开，避免往返交叉。

（2）管线综合设计　工程管线网（包括厂内外的给排水管道、电线、电话线及蒸汽管道等）。

（3）绿化布置和环保设计　绿化布置可以美化厂区、净化空气、调节气温、阻挡风沙、降低噪声、保护环境，从而改善工人的劳动卫生条件。但绿化面积增大会增加建厂投资，所以绿化面积应该适当。食品工厂的四周，特别是在靠马路的一侧，应有一定宽度的树木组成防护林带，起阻挡风沙、净化空气、降低噪声的作用。种植的绿化树木花草，要经过严格选择，厂内不栽产生花絮、散发种子和特殊异味的树木花草，以免影响产品质量。环境保护是关系到国计民生的大事，工业"三废"和噪声，会使环境受到污染，直接危害到人民的身体健康，所以，在食品工厂总平面设计时，在布局上要充分考虑环境保护的问题。

竖向布置就是与平面设计相垂直方向的设计，也就是厂区各部分地形标高的设计（图2.1）。其任务是把地形设计成一定形态，既平坦又便于排水。在地形比较平坦的情况下，一般不做竖向设计。假如做竖向设计，要结合地形综合考虑，在不影响各车间之间联系的原则下，应尽量保持自然地形，使土方工程量达到最少限度，从而节省投资。

综上所述，所谓总平面设计，就是一切从生产工艺出发，研究并处理建筑物、构筑物、道路、堆场、各种管线和绿化诸方面的相互关系，并在一张或几张图纸上用设计语言表示出来的方法。

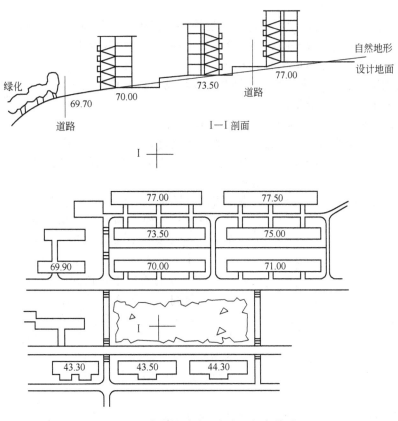

图 2.1　建筑物道路竖向布置标高关系

2.2.2　总平面设计的基本原则

食品工厂的总平面设计，无论原料种类、产品性质、规模大小以及建设条件如何不同，都是按照设计的基本原则结合具体情况进行的。食品工厂总平面设计的基本原则有下列几点。

（1）食品工厂总平面设计，布置务必紧凑合理，节约用地。分期建设的工程，可一次设计，分期建设，为长期发展留有余地。

（2）总平面设计应符合工厂生产工艺的要求。

① 主车间、仓库等应按生产流程布置，并尽量缩短距离。

② 全厂的货流、人流、原料、管道等的运输应有各自路线，力求避免交叉。

③ 避免物料往返运输。动力设施应靠近负荷中心，如变电站应靠近高压线网输入本厂的一边，同时，变电站又应靠近工厂负荷中心。制冷机房应接近变电站，紧靠冷库。罐头食品工厂肉类车间的解冻间应接近冷库，而杀菌等用蒸汽量大的工段应靠近锅炉房。

（3）食品工厂总平面设计必须满足食品工厂卫生要求和食品安全要求。

① 生产区（各种车间和仓库等）和生活区（宿舍、托儿所、食堂、浴室、商店和学校等）、厂前区（传达室、医务室、化验室、办公室、俱乐部、汽车房等）和生产区分开。为了使食品工厂的主车间有较好的卫生条件，尽量在厂区内不建饲养场和屠宰场。如一定要建，应远离主车间。

② 生产车间应注意朝向，一般采用南北向，保证阳光充足，通风良好。

③ 生产车间与城市公路须有一定的隔离区，一般宽为 $30\sim50\mathrm{m}$，中间最好有绿化地带阻挡尘埃。

④ 根据生产性质不同，动力供应、货运周转和卫生防火等应分区布置。同时，主车间应与食品卫生有影响的综合车间、废品仓库、煤堆及有大量烟尘或有害气体排出的车间间隔一定距离。主车间应设在锅炉房的上风向。

⑤ 公用厕所要与主车间、食品原料仓库或堆场及成品库保持一定距离，并采用水冲式厕所，以保持厕所的清洁卫生。

⑥ 总平面中要有一定的绿化面积，但不宜过大。

（4）厂区道路应按运输量及运输工具的情况决定其宽度，厂区道路应采用水泥或沥青路面，以保持清洁。运输货物道路应与车间保持一定距离，特别是运煤和煤渣容易产生污染。一般道路应设计成环形，以免造成堵塞。

（5）厂区道路还应从实际出发考虑是否需有铁路专用线和码头等设施。

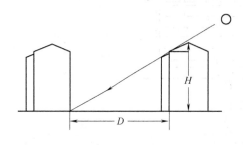

图 2.2　建筑间距与日照关系示意图

（6）厂区建筑物间距（指两幢建筑物外墙面相距的距离）应按有关规范设计。从防火、卫生、防震、防尘、噪声、日照、通风等方面来考虑，在符合有关规范的前提下，使建筑物间的距离最小。例如，建筑间距与日照关系（图 2.2），冬季需要日照的地区，可根据冬至日太阳方位角和建筑物高度求得前幢建筑的投影长度，作为建筑日照间距的依据。不同朝向的日照间距 D 约为 $1.1\sim1.5H$（D 为两建筑物外墙面的距离，H 为布置在前面的建筑遮挡阳光的高度）。

建筑间距与通风关系：当风向正对建筑物时（即入射角为 $0°$ 时），希望前面的建筑不遮挡后面建筑的自然通风，那就要求建筑间距 D 在 $4\sim5H$ 以上。当风向的入射角为 $30°$ 时，间距可采用 $1.3H$。当入射角为 $60°$ 时，间距 D 采用 $1.0H$。一般建筑选用较大风向入射角时，用 $1.3H$ 或 $1.5H$ 就可达到通风要求；在地震区采用 $1.6H$ 或 $2.0H$。

（7）厂区各建筑物布置也应符合规划要求，同时合理利用地质、地形和水文等的自然条件。

① 合理确定建筑物、道路的标高，保证不受洪水的影响，使排水畅通。

② 在坡地、山地建设工厂，可采用不同标高安排道路及建筑物，进行合理的竖向布置。但必须注意设置护坡及防洪渠，以防山洪灾害。

（8）相互间有影响的车间，尽量不要放在同一建筑物里，但相似车间应尽量放在一起，提高场地利用率。

2.2.3 不同使用功能的建筑物、构筑物在总平面中的关系

食品工厂的主要建筑物、构筑物根据它的使用功能可分为以下几种。

生产车间：如实罐车间、空罐车间、糖果车间、饼干车间、面包车间、奶粉车间、炼乳车间、消毒奶车间、果汁灌装车间、葡萄酒灌装车间、麦乳精车间、综合利用车间等。

辅助车间：机修车间、中心试验室、化验室等。

仓库：原料库、冷库、包装材料库、保温库、成品库、危险品库、五金库、各种堆场、废品库、车库等。

动力设施：发电间、变电站、锅炉房、冷冻机房、空压机房和真空泵房等。

供水设施：水泵房、水处理间、水井、水塔、水池等。

排水系统：废水处理设施。

全厂性设施：办公室、食堂、医务室、哺乳室、托儿所、浴室、厕所、传达室、汽车库、自行车棚、围墙、厂大门、厂办校、工人俱乐部、图书馆、工人宿舍等。

食品工厂由上述这些建筑物、构筑物组成，它们在总平面上的排布又必须根据食品工厂的生产工艺和上述原则来设计。

食品工厂生产区各主要使用功能的建筑物、构筑物在总平面布置中的关系见图 2.3。

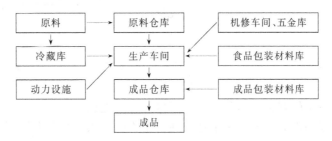

图 2.3　主要建筑物、构筑物在总平面布置中的关系示意图

如图 2.3 所示，食品工厂总平面设计应围绕生产车间进行排布，也就是生产车间（即主车间）应在工厂的中心，其他车间、部门及公共设施均需围绕主车间进行排布。

2.2.4 总平面设计的阶段

2.2.4.1 初步设计

对于管线不复杂的食品工厂总平面设计，其初步设计内容包括一张总平面布置图和一份设计说明书，有时仅有一张总平面布置图，图内既包括建筑物、构筑物、道路和管线，又包括说明书，必要时还附有区域位置图。总平面布置图和说明书内容要求如下。

总平面布置图图纸比例按 1∶500 或 1∶1000，图内应有地形等高线，原有建筑物、构筑物和拟建的建筑物、构筑物的布置位置和层次，地坪标高、绿化位置、道路梯级、管线、排水沟及排水方向等。在图的一角或适当位置绘制风向玫瑰图和地区位置图。

一个地方的主导风向，就是风吹来最多的方向。为了考虑主导风向对建筑总平面布置的影响，常将当地气象台（站）观测的风气象资料，绘制成风玫瑰图供设计使用。风玫瑰图有风向玫瑰图和风速玫瑰图两种，一般多用风向玫瑰图。图 2.4 为风向玫瑰图一例。风向玫瑰图表示风向和风向频率。风向频率是在一定时间内各种风向出现的次数占所观测总次数的百分比，根据各方向风的出现频率，以相应的比例长度，按风向中心吹描在 8 个或 16 个方位所表示的图线上，然后将各相邻方向的端点用直线连接起来，绘成为一个形似玫瑰花一样的闭合折线，这就是风向玫瑰图。图中最长者即为当地的主导风向。在看风向玫瑰图时，它的

风向是由外缘吹向中心，决不是中心吹向外围。总平面设计手册中列有我国主要城市的风向玫瑰图。在每一城市的风向玫瑰图中，以粗实线表示全年风频情况，虚线表示6~8月夏季风频情况，它们都是根据当地多年的全年或夏季的风向频率的平均统计资料制成，需要时可查阅参考。在总平面布置时，应将食品工厂的原辅材料仓库、食品生产车间等卫生要求高的建筑物布置在主导风向的上风向，把锅炉房、煤堆等污染食品的建筑物布置在下风向，以免影响食品卫生。

风速玫瑰图也是用类似于制作风向玫瑰图的方法绘制而成，其不同点是在各方位的方向线上不是按风向频率比例取点，而是按平均风速（m/s）取点。

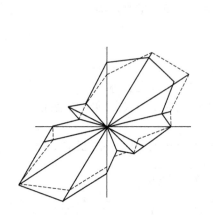

图2.4 保定风向玫瑰图示意图

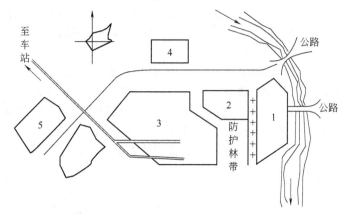

图2.5 厂区生活区区域位置示意图（1：5000）
1—居住区；2—行政区；3—厂区；4—厂区发展区；5—居住发展区

工厂或车间所散发的有害气体和微粒对厂区和邻近地区空气的污染，不但与风向频率有关，同时也受到风速的影响。如果一个地方在各个方位的风向频率差别不大，而风向平均速度差很大时，就要综合考虑某一方向的风向、风速对其下风向地区污染的影响，其污染程度可用污染系数来表示：

污染系数＝风向频率/平均风速

上式表明，污染程度与风向频率成正比，与平均风速成反比。也就是说，某一方向的风向频率越大，其下风向受到污染机会越多，而该方向的平均风速越大，其来自上风向的有害物质很快被风带走或扩散，下风向受到污染的程度就越小。因此，从污染系数来考虑食品工厂总平面布置，就应该将污染性大的车间或部门布置在污染系数最小的方位上。

应该指出，风玫瑰图是一个地区，特别是平原地区风的一般情况，但地形、地物不同，对风气候（大气环流所形成的风）起着很大的影响。由地形引起局部地区性的气候和由错综复杂的地形、地面状况对风的阻滞或加速而形成的地区性的风（又称局部地方风，如水陆风、山谷风、顺坡风、越山风、林源风、街巷风等）往往对一个局部地区的风向、风速起着主要的作用。所以，在进行食品工厂总平面设计时，应充分注意地方小气候的变化，并在设计中善于利用地形、地势及其产生的局部地方风。

区域位置图常用的比例为1：5000或1：10000，该图常附在总平面图的一角上，以反映总平面周围环境的情况，如图2.5所示。

在总平面扩初设计说明书中主要包括下列内容：设计依据，布置特点，主要技术经济指标和概算等，文字应简明扼要。主要技术经济指标包括：厂区总占地面积，生产区占地面积，建筑物、构筑物面积（包括楼隔层、楼梯、电梯间的电梯井，并按楼层计；建筑物的外走廊、檐廊、挑廊，有围护结构或有支撑的楼梯及雨篷，若走廊或楼梯最高一层无顶者，不计面积）；露天堆场面积；道路长度（指车行道）；道路面积；广场面积；围墙长度；建筑系数和土地利用系数等。

$$建筑系数(\%)=\frac{建筑物、构筑物占地面积＋堆场、露天场地、作业场地占地面积}{厂区占地面积}\times100\%$$

$$土地利用系数(\%)=\frac{\begin{array}{c}建筑物、构筑物占地面积＋堆场、露天场\\地占地面积＋辅助工程占地面积\end{array}}{厂区占地面积}\times100\%$$

辅助工程占地面积包括铁路、道路（包括引道、人行道）管线、散水坡、绿化占地面积。

建筑系数不能完全反映厂区土地利用情况，土地利用系数则能全面反映厂区的场地利用是否经济合理。表 2.1 中摘录部分不同类型食品工厂的建筑系数及土地利用系数。

表 2.1　部分食品厂的建筑系数和土地利用系数

工厂类型	建筑系数/%	土地利用系数/%	工厂类型	建筑系数/%	土地利用系数/%
罐头食品厂	25～35	45～65	糖果食品厂	22～27	65～80
乳品厂	25～40	40～65	啤酒厂	34～37	
面包厂	17～23	50～70	植物油厂	24～33	60

2.2.4.2　施工图设计

扩初设计经上级批准后就进行施工图设计，目的在于深化扩初设计，落实设计意图和技术细节，设计和绘制便于施工的全部施工图纸。

小型食品工厂总平面设计施工图，通常仅绘一张总平面布置图，必要时加绘排水管线综合平面布置图、竖向布置、道路、台阶梯级等详图。各图纸具体内容要求如下。

（1）建筑总平面布置施工图：图纸比例 1∶500 或 1∶1000，图内有等高线，红墨水细实线表示原有建筑物、构筑物，黑墨水粗实线表示新设计建筑物、构筑物。图按《建筑制图标准》绘制，而且明确标出各建筑物、构筑物的定位尺寸，并留有扩建余地，以满足生产发展的需要。

（2）竖向布置是否单独出图，视工程项目的多少和地形的复杂情况确定。一般来说对于工程项目不多、地形变化不大的场地，竖向布置可放在总平面布置施工图内，注明建筑物、构筑物的面积、层数、室内地坪标高、道路转折点标高、坡向、距离和纵坡等。

（3）管线布置图。一般简单的工厂总平面设计，管线种类较少，布置简单，常常只有给水、排水和照明管线，有时就附在总平面施工图内，但管线较复杂时，常由各设计专业工种出各类管线布置图。总平面设计人员往往出一张管线综合平面布置图，图内应标明管线间距、纵坡、转折点标高、各种阀门、检查井位置以及各类管线、检查井等的图例符号说明。图纸的比例尺寸与总平面布置施工图一致。

（4）总平面布置施工图说明书。一般不单独出说明书，通常用文字说明附在总平面布置施工图的一角。主要说明设计意图、施工时应注意的问题、各种技术经济指标（同扩初设计）和工程量等。有时，还将总平面图内建筑物、构筑物的编号也列表说明，放在图内适宜的地方。

为确保设计质量，施工图纸必须经过设计、校对、审核、审定会鉴后，才能发至施工单位，作为施工依据。有关厂区道路主要技术经济指标列于表 2.2 中。

2.2.5　国内外食品工厂总平面布置概况

建国初期，我国食品工厂的建设处于萌芽阶段，那时建筑都还采用砖木结构的平房，跨度小。因此，在总平面布置中形成了小块"田"字形的形式，整个布置由很多小面积建筑物

表 2.2　有关厂区道路主要技术经济指标

指　标　名　称	汽车道	电瓶车道	指　标　名　称	汽车道	电瓶车道
路面宽/m			交叉口转弯半径/m		
城市型：单车道	3.5	2.0	单车	9.0	5.0
双车道	6.0~6.5	3.5	带一辆拖车	12.0	7.0
公路型：单车道	3.0~3.5	2.0	最大纵坡/%	8.0	3~4
双车道	5.5~6.0	3.5	最小纵坡/%	0.4	
车间引道宽度/m	3.4~4.0	2.0~3.5	车间引道最小半径/m	8.0	4.0
路间宽度/m	1.0~1.5		纵向坡度最小长度/m	50	50
平曲线最小半径/m	15.0	6.0			

注：有兽力车通过的路面，其纵坡应小于 10%。多雨和冰冻地区纵坡应小于 10%。有大量兽力车通过时，每 500m 应设一缓和坡度，其坡度为 2%~3%，长度大于 50m。

组成。随着食品工业的发展，食品工厂总平面布置逐步向立体化发展。目前，国内外食品工厂总平面布置的发展趋势是工厂规模大，但厂区建筑物不多，往往所有车间和仓库都集中在一幢建筑物内，成为生产区。管理部门也集中在一幢建筑物中。这样，有利于连续化生产和集中管理，相应地也可节省用地和投资费用。

国外大多数食品工厂的厂区有较宽的道路、草坪、停车场和树木，给人以宽阔舒适的印象。道路均采用沥青路面，人流与货物运输基本分开，货物运输除汽车外，不少工厂设有原料运输铁路线。

工厂管理部门的办公室大多集中在一起，在建筑物入口处，设有联系柜（包括电话总机）。许多工厂的办公室与车间毗邻，管理人员随时可通过观察窗看到车间内的情况。在职人员较多的工厂内设有职工食堂，食堂大都设在建筑物中间分隔层上，以利用空间，节省投资。

随着我国工业的发展，可耕地的逐年减少以及卫生对食品工业的要求愈来愈高，我国的食品工厂，正向把生产区集中在一个建筑物内的方向发展。

复习思考题

1. 厂址选择的原则是什么？
2. 总平面设计的原则和内容有哪些？

第3章 食品工厂工艺设计

教学目标

（1）掌握生产车间水、电、汽、冷用量的估算方法；

（2）掌握生产车间平面布置的方法，能够绘制工艺流程图及生产车间平面图；

（3）熟悉物料衡算的方法，对生产车间所需设备能选型配套，会估算车间所需劳动力；

（4）了解管道设计、计算及设备安装常识，能制订产品方案，确定班产量，确定工艺流程。

食品工厂工艺设计主要围绕生产车间展开。罐头生产厂的生产车间一般有实罐车间、空罐车间和综合利用车间，其中以实罐车间为重点；乳品厂的生产车间有鲜奶车间、奶粉车间和麦乳精车间等，其中奶粉车间和鲜奶车间是重点；饮料加工企业的生产车间有果汁车间和灌装车间；肉制品加工厂的生产车间有香肠车间和西式火腿车间等。其余车间和辅助部门均围绕生产车间进行设计。食品工厂的总体设计和车间设计，均由工艺设计和非工艺设计（包括土建、采暖、通风、给排水、供电、供汽等）组成。食品工厂生产和技术的合理性以及建厂的费用、产品的质量、产品的成本、劳动强度都与工艺设计的好坏有密切关系。工艺设计在整个工厂设计中占有重要的地位，为其他非工艺设计所需基础资料提供依据，食品工厂工艺设计主要包括：

（1）产品方案、产品规格及班产量确定；

（2）主要产品及综合利用产品的工艺流程的确定和操作说明；

（3）物料衡算；

（4）生产车间设备的生产能力的计算、选型及配套；

（5）劳动力计算、平衡及劳动的组织；

（6）生产车间平面布置；

（7）生产车间水、电、汽、冷用量的估算；

（8）生产车间管道设计、计算及设备安装。

除以上内容外，工艺设计还必须向非工艺设计和其他有关方面从工艺角度提出要求，如工艺流程、车间布置在总平面布置中对位置的要求。工艺上对土建、采光、通风、采暖、卫生设施等的要求，对生产车间用水、电、汽耗用量的估算及负荷要求，对给水水质的要求，对排水性质达标、流量及废水处理的要求，对各类仓库的面积、体积的计算和温度、湿度的特殊要求。

3.1 产品方案及班产量的确定

3.1.1 制订产品方案的意义和要求

产品方案是食品工厂准备全年生产产品的种类、数量、生产周期、生产班次的计划安排。乳品厂主要原料是牛奶，一般城市的居民在冬季喜欢喝鲜奶，但夏季却喜欢吃冰淇淋、冰糕和酸奶，致使鲜奶的销售有所下降，所以在夏季可以把部分鲜奶制成人们喜欢吃的冰淇淋、冰糕和酸奶。在牧区奶源充足，但交通运输不便，应以生产奶粉为主。可见，尽管乳品厂全年生产的主要原料是牛奶，但需要制订一个合理的产品方案来调整全年的生产，使产品随着市场需求的变化而改变。饮料生产企业夏季以生产碳酸饮料和橙汁以及其他果汁饮料为主，冬季则可以生产杏仁露、花生奶等蛋白饮料以满足市场需要。肉类、豆制品、酱菜类食品的生产和销售基本不受季节限制。以上这些食品厂全年生产所需原料变化不大，而罐头厂生产的产品繁多、生产季节性强，生产所需原料各异，随着原料的成熟和采收期有淡旺季之分，罐头厂产品方案安排最为复杂。所以，在制订产品方案时，要进行全面的市场调查，考虑到不同国家，不同地区消费者的生活习惯，以及季节和气候条件对消费的影响，根据设计任务书和调查研究的结果来确定主要产品的品种、数量、规格、生产季节和生产班次。对原料来源受季节影响较大的产品应优先安排生产（如各类水果蔬菜加工品），对原料来源受季节限制较小的产品（如肉类、蚕豆、黄豆、豆芽菜等加工）可以根据市场需求灵活安排生产，对生产上忙闲不均的现象进行调节，并尽可能对原材料进行综合利用及加工半成品储存，在生产淡季时进行加工（如番茄酱、果汁制品及什锦水果等），真正实现食品工厂的周年生产。

在安排产品方案时，应尽可能做到满足主要产品产量的要求，满足原料综合利用的要求，满足淡旺季节平衡生产的要求，满足市场供应以及提高经济效益的要求。努力做到产品产量与原料供应量应平衡，生产季节性与劳动力需求相平衡，生产班次平衡，设备生产能力平衡，水、电、汽负荷要平衡。

在编排产品方案时，应根据计划任务书的要求及原料供应情况，并结合各生产车间的实际利用率，计划好安排多少车间生产才能保证方案的顺利实施。另外，安排方案时，每月按25d计（员工可按双休日调配休息），全年生产日为300d，考虑到原料供应等原因，全年实际生产日不宜少于250d，每天生产班次为1~2班，季节性产品高峰期按3班考虑。

3.1.2 班产量的确定

班产量是食品工厂工艺设计中最主要的计算基准，班产量的大小直接影响到设备的配套、车间的布置和占地面积、公用设施和辅助设施的规格、大小以及劳动力的定员等。班产量的制约因素主要有原料的供应情况和市场销售情况、配套设备的生产能力及运行情况、延长生产期的条件（冷库及半成品加工措施）、产品品种的搭配以及工厂的自动化程度。

3.1.2.1 年产量

对于新建食品厂，设计任务书给定其生产能力，某类产品年产量按下式估算：

$$Q = Q_1 + Q_2 - Q_3 - Q_4$$

式中　Q——该新建食品厂某类食品年产量，t；

　　　Q_1——本地区该类食品消费量，t；

　　　Q_2——本地区该类食品年调出量，t；

　　　Q_3——本地区该类食品年调入量，t；

　　　Q_4——本地区该类食品原有厂家的年产量，t。

对于冷食、饮料、月饼、巧克力等具有明显消费淡、旺季的产品，按下式估算：

$$Q = Q_旺 + Q_淡 + Q_中$$

式中　$Q_旺$——该食品厂此类产品旺季产量，t；

　　　$Q_淡$——该食品厂此类产品淡季产量，t；

　　　$Q_中$——该食品厂此类产品中季产量，t。

3.1.2.2　生产班制

食品加工企业每天生产班次为1～2班。根据加工品的市场需求，食品厂生产工艺特点，原料特性及加工设备的生产能力和运转状况，一般淡季一班，中季二班，旺季三班。如果原料供应正常，或具备冷库及半成品加工设备等延长生产期的条件，可以延长生产周期，不必突击增加班次。这样既有利于平衡劳动力、充分利用设备、成品正常销售，又便于生产管理，提高经济效益。

3.1.2.3　食品厂生产天数及日产量

不同食品由于受到市场需要、季节气候、生产条件（温度、湿度等）和原料供应等方面影响，生产天数和生产周期大不相同。盛夏的冷饮、冰淇淋，春节前后的糖果、糕点和酒类，中秋节的月饼等生产都具有明显的季节性。糖果、巧克力在南方梅雨季节及酷暑、盛夏应缩短生产天数。以面包生产为例，生产旺季在夏季6月、7月、8月，旺季工作日（$t_旺$）为78d。2月、3月、4月为生产的淡季，工作日为75d（$t_淡$），中季生产为135d（$t_中$），余下77d为节假日和设备检修日，则全年面包生产天数为：

$$t = t_旺 + t_中 + t_淡 = 78 + 135 + 75 = 288d$$

由于受到各种因素的影响，每个工作日实际产量不完全相同。平均日产量等于班产量与生产班次及设备平均系数的乘积。即：

$$q = q_班 nk$$

式中　q——平均日产量，t/d；

　　　$q_班$——班产量，t/d；

　　　n——生产班次，旺季$n=3$，中季$n=2$，淡季$n=1$；

　　　k——设备不均匀系数，$k=0.7～0.8$。

3.1.2.4　班产量 $q_班$

班产量 $q_班$ 计算公式如下：

$$q_班 = \frac{Q}{k(3t_旺 + 2t_中 + t_淡)}$$

如果某类产品生产只有旺季、淡季则：

$$q_班 = \frac{Q}{k(3t_旺 + t_淡)}$$

【例】　设计任务书规定某食品企业年产面包2000t，求班产量。

解　　　　　　　$q_班 = \dfrac{Q}{k(3t_旺 + 2t_中 + t_淡)}$

$$= \frac{2000}{0.75(3×78 + 2×135 + 75)} = 4.6(t/班)$$

3.1.3　产品方案的制订

一般情况下，用一种原料生产多种规格的产品时，应力求精简，以便于机械化生产和连续操作。但是，在实际生产中往往要将一种原料生产成几种规格的产品，对生产产品进行品种搭配，以尽可能减少浪费，提高原料利用率和使用价值，满足不同消费者的需求，举例如下。

冻猪片加工肉类罐头的搭配：3～4级的冻猪片出肉率在75%左右，其中55%～60%可用于午餐肉罐头，1%～2%用于圆蹄罐头，5%左右用于排骨罐头，8%～10%用于扣肉罐头，其余的可生产其他猪肉罐头。

蘑菇罐头中整菇和片菇、碎菇的比例搭配：一般整菇占70%，片菇和碎菇占30%左右。

水果罐头品种的搭配：在生产糖水水果罐头的同时，需要考虑果汁、果酱罐头的生产，其产量视原料情况和碎果肉的多少而定。

番茄罐头罐型的搭配：应尽可能生产70g装的小罐型，但限于设备的加工条件，通常是70g装占15%～30%，198g装占10%～20%，3000～5000g装的大型罐占40%～60%。

一般用表格来表示食品工厂的产品方案，其内容主要包括产品名称、年产量（Q）、班产量（$q_{班}$）和1～12月的生产安排，产量及生产情况用线条或数字两种形式表示。下面列出部分罐头厂、乳品厂和糕点厂的产品方案供参考。

（1）年产1.8万～2.0万吨罐头工厂产品方案（一），见表3.1。

表3.1　年产1.8万～2.0万吨罐头工厂产品方案（一）

名　称	年产量/t	班产量/t	劳动生产率/(人/t)	1月	2月	3月	4月	5月	6月	7月	8月	9月	10月	11月	12月	每班人数/(人/班)
午餐肉	5500	11	14													154
原汁猪肉	3333	12.5	12													150
红烧扣肉	2500	10	15													150
红烧排骨	700	7	22													154
青豆	333	20	15													300
什锦蔬菜	1333	16	12													192
圆蹄	217	5月6.4 11月4.4	30													5月192 11月132
蘑菇	1625	15	13													195
蚕豆	3733	16	6													96
每天产量/(t/d)					63		62	48.4	74	66		77	57	56.4	62	36	
每天需劳动力/(人/d)					800		803	800		800			803 830		803	800	
全年总产量	19274t，其中肉类罐头占63.56%															

（2）年产1.8万～2.0万吨罐头工厂产品方案（二），见表3.2。

（3）华东地区年产5000～6000t罐头工厂产品方案，见表3.3。

（4）北方地区年产4000t罐头工厂产品方案，见表3.4。

（5）南方地区（大中城市）日处理30～80t原乳乳品厂产品方案，见表3.5。

（6）华东地区日处理10～40t原乳乳品厂产品方案，见表3.6。

（7）年产4000t饼干糕点厂产品方案，见表3.7。

表 3.2　年产 1.8 万～2.0 万吨罐头工厂产品方案（二）

名称	年产量/t	班产量/t	劳动生产率/(人/t)	1月	2月	3月	4月	5月	6月	7月	8月	9月	10月	11月	12月	每班人数/(人/班)
午餐肉	6199	24	14													336
清蒸猪肉	3500	20	15													300
红烧扣肉	1332	20	15													300
红烧圆蹄	175	3	30													90
蘑菇	1949	18	13													234
什锦蔬菜	1250	15	12													180
咖喱鸡	200	6	22													132
番茄酱	1511	16.5	12													198
蚕豆	2874	15	6													90
每天产量/(t/d)				59		62		62	60.5	70.5　76.5	74		62	63	62　59		
每天需劳动力/(人/d)				816		870	816		834　816　846		816		803	894	870　816		
全年总产量	18990t，其中肉类罐头占 60%															

表 3.3　华东地区年产 5000～6000t 罐头工厂产品方案

产品名称	年产量/t	班产量/t	1月	2月	3月	4月	5月	6月	7月	8月	9月	10月	11月	12月
青豆	400	16												
蘑菇	600	20												
整番茄	300	10												
番茄酱	300	4												
糖水柑橘	1200	12												
柑橘酱	100	2												
竹笋	180	8												
糖水桃	400	8												
糖水杨梅	400	20												
茄汁黄豆	250	5												
午餐肉	1500	10												
红烧肉	250	8												

注：以青豆、蘑菇、番茄、柑橘、桃、午餐肉为主要产品；肉类另设车间。

表 3.4　北方地区年产 4000t 罐头工厂产品方案

产品名称	年产量/t	班产量/t	1月	2月	3月	4月	5月	6月	7月	8月	9月	10月	11月	12月
草莓酱	200	4					━	━						
糖水杏	100	5						━	━					
糖水桃	400	8								━				
糖水梨	250	6									━	━		
糖水苹果	1500	8	━	━									━	
苹果酱	150	2											━	
番茄酱	300	4							━	━				
山楂酱	300	4			━	━								
水产类罐头	600	2～4	━	━	━	━	━	━	━	━	━	━	━	━

表 3.5　南方地区（大中城市）日处理 30～80t 原乳乳品厂产品方案

产品名称	生产时间　年产量	1月	2月	3月	4月	5月	6月	7月	8月	9月	10月	11月	12月
消毒奶													
酸奶													
冰淇淋													
麦乳精													
奶油													
全脂奶粉													
淡炼乳													
甜炼乳													

表 3.6　华东地区日处理 10～40t 原乳乳品厂产品方案

产品名称	生产时间　年产量/t	1月	2月	3月	4月	5月	6月	7月	8月	9月	10月	11月	12月
全脂甜奶粉													
甜炼乳													
麦乳精													
奶油													
婴儿奶粉													
乳糖													
干酪素													
冰淇淋													

26

表 3.7　年产 4000t 饼干糕点厂产品方案

产品名称	年产量/t	班产量/t	1月	2月	3月	4月	5月	6月	7月	8月	9月	10月	11月	12月
婴儿饼干		2.403												
菊花饼干		1.960												
动物饼干		2.540												
鸡蛋饼干		2.100												
口香饼干		2.736												
椒盐饼干		2.007												
双喜饼干		1.800												
钙质饼干		2.106												
宝石饼干		1.700												
奶油饼干		2.034												
孔雀饼干		2.000												
鸳鸯饼干		1.746												
旅行饼干		1.890												
人参饼干		1.760												
维生素饼干		1.680												

3.1.4　产品方案的比较与分析

在设计产品方案时，应该按计划任务书中确定的年产量和品种，制订出多套产品方案，进行比较分析，对方案进行技术上先进性、可行性和经济上合理性的比较，以保证方案合理，利于食品企业的发展和管理。作为设计人员，应制订出两套以上的设计方案进行比较分析，尽量选用先进的设备、先进的工艺，但又要结合实际情况，考虑到实际生产的可行性和经济上的合理性，不能盲目引进先进设备和选用先进工艺。比较项目大致如下。

（1）主要产品市场占有率比较。

（2）主要产品年产值的比较。

（3）劳动生产率的比较（年产量/工人总数）。

（4）每旬生产所需劳动力最多和最少之差的比较。

（5）平均每人每年产值的比较［元/（人·年）］。

（6）生产季节性的比较。

（7）设备使用平衡情况的比较。

（8）水、电、汽耗量的比较。

（9）环境保护比较。

（10）基建投资的比较。

（11）社会效益和经济效益（投资利润率、利税率、内部收益率、财务净现值、投资回收期和盈亏平衡点）的比较。

将比较情况及结论写成产品方案比较与分析表报上级批准，从中找出一个最佳方案作为后续设计的依据，产品方案比较与分析表如表 3.8 所示。

表 3.8　产品方案比较与分析表

方案 项目	方案一	方案二	方案三
主要产品市场占有率			
每旬工人数/人			
年产量/t			
年劳动生产率/[t/（人·年）]			
年产值/元			
平均每人产值/[元/（人·年）]			
每旬工人数差/人			
每旬原料数差/t			
每旬产品数差/t			
季节性			
设备平衡			
水、电、汽耗量			
环境保护评价			
年经济效益			
结论			

3.2　主要产品生产工艺流程的确定

3.2.1　工艺流程选择

随着经济的发展和市场的繁荣，新的食品类型层出不穷，传统食品也在不断推陈出新，这些种类繁多的食品都是由不同类型的食品厂加工生产的，如罐头食品厂、乳制品厂、焙烤食品厂、糖果厂和饮料厂等。不同类型的食品，其生产工艺大不相同，即使在同一类型食品厂中生产的产品种类和工艺流程也各不相同、各具特点，如罐头厂生产果蔬罐头、肉类罐头、鱼类罐头等几百个品种，饼干厂生产的产品有奶油饼干、蛋黄饼干、维生素饼干、蔬菜饼干、儿童饼干等。但同一类型食品厂中的主要工艺过程和设备基本相近，相同工艺的设备是可以公用的，所以，设计出良好食品加工工艺流程，不仅可以保证产品的质量，还可以提高设备的利用率，降低生产成本，直接影响食品企业的经济效益。在制订工艺流程时，除了要考虑到不同食品的工艺特点，还应遵循下列原则，以保证工艺流程的先进性和科学性。

（1）根据原料性质、产品的规格要求和相关国家标准拟定，外销产品严格按合同规定拟定。

（2）注意经济效益，尽量选投资少、能耗低、成本低、产品收率高的生产工艺。

（3）注意"三废"处理效果。减少"三废"处理量。治理"三废"项目与主体工程同时设计、同时施工。选用产生"三废"少或经过治理容易达到国家规定的"三废"排放标准的生产工艺。

（4）产品在市场上有较强的竞争能力，有利于原材料的综合利用。

（5）对特产或传统名优产品不得随意更改生产工艺，若需要更改必须经过反复试验、专家鉴定，报上级主管部门批准后方可作为新技术用到设计中来。

（6）对科研成果，必须经过中试放大后，才能用于设计中；非定型产品，要待技术成熟后，方可用到设计中来；对新工艺的应用，需经过有关部门鉴定，才能应用到设计中来。

（7）结合实际条件，优先采用机械化、连续自动化作业线。对尚未实现机械化生产的品种，其工艺流程应尽量按流水线排布，减少原料、半成品和成品在生产过程中停留的时间，避免变色、变味、变质现象发生。

（8）对于罐装后需要杀菌的食品最好采用连续杀菌或高温瞬时杀菌。需浓缩操作的食品应采用真空浓缩，以减少温度对产品色泽和风味的影响，特别是对热敏性食品，更要注意。

（9）严格按照食品质量安全市场准入制度的要求拟订工艺流程。

工艺流程是否正确影响着产品的质量、产品的竞争力、工厂的经济效益，决定食品厂的生存与发展，是初步设计审批过程中主要审查内容之一。选择工艺流程必须分析和比较各方面因素，从理论的合理性和实际的可行性进行论证，证实它符合设计计划任务书的要求，在技术上是先进的，在经济上是高效益的。

3.2.2 绘制工艺流程图

经论证后确定的工艺流程用工艺流程图来表示。设计中的工艺流程图有两种，即生产工艺流程方框图和生产工艺设备流程图。生产工艺流程方框图对工艺流程的描绘直观、醒目、易于理解，常作为报批材料上报，待工艺流程方案批准后，再绘制生产工艺设备流程图。设备流程图为生产车间的设备布置提供了直观的指导。两种图的画法和要求如下所述。

3.2.2.1 生产工艺流程方框图

生产工艺流程方框图的内容包括工序名称、完成该工序的工艺操作手段（手工或机械设备名称）、物料流向、工艺条件等。在方框图中，以箭头表示物料流动方向，其中粗实线箭头表示物料由原料到成品的主要流动方向，细实线箭头表示中间产物、废料的流动方向。参见图 3.1、图 3.2、图 3.3、图 3.4 和图 3.5。

（1）碳酸饮料生产工艺流程

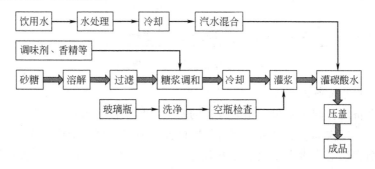

图 3.1　碳酸饮料生产工艺流程方框图

（2）消毒牛乳生产工艺流程

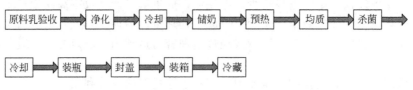

图 3.2　消毒牛乳生产工艺流程方框图

（3）果脯生产工艺流程

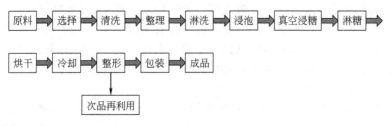

图 3.3　果脯生产工艺流程方框图

（4）甜炼乳生产工艺流程

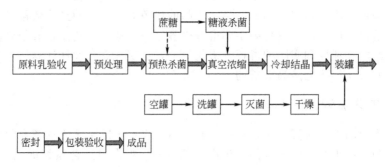

图 3.4　甜炼乳生产工艺流程方框图

（5）纯净水生产工艺流程

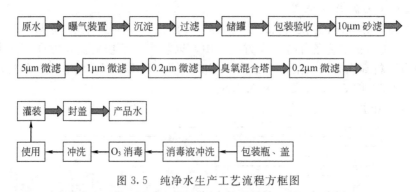

图 3.5　纯净水生产工艺流程方框图

3.2.2.2　生产工艺设备流程图

生产工艺设备流程图主要包括相关设备的基本外形、设备名称或编号、工序名称、物料流向等。必要时，还应标明各设备间相对位置的距离及其高度。图中粗实线箭头表示主要物料流动方向，细实线箭头表示余料、废料流动方向，设备外形以简单、直观为准。图 3.6、图 3.7、图 3.8 和图 3.9 为生产工艺设备流程图示例。

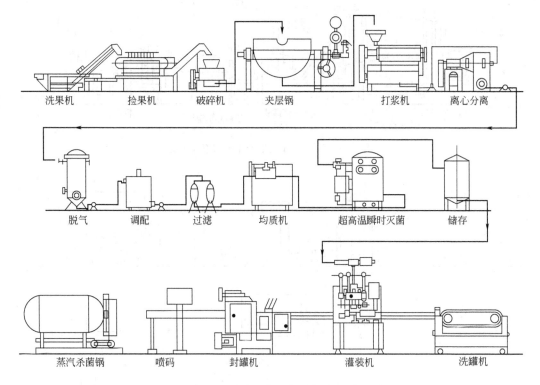

洗果机　　捡果机　　破碎机　　夹层锅　　打浆机　　离心分离

脱气　　调配　　过滤　　均质机　　超高温瞬时灭菌　　储存

蒸汽杀菌锅　　喷码　　封罐机　　灌装机　　洗罐机

图 3.6　果汁生产工艺设备流程图

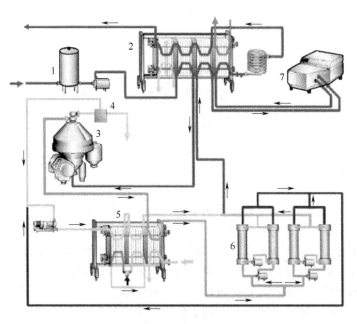

图 3.7　带有微滤装置的牛乳加工工艺图
1—平衡罐；2—巴氏杀菌机；3—分离机；4—标准化单元；
5—板式换热器；6—微滤单元；7—均质机

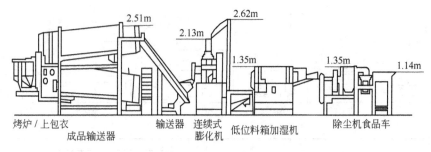

2.51m 2.62m 2.13m 1.35m 1.35m 1.14m

烤炉/上包衣　　　　　输送器　连续式　低位料箱加湿机　　　除尘机食品车
　成品输送器　　　　　　　　　膨化机

图 3.8　膨化小食品生产工艺设备流程图

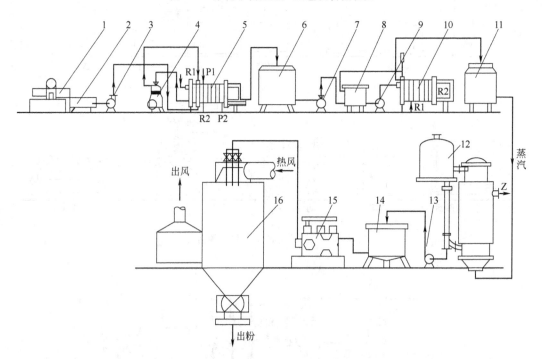

图 3.9　全脂奶粉生产工艺设备流程图

1—磅奶秤；2—受奶槽；3,7,9,13—奶泵；4—标准化；5—预热冷却器；6—储奶缸；8—平衡缸；
10—片式热交换器；11,14—暂存缸；12—单效升膜式浓缩锅；15—高压泵；16—压力喷雾塔

3.3　物料计算

　　物料计算是为了确定各种主要物料的采购运输量和仓库储存量，并为计算生产过程中所需设备和劳动力定员及包装材料等的需要量提供依据。物料计算主要包括该产品的原辅料计算和包装材料计算。物料计算的基本资料是"技术经济定额指标"，即各工厂在生产实践中积累起来的经验数据。计算物料时，必须使原料、辅料的量与加工处理后成品量和损耗量相平衡，投入的辅助料按正值计算，物料损失以负值计算。这样，可以计算出原料和辅料的消耗定额，绘制出原料、辅料耗用表和物料平衡图。并为下一步设备计算、热量计算、管路设计等提供依据和条件，还为劳动定员、生产班次、成本核算提供计算依据。

3.3.1　物料计算的一般方法

　　一般老厂改造就按该厂原有的技术经济定额为计算依据；新建厂则参考相同类型、相近

条件的工厂的有关技术经济定额指标，再以新建厂的实际情况作修正。物料计算时，计算对象可以是全厂、全车间、某一生产线、某一产品，在一年、一月、一日或一个班次，也可以是单位批次的物料数量。

一般新建食品工厂的工艺设计都是以"班产量"为基准。具体如下：

每班耗用原料量(kg/班)=单位产品耗用原料量(kg/t)×班产量(t/班)；

每班耗用包装容器量(只/班)=单位产品耗用包装容器量(只/t)×班产量(t/班)×
(1+0.1%损耗)；

每班耗用包装材料量(只或张/班)=单位产品耗用包装材料量(只或张/班)×
班产量(t/班)；

每班耗用各种辅助材料量(t或kg/班)=单位产品耗用各种辅助材料量(t或kg/t成品)×
班产量(t/班)；

单位产品耗用的各种包装材料、包装容器也可仿照上述方法计算。

以上仅指采用一种原料生产一种产品时的计算方法，若一种原料生产两种以上产品，则需分别求出各产品的用量，再汇总求得。另外，在物料计算时，也可用原料利用率作为计算基础，通过各厂生产实际数据或试验，根据用去的材料和所得成品，算出原料消耗定额。不同产品消耗的原料、包装容器、包装材料、辅料千差万别，此外，这些技术经济定额指标也因地域不同，设备自动化程度的差异，原料品质和操作条件不同而有一定的变化幅度。我国目前条件下，这些经济技术定额指标大多是各食品厂在各自生产条件下总结出的经验数据。在选用计算时，可参考同类型工厂的有关经济技术定额指标，确定本设计中的物料计算定额。表3.9～表3.17是食品物料计算及原料利用率表，供相关的食品工厂在确定物料计算定额时参考。

表3.9 班产20t青刀豆物料计算

项 目	指 标	每班实际量	项 目	指 标	每班实际量

成品
  其中 850g 装 45%
  567g 装 30%
  425g 装 25%
	成品率 99.7%	20.06t
		9.03t
		6.02t
		5.01t
			食盐消耗量	25kg/t	505kg

			空罐消耗量
			  9124 号
			  8117 号
			  7114 号
				损耗率 1%
				1189 罐/t
				1782 罐/t
				2377 罐/t
					10737 只
					10728 只
					11909 只

青刀豆消耗量
  850g 装
  567g 装
  425g 装
  合计
	0.74t/t 成品
	0.70t/t 成品
	0.75t/t 成品
		6.68t
		4.22t
		3.76t
		14.66t
			纸箱耗用量
			  9124 号
			  8117 号
			  7114 号
				24 罐/箱
				24 罐/箱
				24 罐/箱
					443 只
					443 只
					491 只

青刀豆投料量	不合格率 4%	15.27t	劳动工日消耗	25～30 工日/t	500～600 人

表3.10 几种主要乳制品的物料计算

产 品 名 称		全脂奶粉	全脂甜奶粉	甜炼乳	消毒奶	麦乳精(配500kg 料)	冰淇淋(配1t 料)	奶油
原乳量/kg		1000	1000	1000	1000			1000
提取稀奶油量 40%/kg		25.2	25.2	25.2	25.2			25.2
标准乳量/kg		974.8	974.8	974.8	974.8			
辅助材料量/kg	砂糖		27.93	154		101.55	160	
	精盐							0.32
	乳糖			0.1				

产 品 名 称		全脂奶粉	全脂甜奶粉	甜炼乳	消毒奶	麦乳精（配500kg料）	冰淇淋（配1t料）	奶 油
辅助材料量/kg	全脂奶粉					22.07	43.26	
	全蛋粉					3.30	20	
	甜炼乳					217.5		
	葡萄糖粉					14.25		
	麦精					92.50		
	稀奶油					21.63	108.46	
	可可粉					36.5		
	明胶						5	
浓缩量/kg	进浓缩锅糖液量65%			43	243			
	进浓缩锅总量	974.8	1017.8	1208.8				
	浓奶量	259	274	357				
	水分蒸发量	715.8	748.8	851.8				
干燥量/kg	干制品量	111	139.79			407		
	水分蒸发量	148	134			93		
结晶凝冻量/kg				357			1000	
成品/kg		109	139	351	955	403	980	12

表 3.11　班产 10t 午餐肉的物料计算

项　目	指　标	每班实际量	项　目	指　标	每班实际量
成品 　其中 340g 装 50% 　397 装 50%	成品率 99.7%	10.04t 5.02t 5.02t	空罐耗用量 　304 号 　962 号	损耗率 1% 3001 罐/t 2607 罐/t	15064 套 13087 套
猪肉消耗量 　净肉 　或冻片肉	854kg/t 成品 出肉率 60%	8.48t 14.0t	纸箱耗用量 　304 号 　962 号	48 罐/箱 48 罐/箱	308 只 264 只
辅料消耗量 　淀粉 　混合盐 　冰屑	62kg/t 成品 20kg/t 成品 105kg/t 成品	623kg 201kg 1054kg	劳动工日消耗	18～23 工日/t	180～230 人

表 3.12　日产 12t 番茄酱罐头物料计算

项　目	指　标	每日实际量	项　目	指　标	每日实际量
成品： 　其中 70g 装 20% 　198g 装 30% 　3000g 装 50%	成品率 99.7%	12.026t 2.405t 3.608t 6.013t	空罐耗用量 　668 号 　15173 号	5102 罐/t 337 罐/t	18408 只 2026 只
番茄消耗量 　70g 装 　198g 装 　3000g 装	7.2t/t 成品 7.1t/t 成品 7.0t/t 成品	85.03t 17.32t 25.62t 42.09t	纸箱耗用量 　539 号 　668 号 　15173 号	200 罐/箱 96 罐/箱 6 罐/箱	172 只 190 只 335 只
番茄投料量	不合格率 2%	86.73t	劳动工日消耗 　70g 装 　198g 装 　3000g 装	26～30 工日/t 18～24 工日/t 8～12 工日/t	3×(60～75)人
空罐耗用量 　539 号	损耗率 1% 14429 罐/t	34702 只			

表 3.13 常用物料利用率表

序号	原 料 名 称	工 艺 损 耗 率	原料利用率/%
1	芦柑	橘皮 24.74%,橘核 4.38%,碎块 1.97%,坏橘 6.21%,损耗 6.66%	56.04
2	蕉柑	橘皮 29.43%,橘核 2.82%,碎块 1.84%,坏橘 2.6%,损耗 3.53%	59.78
3	菠萝	皮 28%,根、头 13.06%,蕊 5.52%,碎块 5.52%,修整肉 4.38%,坏肉 1.68%,损耗 8.10%	33.74
4	苹果	果皮 12%,籽核 10%,坏肉 2.6%,碎块 2.85%,果蒂梗 3.65%,损耗 4.9%	64
5	枇杷	草种:果梗 4.01%,皮核 42.33%,果萼 3%,损耗 4.66%	46
		红种:果梗 4%,皮核 41.67%,果萼 2.5%,损耗 3.05%	48.78
6	桃子	皮 22%,核 11%,不合格 10%,碎块 5%,损耗 1.5%	50.5
7	生梨	皮 14%,籽 10%,果梗蒂 4%,碎块 2%,损耗 3.5%	66.5
8	李子	皮 22%,核 10%,果蒂 1%,不合格 5%,损耗 2%	60
9	杏子	皮 20%,核 10%,修正 2%,不合格 4%,损耗 2.5%	61.5
10	樱桃	皮 2%,核 10%,坏肉 4%,不合格 10%,损耗 2.5%	71.5
11	青豆	豆 53.52%,废豆 4.92%,损耗 1.27%	40.29
12	番茄(干物质 28%~30%)	皮渣 6.47%,蒂 5.20%,脱水 72%,损耗 2.13%	14.2
13	猪肉	出肉率 66%(带皮带骨),损耗 8.39%,副产品占 25.61%。其中:头 5.17%,心 0.3%,肺 0.59%,肝 1.72%,腰 0.33%,肚 0.9%,大肠 2.16%,小肠 1.31%,舌 0.32%,脚 1.72%,血 2.59%,花油 2.59%,板油 3.88%,其他 2.03%	
14	羊肉	出肉率 40%,损耗 20.63%,副产品占 39.37%。其中:羊皮 8.42%,羊毛 3.95%,肝 2.69%,肚 3.60%,肺 1.31%,心 0.66%,头 6.9%,肠 1.31%,油 2.7%,脚 2.63%,血 4.47%,其他 0.73%	
15	牛肉	出肉率 38.33%(带骨出肉率 72%),损耗 12.5%,副产品占 49.17%。其中:骨 14.67%,皮 9%,肝 1.37%,肺 1.17%,肚 2.4%,腰 0.22%,肠 1.5%,舌 0.39%,头肉 2.27%,血 4.62%,油 3.28%,心 0.52%,脚筋 0.31%,牛尾 0.33%,其他 7.12%	
16	家禽(鸡)	出肉率 81%~82%(半净膛),66%(全净膛),肉净重占 36%,骨净重占 18%,羽毛净重占 12%,油净重占 6%,血 1.3%,头脚 6.4%,内脏 18.8%,损耗 1.5%	
17	青鱼	出肉率 48.25%,损耗 1.5%,副产品占 50.25%,其中:鱼皮 4%,鱼鳞 2.5%,内脏 9.75%,头尾骨 34%	

表 3.14 部分原料消耗定额及劳动力定额参考表

序号	产品 名称	净重/g	固形物含量/%	固形物装入量/(kg/t)	原料定额 名称	数量/(kg/t)	辅助定额/(kg/t) 油	粮	其他 名称	数量	工艺得率/% 加工处理	预煮	油炸	增重(一)脱水(十)	其他损耗	总得率/%	劳动率定额/(人/t)
1	原汁猪肉	397	65	905	冻猪片	1215					76				2	74.5	8~12
2	红烧扣肉	397	70	670	冻猪片	1200	120				82	88	89		2	56	
3	清蒸猪肉	550	70	954	冻猪片	1280					76				2	74.5	7~10
4	猪肝酱	142		340 / 648	猪肝肥膘	400 / 670			玉米粉 / 丁香面	0.39 / 0.19	86	100 / 98			1 / 1	85 / 97	28~31
5	午餐肉	397		831	去膘冻猪片	1170		淀粉 62	玉米粉	0.31	72				2	71	11~15
6	红烧排骨	397	70	744	去膘冻猪片	1260	120				86	88	70		2	71	
7	红烧圆腿	397	70	680	去膘冻猪片	1190	猪油 50				82	80	90		2	59	
8	红烧猪肉	397	70	718	去膘冻猪片	1330	100				82	80	75		3	57	
9	猪肉香肠	454	55	529	去膘冻猪片	1150					63		熏 75		2	54	14~17
10	咖喱兔肉	256	60	664	冻兔(胴体)	1150	60	24			82.5	78			3	46	15~18
11	茄汁兔肉	256	60	645	冻兔(胴体)	1100	70	14	丁香粉12% / 番茄酱	0.55 / 190	82.5	75			5	59	
12	牛羊午餐肉	340		322 / 322	牛肉、羊肉	475 / 475		102	玉米粉	0.83	70 / 70	76			3 / 3	68 / 68	
13	咸牛肉	340		949	牛肉	1600		65			70	85			1	59	
14	咸羊肉	340		949	羊肉	1600		65			70	85			1	59	
15	红烧牛肉	312	60	609	牛肉	1523	70		琼脂	230	74	58			6	40	13~17
16	咖喱牛肉	227	55	529	牛肉	1511	70	20			74	52			8	35	
17	白烧鸡	397	53	1000	羊净膛	1490	鸡油 38				70				4	67	11~15

序号	产品 名称 名	净重/g	固形物含量/%	固形物装入量/(kg/t)	原料定额 名称	数量/(kg/t)	辅助定额/(kg/t) 油	粮	其他 名称	数量	工艺得率/% 加工处理	预煮	油炸	增重(一)脱水(十)	其他损耗	总得率/%	劳动率定额/(人/t)
18	白烧鸭	500	53	1019	半净膛	1460	鸭油 40				70				2	69	10~14
19	去骨鸡	140	75	915	半净膛	2800					45	75			8	33	20~27
20	红烧鸡	397	65	730	半净膛	1360	50				70	80			8	54	12~16
21	红烧鸭	397	65	655	半净膛	1380			玉米粉 丁香粉	0.24 0.18	68	75			7	47	10~14
22	咖喱鸡	312	60	525	半净膛	1017	70		面粉	38	70		70		1	49	16~21
23	烤鸭	250		920	半净膛	2440	150		玉米粉	6	68	85	68		4	37.7	
24	烤鸡	397	58	844	半净膛	1835	120	20			70	75	90		2	46	
25	油浸青鱼	425	90	888	青鱼	1620	163				头15	内脏20	不合格1.6		2.4	63	18~22
26	油浸鲅鱼	256	90	1074	鲅鱼	1603	163				头12	内脏18	不合格0.6		2.4	67	
27	油浸鳗鱼	256	90	1152	鳗鱼	1580	148				头12	内脏11	不合格0.6		3.4	73	16~20
28	茄汁黄鱼	256	70	664	大黄鱼	2075		糖20			头24	内脏15		21	8	32	
29	茄汁鲑鱼	256	70	703	花鲑鱼	2050	100				头31	内脏14		17	4	34	
30	凤尾鱼	184		1000	凤尾鱼	1920	290				头17			56~28	3	52	25~30
31	油炸蚝	227	80	771	熟蚝肉	2106	290	糖22						56	7.4	36.6	
32	清汤蚝	185	60	703	蚝肉	1520								31	22.7	46.3	
33	清蒸对虾	300	85	997	对虾(秋汛)	3560					头35	壳13	不合格2	15	7	28	18~33
34	原汁鲍鱼	425		595	盘大鲍	2587						内脏33	不合格22	13	9	23	
35	豉油鱿鱼	312	55	609	鱿鱼(春)	2436							不合格22	43	10	25	

表3.15 糖水水果类罐头主要原辅材料消费定额参考表

编号	产品名称	净重/g	固形物含量/%	固形物装入量/(kg/t)	原料定额 名称	原料定额 数量/(kg/t)	辅料定额 糖	皮	核	工艺损耗率/% 不合格料	增重(一)脱水(+)/%	其他损耗	利用率/%	备注
601	糖水橘子	567	55	670	大红袍	970	138	21	7			3	69	半去囊衣
601	糖水橘子	567	55	670	早橘	900	147	19	4			2.5	74.5	半去囊衣
601	糖水橘子	312	55	641	本地早	1070	111	24	8			8	60	全去囊衣
601	糖水橘子	312	55	721	温州蜜橘	1100	93	27	8			8	65	无核橘全去囊衣
602	糖水菠萝	567	58	660	沙捞越	2000	120	65				2	33	
602	糖水菠萝	567	54	660	菲律宾	2200	115	65				5	30	
605	糖水荔枝	567	45	485	乌叶	900	147	19	17	6		4	54	
605	糖水荔枝	567	45	511	槐枝	1020	120	47				3	50	
606	糖水龙眼	567	45	510	龙眼	1000	126	21	19			9	51	
607	糖水枇杷	567	40	441	大红袍	860	180	16	26			7	51	
608	糖水杨梅	567	45	521	荸荠种	660	156			14		7	79	
609	糖水葡萄	425	50	647	玫瑰香	1000	110		3		1	1	65	核率指剪枝
610	糖水樱桃	425	55	518	那翁	700	507	杷2		30		6	74	糖盐渍
611	糖水苹果	425	55	565	国光	796	155	12	11	7	-6	3	71	核率包括花硬
612	糖水洋梨	425	55	553	巴梨	1025	145	18	13	7.6		3.4	54	核率包括花硬
612	糖水白梨	425	55	665	秋白梨	942	145	17	14	6.6		2.4	60	
612	糖水莱阳梨	425	55	541	莱阳梨	1200	145	20	19	7.6	5	3.4	45	
612	糖水雪花梨	425	55	541	雪花梨	1100	145	19	17	7.6	4	3.4	49	
613	糖水桃子	425	60	659	大久保	1100	130	11	15	6.6	4	3.4	60	硬肉

编号	产品名称	净重/g	固形物含量/%	固形物装入量/(kg/t)	原料定额名称	原料定额数量/(kg/t)	辅料定额 糖	皮	核	不合格料	脱水(-)增重(+)	其他损耗	利用率/%	备注
613	糖水软桃	425	60	659	大久保	1200	150	5	15	8.6	10	6.4	55	软肉
613	糖水桃子	425	60	659	黄桃	1200	150	12	16	6	4	7	55	
613	糖水桃子	425	60	659	其他品种	1345	150	16	18	8	5	4	49	
614	糖水杏子	425	55	623	大红杏	865	145	15	10	8	1	2	72	
614	糖水杏子	425	55	623	其他品种	1113	145	20	16	5		3	56	
616	糖水山楂	425	45	494	山楂	1235	180		25	22		13	40	
617	糖水芒果	567	55	617	红花芒果	1500	150	14	37			8	41	
621	糖水金橘	567	50	518	柳州金橘	545	180			2		3	95	
624	什锦水果	425	60	612	合计	880	140						71	
				235	苹果	331		12	13	7	−6	3	71	
				94	橘子	168		27	5	8		4	56	
				118	波萝	437		65				8	27	
				66	洋梨	122		18	17	7.6		3.4	54	
				66	葡萄	91			3	20	1	4	72	
				33	樱桃	52			14	9	11	3	83	
627	糖水李子	425	60	601	秋李子	985	160	23	13	12	−2	4	81	
630	干装苹果	2724		1000	国光	1500	50	12	13	6		4	67	
636	双色水果	425	60	377	洋梨	700	250	18	17	8	4	3	54	
				294	黄桃	600		12	18	10		7	49	
	糖水苹果	510	52	530	国光	747	170	12	13	7	−6	3	71	500mL 玻璃罐装
	糖水桃子	510	60	657	黄桃	1217	178	12	17	8	4	4	54	500mL 玻璃罐装
	糖水梨	510	55	549	香水梨	1120	118	20	18	9.6		3.4	49	500mL 玻璃罐装
	糖水橘子	525	50	591	早橘	850	140	21	4	1		4	70	500mL 玻璃罐装

表 3.16　果汁、果酱类罐头主要原材料消耗定额参考表

| 编号 | 产品 | | | 固形物装入量/(kg/t) | 原来定额 | | | 辅料定额/(kg/t) | | 备注 |
| | 名　称 | 净重/g | 可溶性固形物含量/% | | 名　称 | 数量/(kg/t) | 糖 | 其他 | | |
								名称	数量	
697	猕猴桃酱	454	65	1000	猕猴桃	2000	600			
701	柑橘酱	700	65	1000	本地早	1350	634	琼脂	2.4	
702	菠萝酱	700	65	1000	菠萝	2800	650	琼脂	1.3	
703	草莓酱	454	65	1000	草莓	840	650			
704	苹果酱	454	65	1000	苹果	680	500	淀粉糖浆	145	
705	桃酱	454	65	1000	桃子	980	540	淀粉糖浆	100	
706	杏子酱	454	65	1000	大红杏	680	500	淀粉糖浆	160	
708	山楂酱	454	65	1000	山楂	900	550			
715	椰子酱	397	65	1000	椰子	1636 个				
					蛋粉	56	568			
					鲜蛋液	80				
716	李子酱	454	65	1000	李子	930	600			
717	什锦果酱	454	65	1000	苹果	670	600			
					橘子	50				
741	山楂汁	200	16～17	1000	山楂	870	134			
747	荔枝汁糖酱	600	63	1000	荔枝	1150	630			
748	鲜荔枝汁	200	12～15	1000	荔枝	1380	180			
749	葡萄汁	200	15～18	1000	玫瑰香	1630	80			
755	鲜柑橘汁	200	11～15	1000	柑橙	1750	60			
756	鲜菠萝汁	200	12～16	1000	菠萝	2115	20			
757	鲜柚子汁	555	11～15	1000	酸柚	2700	85			
769	杏子汁	200	15～20	1000	杏子	740	185			
773	苹果汁	200	13～18	1000	苹果	800	130			
773	苹果汁	200		1000	苹果	420	175			
780	洋梨汁	200	14～18	1000	洋梨	1850	80			
780	洋梨汁	200		1000	洋梨	420	145			
793	猕猴桃汁	400	35	1000	中华猕猴桃	750	150			
795	番石榴汁	200	12～15	1000	番石榴	500	145			
	苹果酱	630	60	1000	国光苹果	1219	438	淀粉糖浆	143	500mL 玻璃罐装
	山楂酱	600		1000	山楂	900	650			500mL 玻璃罐装

　　物料计算结果通常用物料平衡图或物料平衡表来表示。

3.3.2　物料平衡图

　　物料平衡图的绘制原理是：任何一种物料的质量与经过加工处理后所得的成品及少量损耗之和在数值上是相等的。其具体内容包括：物料名称及质量、成品质量、物料的流向、投

表 3.17 蔬菜类罐头主要原辅料消耗定额参考表

编号	产品			固形物装入量/(kg/t)	原料定额		辅料定额/(kg/t)				工艺损耗率/%					利用率/%
	名称	净重/g	固形物含量/%		名称	数量/(kg/t)	油	糖	其他名称	其他数量	皮	核	不合格料	增重(一)脱水(+)	其他损耗	
801	青豆	397	60	600	带壳青豆	1500					58			1	1	40
802	青刀豆	567	60	640	白花	710					5			2	3	90
804	花椰菜	908	54	551	花椰菜	1240					44			9	2	45
805	蘑菇	425	53.5	575	整蘑菇	880								−25 55	4.6	65.4
805	片蘑菇	3062	63	677	蘑菇	1035								−25 55		65.4
807	整番茄	425	55	589	小番茄	607					3					97
					番茄	793						10		34	2	54
					合计	1400		12								
809	香菜心	198	75	560	腌菜心	1200		150			20			30	3	47
811	油焖笋	397	75	625	早竹笋	3290	80	30			75				6.5	18.5
822	蚕豆	397		554	干蚕豆	280	15						10	−110	2	198
823	雪菜	200		875	雪菜粗梗	2500					叶64				1	35
824	清水荸荠	567	60	608	小桂林	1600					53			7	2	38
825	清水莲藕	540	55	560	莲藕	1400					带泥 30			10	20	40
835	茄汁黄豆	425	70	557	干黄豆	268	20							−110	2	208
841	甜酸荞头	198	60	681	荞头坯	1090		170			20				17.5	62.50
847	番茄酱	70	干燥物 28~30	1028	鲜番茄	7200					10			72	3.7	14.30
847	番茄酱	198	干燥物 28~30	1010	鲜番茄	7100					10			72	3.8	14.20
847	番茄酱	198	干燥物 22~24	1010	鲜番茄	5570					10			68	3.8	18.20
851	清水苦瓜	540	65	676	鲜苦瓜	1250					20			20	6	54
854	鲜草菇	425	60	624	鲜草菇	980					14			20	2	64
856	原汁鲜笋	552	65	661	春笋	2500					56			10	7.5	26.5

料顺序等项。绘制物料平衡图时，物料主流向用实线箭头表示，必要时可以用细实线表示物料支流向。举例见图 3.10 和图 3.11。

3.3.3 物料平衡表

物料平衡表格式见表 3.18。

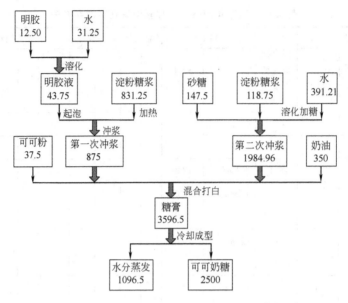

图 3.10 班产 2500t 可可奶糖物料平衡图 (单位：kg)

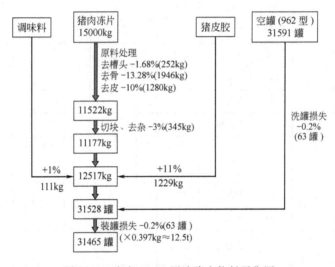

图 3.11 班产 12.5t 原汁猪肉物料平衡图

表 3.18 物料平衡表
单位：kg

名 称	主、辅原料						产 品		
计算单位							食品	正常损失	非正常损失
批次 质量百分比									
班次 质量百分比									

3.4 设备选型

3.4.1 原则

物料计算是设备选型的依据，设备选型应符合工艺要求。设备选型是影响产品质量的关

42

键，是体现生产水平的标准，为动力配电、水、汽用量提供计算依据，是工艺布置的基础。设备选型应根据每一个品种单位时间（小时或分）产量的物料平衡情况和设备生产能力来确定所需设备的台数。对于几种产品都需要的共同设备，即使在不同的时间使用，也应按照处理量最大的品种所需的台数来确定；对于生产中的关键设备，除按实际生产能力所允许的台数配备外，还应考虑有备用设备。一般后道工序设备的生产能力要略大于前道，以防物料积压。

食品工厂生产设备大体分为四个类型：计量和储存设备；定型专用设备；通用机械设备和非标准专业设备。设备选型必须根据生产规模、班产量、工艺流程特点和工厂条件综合考虑，一般按如下原则和要求进行。

（1）满足工艺要求，保证产品的质量和产量。大中型食品工厂应选择技术先进、机械化程度较高、可连续化、自动化操作的设备；小型厂则选用较简单的设备，注意设备利用率和成本核算。

（2）先进性。关键设备的质量性能、使用寿命、能量消耗、自动化水平应尽可能接近或达到国际先进水平或国内领先水平。

（3）适用性。结合我国国情，选用的设备应与建设规模、产品方案，以及工厂的员工素质和管理水平相适应；与可能得到的原材料、辅助材料和燃料相适应；与环境保护要求相适应。

（4）可靠性。选用的设备应经过生产、运行的检验，并有良好的可靠性记录。

（5）安全性。选用的设备在正常使用中应确保安全运行，考察所采用的设备是否会对操作人员造成人身伤害，有无保护措施，是否会破坏自然环境和生态平衡，能否预防等。

（6）经济合理性。在注重所采用的设备先进适用、安全可靠的同时，应着重分析所采用的设备是否经济合理，是否有利于节约项目投资和降低生产成本。

（7）所选设备应符合食品卫生要求，拆装清洗方便，与食品接触部分用不易腐蚀的不锈钢或对食品无污染的材料制成。设备结构合理，材料性能可适应各种工作条件（温度、压力、湿度和酸碱度等）。

（8）在温度、压力、真空、浓度、时间、速度、流量、液位、计数和程序等方面有合理的控制系统，并尽量采用自动控制方式。

3.4.2　计算公式

食品工厂所用设备的生产能力随物料、产品品种、生产工艺条件等而改变，如流槽、输送带、杀菌锅等，其生产能力计算公式如下。

3.4.2.1　传输设备

（1）流槽

$$q_{\mathrm{m}} = \frac{A\rho v}{m+1}$$

式中　q_{m}——原料流量，kg/s；

　　　A——流送槽的有效截面积（水浸部分的截面积），m²；

　　　v——流送槽的流送速度，kg/s；一般取 $v=0.5\sim1.0$kg/s；

　　　ρ——混合物密度，kg/m³；

　　　m——水对物料的倍数（蔬菜类 $m=3\sim6$，鱼类 $m=6\sim8$）。

（2）斗式提升机

$$G = 3600 \times \frac{V}{a} v\rho\varphi$$

$$\varphi = \frac{\text{所装物料的体积}}{\text{物料的理论体积}}$$

式中　G——斗式提升机生产能力，t/h；

　　　V——料斗体积，m^3；

　　　a——两个料斗的中心距，m（对于疏斗可取 $a=2.3\sim2.4h$，m）；

　　　h——斗深，对于连续布置的斗，取 $a=h(m)$；

　　　φ——料斗的充填系数，取决于物料种类及充填方法；对于粉状及细粒干燥物料：
　　　　　　$\varphi=0.75\sim0.95$；谷物：$\varphi=0.7\sim0.9$；水果：$\varphi=0.5\sim0.7$；

　　　v——带（链）速度，m/s；

　　　ρ——物料的堆积密度，kg/m^3。

（3）带式输送机

① 水平带式输送机：

$$G = 3600 \times Bh\rho v\varphi$$

式中　G——水平带式输送机生产能力，t/h；

　　　B——带宽，m；

　　　ρ——装载密度，t/m^3；

　　　φ——装载系数，取 $\varphi=0.6\sim0.8$，一般取 $\varphi=0.75$；

　　　h——堆放层物料的平均高度，m；

　　　v——带速，运输时取 $v=0.8\sim2.5$，m/s。

② 倾斜带式输送机：

$$G_0 = \frac{G}{\varphi_0}$$

式中　G_0——倾斜带式输送机生产能力，t/h；

　　　G——水平带式输送机生产能力，t/h；

　　　φ_0——倾斜系数，见表 3.19。

表 3.19　倾斜系数

倾斜角度	$0°\sim10°$	$11°\sim15°$	$16°\sim18°$	$19°\sim20°$
φ_0	1.00	1.05	1.10	1.15

注：凡是用带式输送机原理设计的其他设备，如预煮、干燥、杀菌等设备，均可用此公式。

3.4.2.2　杀菌设备

（1）杀菌锅

① 每台杀菌锅内装罐头的数目 n：

$$n = \frac{kazd_1^2}{d_2^2}$$

式中　k——装载系数，随罐头外形而异，常用罐型的 k 值取 $0.55\sim0.60$；

　　　a——杀菌篮的高度与罐头高度之比值；

　　　d_1——杀菌篮内径；mm；

　　　d_2——罐头外径，mm；

　　　z——杀菌锅内杀菌篮数目。

② 每台杀菌锅操作周期所需要的时间 t'：

$$t' = t_1 + t_2 + t_3 + t_4$$

式中 t_1——装锅时间，min；

　　t_2——恒温时间，min；

　　t_3——降温时间，min；

　　t_4——出锅时间，一般取 5min。

③ 1h 内杀菌 X 罐所需的杀菌锅数目 N（台）：

$$N = \frac{X}{G}$$

④ 每台杀菌锅的生产能力 G（罐/h）：

$$G = \frac{60n}{t'}$$

⑤ 制作杀菌工段操作表

a. 先计算装完一锅罐头所需时间 t（min）：

$$t = \frac{60n}{v}$$

式中，v 为装罐速度，罐/h。

b. 然后计算一个杀菌操作周期 t 和杀菌锅所需的数目 N，则可制订杀菌工段的操作图表。

【例】 设第一个杀菌锅 8:00 开始装锅，则第二锅是 8:00＋t 后装锅，第三锅是 8:00＋$2t$ 后装锅，以此类推，直到 N 锅。

第一个锅杀菌后出锅完毕的时间是 8:00＋t'，第二个锅完毕的时间是 8:00＋(t'＋t)，第三锅是 8:00＋(t'＋$2t$)，以此类推，直到 N 锅，这样可以制订出杀菌工段的操作表，见表 3.20。

表 3.20　杀菌工段的操作表

过　　程	杀 菌 锅 号 数						
	1	2	3	4	5	6	7
装锅开始	8:00	8:26	8:52	9:18	9:44	10:10	10:38
装锅结束	8:05	8:31	8:57	9:23	9:49	10:15	10:41
升温结束	8:30	8:56	9:22	9:48	10:14	10:40	11:08
杀菌结束	10:00	10:26	10:52	11:18	11:44	12:10	12:36
降温冷却与结束	10:25	10:51	11:17	11:43	12:09	12:35	13:01
出锅结束	10:30	10:56	11:22	11:48	12:14	12:40	13:06

（2）杀菌锅反压冷却空气压缩机

① 空气压缩机每分钟的空气供应量 V（m³/min）：

$$V = \frac{V_2}{t}n$$

式中 V_2——杀菌锅内，反压为 p_2 时所需的空气量，m³；

　　t——冷却过程所需要的时间，min；

　　n——杀菌锅数目。

② 每只杀菌锅在反压时所需储气桶容量 V（m³）：

$$V = \frac{V_2}{V_3}$$

式中 V_2——杀菌锅内，反压为 p_2 时所需的空气量，m³；

　　V_3——在储气桶压力 p_1 下，每立方米空气所提供的常压空气量，m³/m³，见表 3.21。

表 3.21　不同压力下，储气桶内 1m³ 所提供的常压空气量　　　　　　　单位：m³

冷却时反压 (绝对压力)/kPa	储气桶的绝对压力/kPa									
	500	565	625	696	765	834	902	961	1069	1098
164.75	3.4	4.1	4.75	5.45	6.10	6.80	7.50	8.20	8.85	9.55
181.42	3.20	3.90	4.60	5.30	5.95	6.65	7.30	8.00	8.70	9.35
198.09	3.06	3.76	4.40	5.1	5.80	6.45	7.15	7.85	8.50	9.20
217.71	2.85	3.55	4.20	4.90	5.55	6.25	6.95	7.65	8.30	9.00
238.30	2.65	3.35	4.00	4.70	5.35	6.05	6.75	7.45	8.10	8.80

③ 杀菌锅内所需空气量 V_2：

$$V_2 = \frac{V_1 p_2}{p_1}$$

式中　V_1——杀菌锅内所需空气量，m³；

　　　p_1——大气压力，kPa；

　　　p_2——反压冷却时的绝对压力，kPa；

　　　V_2——锅内反压为 p_2 时所需空气量，m³。

3.4.2.3　泵

（1）离心泵

① 离心泵的功率 P(kW)：

$$P = \frac{P_P \eta_a}{1 + a}$$

式中　P_P——电动机功率，kW；

　　　a——保留系数（$a=0.1\sim0.2$）；

　　　η_a——传动效率（皮带传动为 $0.9\sim0.95$，齿轮传动为 $0.92\sim0.98$）。

② 离心泵的流量 q_v(m³/s)：

$$q_v = \frac{P\eta 10^2}{H\rho}$$

式中　P——轴功率，kW；

　　　H——扬程，m；

　　　ρ——流体密度，kg/m³；

　　　η——泵的总效率（$\eta=0.4\sim0.6$），$\eta=\eta_1\eta_2\eta_3$；

　　　η_1——体积效率，$\eta_1=\dfrac{\text{实际流量 } Q}{\text{理论流量 } Q'}$；

　　　η_2——水利效率，$\eta_2=\dfrac{\text{实际扬程 } H}{\text{理论扬程 } H'}$；

　　　η_3——机械效率（考虑轴承密封装置及摩擦等因素）。

（2）螺杆泵

① 电动机功率计算 P(kW)：

$$P = \frac{\rho Q_v H}{367200 \times \eta_{机}}$$

式中　ρ——料液密度，kg/m³；

　　　Q_v——料液流量，m³/h；

　　　H——压头，mmH$_2$O（1mmH$_2$O$=9.8$Pa）；

　　　$\eta_{机}$——机械传动效率（$\eta_{机}=0.7\sim0.8$）。

46

② 流量 Q_v 的计算（m^3/h）：

$$Q_v = Q_1 n \times 60 \times \eta = \frac{neDT}{4167}\eta$$

$$Q_1 = \frac{4eDT}{100^3}$$

式中　n——螺杆转速，r/min；

　　　T——螺杆螺距，cm；

　　　e——偏心距，cm；

　　　D——螺杆直径，cm；

　　　η——泵的体积效率（一般取 $\eta = 0.7 \sim 0.8$）。

有些设备的生产能力计算时，要用到物料的密度，表 3.22 列出部分物料密度供参考。

表 3.22　部分物料密度表

原料名称	密度 /(kg/m^3)	原料名称	密度 /(kg/m^3)	原料名称	密度 /(kg/m^3)
辣椒	200~300	花生米	500~630	肥度中等的牛肉	980
茄子	330~430	大豆	700~770	肥猪肉	950
番茄	580~630	豌豆粒	770	瘦牛肉	1070
洋葱	490~520	马铃薯	650~750	肥度中等的猪肉	1000
胡萝卜	560~590	地瓜	640	瘦猪肉	1050
桃子	590~690	甜菜块根	600~770	鱼类	980~1050
蘑菇	450~500	面粉	700	脂肪	950~970
刀豆	640~650	肥牛肉	970	骨骼	1130~1300
玉米粒	680~770	蚕豆粒	670~800		

3.4.2.4　其他设备

（1）高压均质设备　柱塞高压均质泵的生产能力 Q：

$$Q = \frac{\pi d^2}{4}SnZ\varphi \times 60 = 47d^2 SnZ\varphi$$

式中　Q——单作用多缸往复泵生产能力，m^3/h；

　　　d——柱塞直径，m；

　　　S——柱塞行程，m；

　　　n——柱塞每分钟来回数，即主轴转数，r/min；

　　　Z——柱塞数，即缸数；

　　　φ——泵的体积系数，一般为 $0.7 \sim 0.9$。

（2）摆动筛

① 功率计算 $P(W)$：

$$P = \frac{En}{60\eta_a} = \frac{G(\pi n\lambda)^2 n}{60 \times 900\eta_a} = \frac{Gn^3\lambda^2\pi^2}{54 \times 10^3\eta_a}$$

式中　G——筛体满负荷时的重力，N；

　　　E——筛子轴每回转一周时筛子动能；

　　　λ——振幅，取 $\lambda = 4 \sim 6mm$；

　　　n——偏心轮转数；

　　　η_a——传动效率，一般为 0.5。

② 生产能力 $G(t/h)$：

$$G = 3600 \times B_0 hv_{CP}\mu\rho$$

式中 B_0——筛面有效宽度，m；$B_0 = 0.95B$（B 为设计筛面宽度，m）；

　　　h——筛面的物料厚度 $h = (1 \sim 2)D$，m；

　　　D——物料最大直径，m；

　　　v_{CP}——物料沿筛面运动的平均速度，m/s，取 v_{CP} 为 0.5m/s 以下；

　　　μ——物料松散系数，取 $\mu = 0.36 \sim 0.64$；

　　　ρ——物料密度，t/m³。

（3）绞肉机

① 生产能力 G(kg/h)：

$$G = \frac{F}{A_1}a$$

式中 A_1——被切割 1kg 物料的面积，cm²/kg；

　　　a——切刀切割能力利用系数（0.7～0.8）；

　　　F——切刀的切割能力。当孔径为 2mm 时，$F = 11000 \sim 12000$ cm²/h；当孔径为 3mm 时，$F = 6000 \sim 7000$ cm²/h；当孔径为 25mm 时，$F = 700 \sim 1000$ cm²/h。

② 切刀的切割能力 F(cm²/h)

$$F = 60 \times \frac{\pi D^2}{4}\varphi Z$$

式中 F——切刀的切割能力，cm²/h；

　　　D——格板直径，cm；

　　　φ——孔眼总面积与格板面积之比值，平均为 0.3～0.4；

　　　Z——切刀总数（十字刀为 4）。

③ 功率 P(kW)：

$$P = \frac{GW}{\eta}$$

式中，W 为切割 1kg 物料的能量消耗比率，kW/kg，W 取值参见表 3.23。

表 3.23　W 取值范围

原料肉种类　孔眼直径	鲜　肉	冻　肉
2mm	0.004～0.005	0.019
3mm	0.0025～0.0030	0.010
25mm	0.0004	

3.4.3　部分主要设备的选择

3.4.3.1　乳制品设备

　　常用的乳品设备除了夹层锅、奶油分离机、洗瓶机、热交换器、真空浓缩设备和喷雾干燥设备等外，还有均质机、甩油机、凝冻机、冰淇淋装杯机等。

　　（1）均质机是一种特殊的高压泵，利用高压作用，使料液中的脂肪球碎裂至直径小于 $2\mu m$，主要通过一个均质阀的作用，使高压料液从极端狭小的间隙中通过，由于急速降低压力产生的膨胀和冲击作用，使原料中的粒子微细化。生产淡炼乳时，可减少脂肪上浮现象，并能促进人体对脂肪的消化吸收；生产搅拌型酸奶时，可使产品质地均匀一致，口感细腻；在果汁生产中，利用均质可使物料中残留的果渣小微粒破碎，制成液相均匀的混合物，减少成品沉淀；在冰淇淋生产中，能使牛乳的表面张力降低，增加黏度，得到均匀一致的胶黏混合物，提高产品质量。均质机按构造分为高压均质机、离心均质机和超声波均质机三种，目前常用的均质设备是高压均质机，额定工作压力为 20～60MPa。

（2）喷雾干燥是利用喷雾器的作用，将溶液、乳浊液、悬浮液或膏糊状物料喷洒成极细的雾状液滴，在干燥介质中雾滴迅速汽化，形成粉状和颗粒状干制品的一种干燥方法。喷雾干燥技术特别适合于干燥初始水分高的物料。20 世纪初，该技术在快速干燥牛奶上获得成功，随后在 20 世纪 30 年代，又在干燥蛋粉和咖啡方面获得成功。经过一个世纪的发展，该技术在食品工业上正在发挥越来越广泛的作用。喷雾干燥具有干燥速度快、时间短，干燥温度较低，制品有良好的分散性和溶解性，生产过程简单、操作控制方便，适宜连续化生产等优点。乳品加工除利用喷雾干燥设备（压力喷雾、离心喷雾和气流喷雾）外，微波干燥设备、红外辐射干燥设备、真空干燥设备、升华干燥设备、沸腾干燥设备和冷冻干燥设备等也有应用。奶粉生产用压力喷雾干燥设备和离心喷雾干燥设备，麦乳精生产中用真空干燥设备。

（3）凝冻机和冰淇淋装杯机主要用于冰淇淋生产中。甩油机是黄油生产中的主要设备，可使脂肪球互相聚合而形成奶油粒，同时分出酪乳。

乳品厂常用的乳品加工设备见表 3.24。

表 3.24　乳品厂常用的乳品加工设备

产品名称	型　号	规　格	外形尺寸 （长×宽×高）/mm	参考价 /元	净重 /t
磅奶槽		最大体积：350L		4500	0.065
受奶槽		最大体积：600L	1610×1220×657	7800	
离心式奶泵	BAW150-5G	流量：5m³/h	536×326×409	3459	0.042
平衡槽	RPC-P200	最大体积：200L	800×550×810	3047	0.06
储奶缸	RZWG01-5000	体积：5000L（系列产品）	2600×2100×3150	2930	0.9
双效降膜蒸发器	RP₆K₆	蒸发能力：700kg/h	4400×2200×6700	135000	3.6
真空浓缩锅	RP3B1	蒸发能力：300kg/h	3000×2800×3200	25760	0.995
立式储奶缸	RP₂J₂-2000	最大体积：2300L	1340×1545×2260	15000	0.7
喷雾干燥设备	RPYP03-250	蒸发量：250kg/h（系列产品）	10000×6500×10500	31500	13
鲜奶分离机	DRL200	生产能力：1000L/h 额定转速：6792r/min	690×488×924	20007	0.178
空气过滤机				2200	
奶油搅拌机	RPJ180	每次换料：180L 体积：400L	1950×1640×2080	14904	0.48
冰淇淋连续冷冻机	BJ	160～600L/h	1850×780×1360	24000	0.5
冰淇淋灌装机	GZ	灌装速度：1800～3600 杯/h	947×785×1527		0.8
冷热缸	RL10	体积：1000L（系列）	1600×1385×1660	18600	1.15
保温消毒器	RZGC07-1000	体积：1000L（系列）	1760×1420×1730	1680	0.484
均质机	HFIM-25	流量：4m³/h，压力：25MPa	1100×1400×1400	5340	1.4
均质机	GJ1.5-25	流量：1.5m³/h，压力：25MPa	750×1000×1090	19000	0.8

3.4.3.2　罐头工厂主要设备

罐头生产需要的主要设备有以下六类。

（1）输送设备

① 液体输送设备　常用的液体输送设备有真空吸料装置、流送槽和泵等。

a. 真空吸料装置　利用真空系统对流体进行短距离输送及提升一定的高度，如果原有输送装置是密闭的，还可以直接利用这些装置进行真空吸料，不需添加其他设备。对果酱、番茄酱等或带有固体块料的物料尤为适宜，缺点是输送距离较短或提升高度不大、效率低。

b. 泵　螺杆泵、离心奶泵、齿轮泵。

螺杆泵：是一种回转容积式泵，利用一根或数根螺杆的相互啮合使空间容积发生变化来输送液体。目前食品厂多用单螺杆卧式泵，多用于黏稠液体或带固体物料的酱体输送，如番茄酱连续生产流水线上常采用此泵。

离心奶泵：主要用于流体输送，在乳品、饮料、果汁、果酒和植物蛋白饮料生产中应用广泛。其工作原理和用途与离心泵基本相同，区别在于凡与液体接触部分均用不锈钢制造，可以确保食品安全卫生，故又称卫生泵。

齿轮泵：属于回转容积式泵，在食品厂中主要用来输送黏稠液体，如油类、糖浆等。

② 固体输送设备　固体输送设备根据其功能和用途不同，又分为带式输送机、螺旋输送机和斗式升送机等。

a. 带式输送机　是食品厂应用最广的一种连续输送机械，适用块状、颗粒状物料及整件物料水平方向或倾斜方向运送。同时，还可以用作拣选工作台、清洗、预处理、装填操作台。在罐头厂一般用于原料分选、预处理、装填各工序及成品包装仓库等，在饮料生产企业用于灌装流水线。

b. 螺旋输送机　主要适用于需要密闭运输的物料，如颗粒状物料。

c. 斗式升送机　罐头食品厂连续化生产中，用于不同高度装运物料，如从地面运送到楼上或从一台机械运送到另一台机械。

d. 流送槽　流送槽属于水力输送物料装置，用于把原料从堆放场送到清洗机或预煮机中，可用于苹果、番茄、蘑菇、菠萝、马铃薯和其他块茎类原料的输送。

（2）清洗和原料预处理设备

① 常用清洗设备　清洗机械设备在罐头食品生产过程中至关重要，罐藏原料在生长、成熟、运输和储藏过程中会受土壤、微生物及其他污染，为了保证产品的卫生与安全，加工前必须进行清洗。清洗还可以保证罐藏容器清洁和防止肉类罐头产生油商标等质量事故。

常用清洗设备包括鼓风式清洗机、空罐清洗机、全自动洗瓶机、实罐清洗机等。

鼓风式清洗机是利用空气进行搅拌，既可加速污物从原料上洗去，又可使原料在强烈翻动下而不破坏其完整性，最适合果蔬原料的清洗。

全自动洗瓶机用于玻璃瓶的清洗，对新瓶和回收瓶均可使用。

② 常用的原料预处理设备

a. 分级机　常用的分级设备有滚筒式分级机、摆动筛、三辊筒式分级机、花生米色选机等。滚筒式分级机分级效率高，广泛应用于蘑菇和青豆的分级。三辊筒式分级机，适用于球形或近似球形的果蔬原料，如苹果、柑橘、番茄、桃子和菠萝等。

b. 切片机（蘑菇定向切片机、菠萝切片机）和青刀豆切端机。

c. 榨汁机、果蔬去皮机、打浆机、分离机　用于果品罐头的生产。

d. 绞肉机、斩拌机、真空搅拌机　用于午餐肉罐头生产。

③ 热处理设备　罐头食品厂热处理的主要作用是使原料脱水、抑制或杀灭微生物，排除罐藏原料组织中的空气，破坏酶活力，保持产品颜色。常见热处理设备有预热、预煮、蒸发浓缩、干燥、排气、杀菌等设备。

a. 热交换器　常用的热交换器有列管式热交换器、板式热交换器、滚筒式杀菌器、夹层锅、连续预煮机（分链带式和螺旋式）。

列管式热交换器广泛应用于番茄汁、果汁、乳品等液体食品生产中，多用作高温短时或超高温短时杀菌及杀菌后及时冷却。

板式热交换器用于牛奶的高温短时（HTST）或超高温瞬时（UHT）杀菌，也可作食品液料的加热杀菌和冷却。

夹层锅常用于物料的热烫、预煮、调味液的配制、熬煮浓缩等。

连续预煮机广泛用于蘑菇、青刀豆、青豆、蚕豆等各种原料的预煮。

b. 真空浓缩设备 该类设备按加热器结构可分为盘管式、中央循环式、升膜式、降膜式、片式、刮板式和外加热式等，在选择不同结构的真空浓缩设备时，应根据食品溶液的性质来确定。

对于那些加热浓缩时，易在加热面上生成垢层的料液，应该选择流速较大的强制循环型或升膜式浓缩设备，以防止热阻增加和传热系数降低。对于那些浓度增加时，有晶粒析出的溶液，应采用带有搅拌器的夹套式浓缩设备或带有强制循环的浓缩器，防止晶析沉积于传热面上，影响传热效果，堵塞加热管。对于那些黏度随浓度的增加而增加的食品溶液，一般选用强制循环式、刮板式或降膜式浓缩设备，防止由于黏度增加造成的流速降低，传热系数变小，生产能力下降。不同的食品加工原料对热的敏感性不同，加工温度过高时，会影响有些产品的色泽，使产品质量下降，所以，对这类产品应选用停留时间短、蒸发温度低的真空浓缩设备，通常选用各种薄膜式或真空度较高的浓缩设备。有些食品溶液在浓缩过程会产生大量气泡，这些泡沫易被二次蒸汽带走，增加产品损耗，严重时无法操作。因此在浓缩器的结构上应考虑消除发泡的可能，同时要设法分离回收泡沫，一般采用强制循环型和长管薄膜浓缩器，以提高料液在管内流速。

真空浓缩装置的附属设备主要有捕沫器、冷凝器及真空装置等。

捕沫器的作用是防止蒸发过程中形成的微细液滴被二次蒸汽夹带逸出，减少料液损失，防止污染管道及其他浓缩器的加热表面。捕沫器一般安装在浓缩设备的蒸发分离室顶部或侧部。

冷凝器的作用是将真空浓缩所产生的二次蒸汽进行冷凝，并将其中不凝结气体分离，以减少真空装置的容积负荷，同时保证达到所需要的真空度。

真空装置的作用是抽取不凝结气体，降低浓缩设备内环境的压力，使料液在低沸点下蒸发，有利于减少食品中热敏性物质的损失。真空装置采用的真空泵有机械泵（往复式真空泵和水环式真空泵）和喷射泵（蒸汽喷射泵和水力喷射泵）两大类。

c. 杀菌设备 罐头食品厂所用的杀菌设备按其杀菌温度不同，分为常压杀菌和加压杀菌设备，按其操作方法分为连续杀菌和间歇杀菌设备。间歇杀菌设备有立式杀菌器、卧式杀菌器（静止式和回转式），连续杀菌设备有常压连续杀菌器、静水压连续杀菌器、水封式连续高压杀菌器、火焰杀菌器、真空杀菌器及微波杀菌器等。目前我国罐头食品厂以使用卧式杀菌器和常压连续杀菌器为主。

④ 封罐设备 罐头的品种繁多，容器和罐形多种多样，容器材料也不相同，所以封罐机的形式也多种多样。一般镀锌薄钢板罐头用手动、半自动封罐机和自动封罐机（单机头自动真空封罐机和多头自动真空封罐机）。玻璃瓶封口机也分手动、半自动及自动封罐机。螺口瓶用四旋盖拧盖机封罐。封罐机的生产能力是按每分钟封多少罐计，而不是按班产量计。

⑤ 成品包装机械 常用的成品包装机械包括贴标机、装箱机、封箱机、捆扎机等。

⑥ 空罐设备 常用的空罐罐身设备按焊接方法分为焊锡罐设备（单机和自动焊锡机）、电阻焊设备。焊锡罐的焊锡中含有重金属铅，对人体有害，锡属于稀有金属，价格昂贵、成本高，故此法已被逐渐淘汰。

空罐罐盖设备：波形剪板机、冲床、圆盖机、注胶机、罐盖烘干机及球磨机等。

罐头加工厂常用的设备见表3.25、表3.26。

表 3.25　罐头食品厂制罐机械设备（一）

产品名称	型号	规格	外形尺寸 (长×宽×高)/mm	参考价 /元	净重 /t
35t 自动冲床	GT_2A_2	20 次/min		55000	2.7
方盖圆边机	GT_2B_2	400 只/min			2.3
圆盖圆边机	$GT_2B(1523)$	内模转速 275r/min		1600	0.15
上胶机	$GT_2C_3(GSJ-160)$	圆盖 160 罐/min		4500	0.55
印胶机	GT_3C_4	方盖 116 罐/min		15500	0.9
罐盖烘干机	GT_2D_5	15000～16000 只/h,烘 85～90℃,硫化 120～125℃		13000	1.8
印铁烘房	GT_1D_1			170000	35
划线机	GT_1C_4	160 张/min		15000	0.72
圆刀和切板机	$GT_1B_4(GQ-378)$	60m/min		6000	1.2
圆罐罐身三道机	GT_3A_9	90 罐/min		22000	1.42
踏平机	$GT_3A_6(KT-72)$	36～74 罐/min,踏平块往复 129 次/min		27000	0.41
单头翻边机	$GT_3B_6(F-274)$	74 只/min		5000	1.0
试漏机	GT_3E_2	10 只/min		910	0.095
喷涂机	GD_3D_1	70 只/min			
四头翻边机	GT_3B_3	适用圆罐 96 罐/min		5500	0.7
罐盖打印机	$GT_2E_5(GG160)$	160 只/min		4500	0.39
四头封罐机	GT_4B_2	圆罐 60～180 罐/min	2226×1059×1556	150000	2.58

表 3.26　罐头食品厂制罐机械设备（二）

产品名称	型号	规格	外形尺寸 (长×宽×高)/mm	参考价 /元	净重 /t
四头全自动真空封罐机	GT_4B_{12}	圆罐 130 罐/min	2278×1660×1925	240000	4.8
自动真空封罐机	GT_4B_{32}	圆罐 50 罐/min	12101×530×1900	58000	1.36
自动真空封罐机	GT_4B_2B	圆罐 42 罐/min	1330×1170×2000	48000	1.3
自动真空封罐机	GT_4B_{26}	圆罐 60 罐/min	1115×8001×600	45000	1.0
异型封罐机	$GT_4AC(QBF-40)$	圆罐 42 罐/min,异型罐 25 罐/min		6500	0.55
四头异型封罐机	GT_4B_7	异型罐 90～150 罐/min		80000	4.5
绞肉机	JR1000	生产能力:1000kg/h	810×420×1050	5500	
斩拌机	ZB125	生产能力:30kg/次	2100×1420×1650		
真空搅拌机	GT_6E_5	250L		25000	1.0
肉糜输送机	GT_9D_{29}	250～2000kg/h		13700	1.3
肉糜装卸机	GT_7A_6	80～120 罐/min		1300	0.47
浮选机	$GT_5A_1(J-24-01)$	20t/h		4200	3.0
番茄(猕猴桃)去籽机	$GT_6A_{13}(1-7A)$	生产能力:7t/h	2130×870×1935	24000	1.5
去籽储槽	$GT_5G_9(J-24-18)$	350L		2300	0.30
预热器	YR-8	番茄酱用 8t/h	3200×615×1350	11000	0.8
三道打浆机	GT_6F_5	生产能力:7t/h	1980×1700×2275	26000	2.0
打浆储槽	$GT_9G_{10}(I-24-9)$	1200～1500L		6000	0.6
成品储槽	$GT_9G_{11}(I-24-20)$	550L		2500	0.4
番茄真空浓缩锅	$GT_6K_1(GT6K14-03)$	12t/d		186000	15
杀菌器	$GT_6C_4(I-14B-01)$	8t/d		11500	0.5
螺杆浓缩泵	GT_9J_2	流量 8t/h		2000	1
连续杀菌机	GT_6C_{15}	三层压,杀菌 30 罐/min		83700	10
番茄去皮联合机	GT_6J_{22}	去皮、烫皮、提升 6t/h		136300	18
可倾式夹层锅	GT_6J_6A	容量:300L	2120×1150×1100	3950	0.42
夹层锅	GT_6J_6	容量:600L	1500×1160×1940	1180	0.55
搅拌式夹层锅	GT_6J_{19}	容量:600L			0.4
真空泵	2W-176			6000	0.9
卧式杀菌锅	GT_7C_5	体积:3.6m³	4050×1700×1800	13000	2.6
立式杀菌锅	GT_7C_3	体积:1m³	2200×1120×2000	2500	1.0

52

3.4.3.3 碳酸饮料生产设备

碳酸饮料生产过程中常用的设备主要包括水处理设备、配料设备及灌装设备，另外还有卸箱机、洗箱机、洗瓶机、装箱机等，见表3.27。

表 3.27 碳酸饮料食品厂机械设备

产品名称	型号	规格	外形尺寸 （长×宽×高）/mm	参考价 /元	净重 /t
反渗透水处理器	HYF2.0		2400×800×1800		
电渗析超纯净水过滤器	HYW-0.2		1200×900×1400		0.23
逆流再生离子交换器	HYB-2		ϕ400×3000	3200	1.0
紫外线饮水消毒器	ZY×-0.3	最大生产能力:0.3t/h 灯管总功率:0.25kW	450×250×520		0.02
砂棒过滤器	101	生产能力:1.5t/h		3500	0.12
水过滤器	106	生产能力:1.0t/h	500×500×600	1050	0.1
净水器	SST103	生产能力:3～6t/h	ϕ480×1800	8000	0.3
钠离子交换器	SN_2-4	生产能力:3t/h	480×480×2600	13500	0.4
汽水混合机	QSHJ-3	生产能力:3t/h	2000×120×2000	4500	1
一次性混合机	QHC-B	生产能力:2.5t/h		68500	0.5
汽水灌装机	GZH-18	7000～12000瓶/8h	1800×1200×980		1.5
不锈钢汽水混合机	QHP1.5	生产能力:1.5m^3/h			
汽水桶	QS-25	容积:25L	500×500×800		
中央立柱式小型多用灌装机	YSJ001	4000瓶/8h	1600×1600×2200		1.0
二氧化碳净化器	EJQ-100	100kg/h	2000×1200×2500	100620	1.1
二氧化碳测定仪			120×350×450		
饮料混合机		生产能力:0.81～5t/h	1000×800×1600		0.3

3.4.3.4 其他食品生产设备

有关肉类、糖果、饼干、面包焙烤设备等详细资料可查阅《中国食品与包装工程装备手册》（中国轻工业出版社，2000年1月版）及《机械产品目录》第6册（机械工业出版社，1996年版《食品机械部分》）。

食品厂生产的产品，具有品种多、季节性强的特点。应对每一种产品按最大班产量进行设备计算和选型，然后将各品种所需的设备归纳起来，相同设备按最大需要量计。列出满足生产车间全年所需生产设备清单，内容包括：设备名称、规格型号、生产能力、耗电量、平衡计算简述、数量、金额等。

3.5 人力资源配置

根据拟建工厂的特点和生产运营的需要，提出工厂组织机构的设备方案。在组织机构方案确定后，分析确定各类人员，包括生产工人、管理人员和其他人员的数量和配置方案，满足工厂建设和生产运营的需要，为提高劳动生产率创造条件。

（1）人力资源配置的目的　用于工厂定员编制、计算生活设施的面积和生活用水、用汽量以及产品的产量、定额指标的制订以及工资和福利的估算。保证设备的合理使用和人员的合理配备。

（2）人力资源配置的依据

① 国家有关法律、法规及规章。

② 工厂建设规模。

③ 生产运营复杂程度与自动化水平。

④ 人员素质与劳动生产率要求。

⑤ 组织机构设置与生产管理制度。

⑥ 国内外同类工厂的情况。

（3）人力资源配置的内容

① 制订合理的工作制度和运转班次，根据食品加工类型和生产过程特点，提出工作时间、工作制度、生产班次和方案等。

② 分析员工配置数量，根据精简、高效的原则和劳动定额，提出配备各职能部门、各工作岗位所需人员数量。技术改造项目，应根据改造后技术水平和自动化水平提高的情况，优化人员配置，所需人员首先由企业内部调剂解决。

③ 分析确定各岗位人员应具备的劳动技能和文化素质。

④ 分析测算职工工资和福利费用。

⑤ 分析测算劳动生产率。

⑥ 提出员工选聘方案，特别是高层次管理人员和技术人员的来源和选聘方案。

（4）人力资源配置方法　不同加工厂、不同岗位，人力资源配置的方法不同，人力资源配置主要有以下几种方法。

① 按劳动效率计算定员，即根据生产任务和生产人员的劳动效率计算生产定员人数。计算公式如下：

每班所需工人数（人/班）＝劳动生产率（人工/t 产品）×班产量（t）

全厂工人数为各车间所需工人数之总和。

食品厂生产车间男工和女工比例，一般为男∶女＝3∶7。

② 按设备计算定员，即根据机械设备的数量、工人操作设备定额和生产班次等计算生产定员人数。

③ 按劳动定额定员，即根据工作量和生产任务，按劳动定额计算生产人员数。

④ 按岗位计算定员，即根据各操作岗位和每个岗位所需要的工人数计算生产定员人数。

⑤ 按比例计算定员，即按服务人员占职工总数或占生产人员数的比例计算所需服务人员数。

⑥ 按组织机构职责范围、业务分工计算管理人员数。

（5）注意事项

① 在确定每个产品劳动生产率指标时，一般参照相同生产条件的老厂。在编排产品方案时尽可能用班产量来调节劳动力，每班所需工人数基本相同。对季节性强的产品，高峰期可适当聘用临时工，为保证高峰期的正常生产，生产骨干应为基本工。平时正常生产时，基本员工应该是平衡的。

② 在食品工厂设计中，定员定得过少，会造成生活设施不够使用，工人整天处于超负荷生产，从而影响正常生产；定员定得过多，会造成基建投资费的增大和投产后人浮于事。

③ 食品工厂工艺设计中除按产品的劳动生产率计算外，还得按各工段、各工种的劳动生产定额计算工人数，以便于车间及更衣室的布置。

④ 随着食品加工技术的发展和加工设备的更新，食品厂将以更先进的自动化设备取代目前某些手工操作及半机械或机械化的操作，则生产力的计算将按新的劳动生产率及劳动生产定额进行计算。罐头食品厂某些生产操作的劳动力定额见表 3.28。

表 3.28 罐头食品厂某些生产操作的劳动力定额

生 产 工 序	单 位	数 量	生 产 工 序	单 位	数 量
猪肉拔毛	kg/h	265	桃子去核	kg/h	30
刷脊	kg/h	213	苹果、桃装罐	罐/h	500
分段	kg/h	346	鸡拔毛	kg/h	14.5
去皮	kg/h	277	切鸡腿	kg/h	378
切肉	kg/h	284	鸡切大块	kg/h	150
洗空罐	罐/h	900	鸡切小块	kg/h	150
肉类罐头	kg/h	571	擦罐	kg/h	90
橘子去皮去络	kg/h	16	鸡装罐	罐/h	210
橘子去核	kg/h	12	贴商标	kg/h	1200
橘子装罐	罐/h	1200	刷箱	箱/h	150
苹果去皮	kg/h	10	实罐装箱	箱/h	20
苹果切块	kg/h	60	捆箱	箱/h	75
苹果去核	kg/h	20	钉木箱	箱/h	60

3.6 生产车间的工艺布置

食品工厂生产车间的工艺布置是工厂设计的重要内容之一,与工厂投产后生产的产品种类、产品质量、新产品的开发、产品产量和质量的调节、经济效益、原料综合利用等有很大关系,并且影响到工厂整体布局。工艺布置必须与土建、给排水、供电、供汽、通风采暖、制冷、安全卫生、原料综合利用以及"三废"治理等方面取得和谐统一。车间工艺布置一经施工就不易改变,所以,在设计过程中必须全面考虑。

生产车间工艺布置包括平面布置和立面布置。平面布置要把车间的全部加工设备在一定的建筑面积内做出合理安排,按一定的比例,从俯视角度径直画出生产车间的设备平面布置图。为解决平面图中不能反映的重要设备和建筑物立面之间的关系,还必须画出生产车间剖面图,在管路设计中另有管路平面图、管路立面图及管路透视图等。

生产车间工艺布置的原则如下。

(1) 要有全局观点,符合总体设计要求。包括生产的要求,本车间在总平面图上位置的要求,与其他车间或部门的关系,以及有利于发展的要求。

(2) 车间设备布置时,应使设备能够灵活调动,满足多种生产的可能,并留有更换设备适当余地。同时还应注意设备相互间的间距及设备与建筑物的安全维修距离,保证操作方便,维修装卸和清洁卫生方便。

(3) 除某些特殊设备按相同类型适当集中外,其余设备要尽量按工艺流水线安排。

(4) 要尽可能利用生产车间的运输空间,各工序间要相互配合,保证各物料运输通畅,避免重复往返,合理安排生产车间各种废料排出,人员进出要和物料进出分开。

(5) 对空压机房、空调机房、真空泵等既要分隔,又要尽可能接近使用地点,以减少输送管路及损失。对散发热量,气味及有腐蚀性的介质,要单独集中布置。

(6) 应注意车间的采光、通风、采暖、降温等设施。必须考虑生产卫生和劳动保护,如卫生消毒、防蝇防虫、车间排水、电器防潮及安全防火等措施。可以设在室外的设备,尽可能设在室外并加盖简易棚保护。

3.6.1 步骤与方法

食品工厂生产车间平面设计一般包括新设计的车间平面布置和对原有厂房进行平面布置

设计。步骤如下。

（1）作出设备清单（见表3.29）及工作室等各部分的面积要求。

表3.29 ××食品厂××车间设备清单

序 号	设备名称	规格型号	安装尺寸	生产能力	台 数	备 注
1 2 ⋮						

（2）对设备清单进行全面分析整理，分出笨重的、轻的、固定的、可移动的、几个产品生产时公用的、某一产品专用的以及质量等说明。对于笨重的、固定的、专用的设备应尽量排在车间四周，轻的、可移动的、公用的设备可排在车间中央，在更换产品时方便调换设备。

（3）确定厂房的建筑结构、形式、朝向、跨度和宽度，绘出承重柱、墙的位置。一般车间长50～60m为宜（不超过100m）。在计算纸上画出车间长度、宽度和柱子的具体位置。

（4）按照总平面图，确定生产流水线方向。

（5）利用计算机绘制草图，用方形或设备平面外形表示生产设备，尺寸应按比例缩小，排出多种方案分析比较，以求最佳方案。

（6）对草图进行讨论、修改，对不同方案可以从以下几个方面进行比较：

① 建筑结构造价；

② 管道安装（包括工艺、水、冷、汽等）；

③ 车间运输；

④ 生产卫生条件；

⑤ 操作条件；

⑥ 通风采光。

（7）将生活室、车间办公室绘入草图。

（8）确定剖视位置，画出车间主要剖面图（包括门窗）。

（9）审查修改。

（10）绘出正式图。举例见图3.12。

3.6.2 对建筑设计的要求

车间工艺布置设计与建筑设计密切相关，在工艺布置过程中应对建筑结构、采光、通风、防虫等问题提出要求。

（1）对建筑外形的选择要求　根据生产品种、厂址、地形等具体条件决定，一般所选的外形有长方形、"L"形、"T"形、"U"形等，其中以长方形最为常见，其长度取决于流水作业线的形式和生产规模，一般在60m左右或更长一些，以利于流水线的排布，并应使车间内立柱越少越好。生产车间的层高按房屋的跨度（食品工厂生产车间常用的跨度为9m、12m、15m、18m、24m等）和生产工艺的要求而定，一般以4～6m为宜，单层厂房可酌量提高。

国外生产车间柱网一般6～10m，车间为10～15m连跨，一般高度为7～8m（吊平顶4m），亦有车间达13m以上的。

（2）对车间布置的要求　性质不同的食品，应在不同的车间生产，性质相同的食品在同一车间内生产时，也要根据不同的用途而加以分隔，如车间办公室、车间化验室、生活间、工具间、保全间、空压机房、真空泵房、空调机房等，均需与生产工段加以分隔。在生产工段中原料预处理工段、热加工工段、精加工工段、仪表控制室、油炸间、杀菌间、包装间等

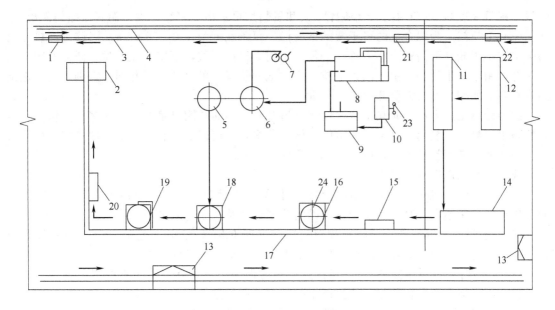

图 3.12　饮料车间平面布置图

1—成品箱；2—装箱台；3—运输线；4—排水沟；5—储水箱（碳酸化水）；6—碳酸水混合机；

7—CO₂ 钢瓶；8—冷冻储水箱；9—紫外线灭菌器；10—砂棒过滤器；11—刷瓶机；

12—浸洗（空瓶）机；13—洗手池；14—冲瓶机；15—检空瓶；16—灌糖浆机；

17—操作传送线；18—混合灌装机；19—封盖机；20—光检成品；21—空箱；

22—空箱空瓶；23—水源；24—糖浆下料管路

均在相互之间加以分隔。

3.6.3　对采光、通风、防虫等非工艺设计的要求

食品工厂设计对采光、通风、防虫等非工艺设计也有相应的要求。在食品生产过程中，有很多生产工段散发出大量的水蒸气和油蒸气，导致车间内温度、湿度和油气的升高。在原料处理和设备清洗时，排出的大量含有稀酸、稀碱及油脂等介质的废水。因此，在设计中为了防蝇、防虫、防尘、防雷、防滑、防鼠以及防水蒸气和油气以及考虑到通风采光的需要，对土建提出如下要求。

3.6.3.1　门

每个车间至少有两道以上的门，作为人流、货流和机器设备的出、入口。供人流出入门的尺寸应能满足生产要求和消防要求，尺寸大小适中。运输工具和机器设备进出的门，应比生产车间最大尺寸的机器设备高 0.6～1.0m，宽 0.2～0.5m。为保证货物或交通工具进出，门的规格应比装货物后的车辆高 0.4m 以上，宽 0.3m 以上。生产车间的门应按生产工艺和车间的实际情况设计，并设置水幕、风幕、暗道或飞虫控制器（飞虫控制器为黑光灯型，发蓝紫色光，其光波是经过专门研究为苍蝇等最喜欢的波段，该灯内有高压电，飞虫一经诱入即被杀死，该灯设于门的上方或门的附近）等防蝇、防虫装置。

国外一些食品厂，为保证生产车间有良好的卫生环境，起到防蝇、防虫的作用，并有利于进出车间的运输，可采用以下形式的门。

（1）带塑料幕帘的门　门上有半软性透明塑料制的幕帘，每条幕帘的宽度约为 10～20cm，厚约为 2～10mm。塑料以叠积而形成密封幕帘，人货均可进出。

（2）软质弹簧门　由 10mm 厚的橡皮板和铝合金金属框架组成，门上部镶有一段透明

塑料（视野高度），以免对门相互碰撞，人和货物均可进出，铲车可撞门而入，撞门而出。

（3）上拉门　为铝合金的可折弯的条板门，每条宽度为400～500mm，用铰链连接。门两边带有小辊轮，可沿轨道上下移动，往上推门即徐徐开放，不用时往下拉，门即密闭。此门极轻，用于进出货物，由于门往上拉，不占地面位置，可以几个门并列。特别适用于进出卸货月台上使用，可按需要开启门的高度。

国外食品工厂生产车间几乎很少使用暗道及水幕，而单用风幕的亦不太多。为保证良好的防虫效果，一般用双道门，头道门是塑料幕帘，二道门上方装有风幕。像美国绿色巨人工厂的速冻包装间就是这样，风幕的风口宽度为100mm。

我国食品工厂生产车间常用的门有以下几种形式。

① 空洞门　一般用于生产车间内部各工段间往来运输及人流通过的地方，当两工段间的卫生要求差距不太大时，为便于各工段间往来运输及流通一般采用空洞门。

② 单扇门（又叫单扇开关门）和双扇门（又叫双扇开关门）　它们都分内开和外开两种，一般在走廊两旁的最好用内开，但为了便于人流疏散，最好用外开门。

③ 单扇推拉门和双扇推拉门　其特点是占地面积小，缺点是关闭不严密，所以一般用于各种仓库，但在个别食品工厂的生产车间亦用作设备进出的大门。

④ 单扇双面弹簧门和双扇双面弹簧门　所谓弹簧门，就是在开启后靠弹簧的弹力能将门自动关闭，所以弹簧门用在经常需要关门的地方。

⑤ 单扇内外开双层门和双扇内外开双层门　所谓双层门，一般是指一层纱门和一层开关门，是我国目前食品工厂生产车间常用的门。门的代号用"M"表示。

常用门的规格分为普通门和车间大门。普通门主要是考虑人的通行和小型工具的进出，故门的尺寸不应很大。一般单扇门规格（宽×高）有：1000×2200，1000×2700（单位：mm，以下同）。一般双扇门的规格有：1500×2200，1500×2700，2200×2700。车间大门主要是满足机器设备、货物和大型交通工具的进出。对于电瓶车或手推车，门的规格可用2000×2400，3000×2400；对于汽车，门的规格可用3000×3000，4000×3000。

3.6.3.2　排气

有大量水蒸气和油蒸气排出的车间，应特别注意排气问题。设计上可在有水蒸气或油蒸气排放设备附近的墙上或设备上部的屋顶开孔，用大功率轴流风机直接进行排气。国内某些大型油炸方便面企业就是采用上述方法排除车间内的油蒸气，国外亦如此，像美国绿色巨人工厂的杀菌锅上部和东方食品厂油锅上部的屋顶均有开孔，用气罩并装排气风机进行排汽。

食品工厂生产车间在平面布置时，对于局部排出大量蒸汽的设备应尽量靠墙并在当地夏季主导风向的下风向，同时，将顶棚做成倾斜式，顶板可用铝合金板，这样，可使大量蒸汽排至室外（参见图3.13）。

3.6.3.3　采光

食品工厂生产车间基本上是天然采光。食品工厂生产车间的采光系数一般为1/6～1/4。采光系数就是指采光面积和房间地坪面积的比值。采光面积不等于窗洞面积，采光面积占窗洞面积的百分比与窗的材料、形式和大小有关，一般钢窗的玻璃有效面积占窗洞面积的74%～79%，而木窗的玻璃有效面积占窗洞面积的47%～64%。

食品厂车间采光分侧窗采光和天窗采光两种。开在四周墙上的侧窗是车间光线的主要来源。侧窗要求开得高，光线照射的面积大（见图3.14）。当生产车间工人坐着工作时，窗台的高度 H 可取0.8～0.9m；站着工作时，窗台高度 H 可取1～1.2m。常用的侧窗有以下几种。

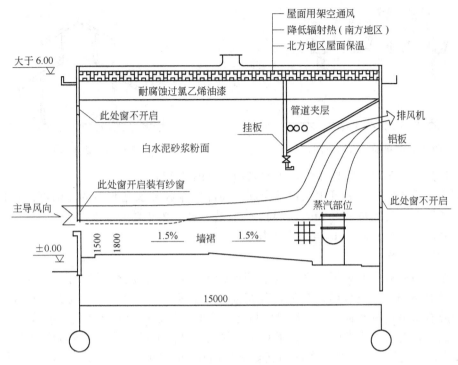

图 3.13　生产车间建筑削面示意图（单位：mm）

① 单层固定窗　只作采光，不作通风。

② 单层外开上悬窗、单层中悬窗、单层内开下悬窗　这三种窗一般用在房屋的层高较高，侧窗的窗洞亦较高时的上下部之组合窗。

③ 单层内外开窗　用在卫生要求不高的车间或房间里的侧窗。

④ 双层内外开窗（俗称的纱窗和普通的玻璃窗）　是我国食品工厂生产车间用得较多的一种窗。窗的名称代号用"C"表示。

某些车间设计时，因跨度太大或层高过低，使侧窗的采光面积减小。在采光系数达不到要求的情况下，除墙上开侧窗外，可在屋顶上开天窗增加采光面积。常用的天窗有三角天窗、单面天窗和矩形天窗。

① 三角天窗　构造简单，但只能采光，不能通风，仅有直射光线射入室内（见图3.15）。直射光线影响人体健康。

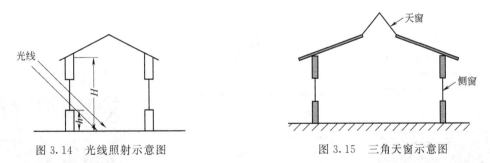

图 3.14　光线照射示意图　　　　　图 3.15　三角天窗示意图

② 单面天窗（又叫锯齿形天窗）　单面天窗一般方位朝北，全天光线变化较小，柔和均匀。但开启不便，卫生工作难做，在纺织厂用得较多（见图3.16）。

③ 矩形天窗（又叫汽楼）　汽楼的卫生工作难做，我国目前已不用。但在国外大面积生

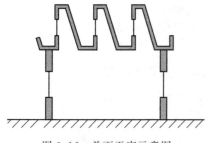

图 3.16 单面天窗示意图

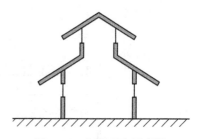

图 3.17 矩形天窗示意图

产车间的厂房中，为了很好地排气，仍被采用（见图 3.17）。

应用人工采光时，一般可用双管日光灯，局部操作区要求光照强的，则可吊近操作面。用日光灯照明时，灯高离地 2.8m，每隔 2m 安装一根，为了防止灰尘及虫类跌下，应在日光灯下 300mm 处吊有宽 1.3m 有机玻璃托板。

3.6.3.4 空气调节

生产车间最好有空调装置。在没有空调的情况下，门窗应设纱门纱窗。在我国南方地区，如果没有空调，除设纱门纱窗外，其车间的层高不宜低于 6m，以确保有较好的通风。密闭车间应有机械送风装置，空气经过滤后送入车间。屋顶部装有通风器，风管可用铝板或塑料材料制成。有特别要求的产品，车间内局部地区可使用正压系统和采取降温措施。如美国的 Echrich 肉类包装中心加工车间温度要求控制在 50～60℉（10～15℃），车间除一般送风外，另有吊顶式冷风机降温。冷风机往车间顶部吹风，以防天花板上积聚结水。再如饮料厂的糖浆混合室，要求空气洁净、不混杂质，可用过滤的空气送入该室，使房间呈正压（即室内的压力稍高于室外），不让外界空气进入该室。

3.6.3.5 地坪

食品工厂生产车间的地坪，经常受水、酸、碱、油等腐蚀性物质的侵袭或运输车辆的冲击，在设计时应采取适当措施以减轻地坪受损。工艺布置时尽量将有腐蚀性介质排出的设备集中布置，做到局部设防，以缩小腐蚀范围。地坪需要有 1.5%～2.0% 的坡度，并设有明沟或地漏排水，大跨度厂房内排水明沟间距应小于 10m，将生产车间的废水和腐蚀性介质及时排除。为保护地坪，车间运输设计时应尽可能采用运输带或胶轮车。根据食品工厂生产车间的具体情况，对土建提出不同的地坪要求，目前，我国食品工厂生产车间常用的地坪有以下几种。

（1）石板地面 如果当地花岗岩石板材料供应充足、运输方便，则可采用石板地坪，石板地坪的优点是使用效果良好，耐腐蚀、不起灰、耐热和防滑，但要注意勾缝材料（见图 3.18）。

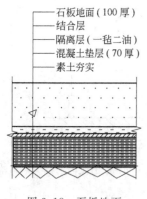

图 3.18 石板地面

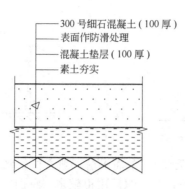

图 3.19 高标号混凝土地面

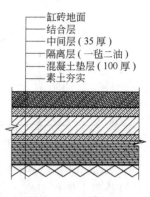

图 3.20 缸砖地面

（2）高标号混凝土地面　一般采用 300 号混凝土。骨料采用耐酸骨料，如花岗岩碎石、石英砂等。地坪表面需划线条或印满天星花格作防滑处理。提高混凝土的密实性，是增强其耐腐蚀性能的一项有效措施（见图 3.19）。

（3）缸砖地面　在不使用铁轮手推车的工段，如需采取防腐蚀措施，采用缸砖地面效果较好，但应注意黏结材料及勾缝材料的选用（见图 3.20）。石板地面和缸砖地面结合层厚度及勾缝宽度见表 3.30。

表 3.30　各种块材楼地面结合层的厚度及勾缝材料宽度　　　　单位：mm

块料砌筑方法			勾缝材料			
			水玻璃胶泥	硫黄胶泥	环氧酚醛呋喃胶泥	沥青胶泥
挤缝法		B	2～3		2～3	2～3
		D	5～7		3～4	2～5
勾缝法		B	8～10		6～7	8～10
		D	6～8			4～6
浇注法		B		6～8		
		D		8～10		

注：1. 挤缝法：一般结合层与勾缝材料相同时采用，施工较慢。
2. 勾缝法：常在结合层与勾缝材料不同时采用（也有用于相同材料的），施工时用木条顶留灰缝座浆砌筑。
3. 浇注法：仅用于硫黄胶泥，用垫块将块材垫起，一次浇成。

结合层材料及勾缝材料选用见表 3.31。

表 3.31　楼地面常用的站台层及块材料勾缝材料选用表

名　称	用　途	优　点	缺　点
水玻璃胶泥	黏结陶瓷砖板、耐酸石板	耐浓酸、氧化酸、酸性盐，耐温较高	不耐碱及氢氟酸，抗渗性较差，施工周期长
硫黄胶泥	黏结陶瓷砖板、耐酸石板	耐酸、耐水，施工周期短	不耐碱，收缩率大，性脆
沥青胶泥	黏结沥青浸渍砖、耐酸陶瓷板、耐酸石块	耐稀酸、碱、含氟酸，价格低，易取材	耐温性差，易老化
酚醛胶泥	常作为勾缝材料，因价高不用作结合层	耐酸性能好（特别是盐酸），耐水性好	耐硝酸及强氧化酸差，不耐碱
环氧煤焦油胶泥	常作为勾缝材料，因价高不用作结合层	耐中等浓度的酸和任意浓度的碱，黏结力较强	耐醋酸和强氧化酸差，价格较高
呋喃胶泥	常作为勾缝材料，因价高不用作结合层	耐中等浓度的酸和任意浓度的碱，耐温性好	不耐强氧化酸，黏结力稍差
环氧胶泥	用作勾缝材料，因价高不常用于结合层	耐中等浓度的酸和任意浓度的碱，黏结力很强	价格高，不易取材，耐醋酸及强氧化酸差

（4）塑料地面　具有耐酸、耐碱、耐腐蚀的优点，具有广阔的应用前景。

国外食品工厂生产车间常用的地坪有缸砖地坪和水泥地坪，有的水泥地坪敷有环氧树脂涂料层，使用缸砖地面时，应注意防滑。在原料调味工段的混凝土地坪可适当增加水泥含量，在接触有机酸的部位可用砂型填充料涂地面（厚 0.6mm），使表面硬化而不被酸所渗透。国外食品工厂生产车间的地坪排水，老厂多使用明沟加盖板，而新厂多使用地漏，也有局部使用明沟，但距离较短。地漏直径一般为 200～300mm。国外推荐的地坪坡度为 1/50～1/10，排水沟筑成圆底，以利于水的流动及清洁工作。

3.6.3.6 内墙面

食品工厂生产车间对内墙面卫生要求很高，要防霉、防湿、防腐、有利于卫生，转角处理最好为圆弧形设计。一般在内墙面的下部用白瓷砖或塑料面砖做成 1.8～2.0m 高的墙裙，减少墙面污染，便于清洗。其余墙面和天花板可用耐化学腐蚀的过氯乙烯油漆或六偏水性内墙防霉涂料。过氯乙烯油漆具有优良的耐化学腐蚀性能，还具有耐油、耐醇和防霉等性能。缺点是不耐高温，长期在 70℃ 以上温度即被分解使漆膜破坏。此外，墙面也可采用白水泥砂浆粉刷，或用塑料油漆等涂于内墙面，以便清洗。

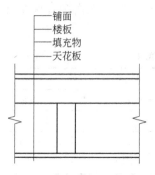

铺面
楼板
填充物
天花板

图 3.21 楼盖组成示意图

3.6.3.7 楼盖

楼盖由承重结构、铺面、天花板、填充物等构成（见图 3.21）。梁和板是承重结构，载荷楼面上一切质量。作为楼板表面层的铺面可用木板、水泥砂浆、水磨石等材料，起保护承重结构，并承受地面上物体压力的作用。填充物用多孔松散材料，起隔声、隔热的作用。天花板起隔声、隔热和美观的作用。为确保食品工厂生产车间的卫生，顶棚必须平整，防止积尘，桁架和柱越少越好。

食品工厂生产用水量大，需冲洗设备及地坪，所以，楼盖地面最好选用现浇整体式楼盖，或用预制板现场装配，在楼板和面层之间加防潮层，并保持 1.5%～2% 的坡度，有排水明沟或地漏，确保楼盖不渗水。

3.6.3.8 食品工厂生产车间的建筑结构

生产车间的建筑结构有砖木结构、混合结构、钢筋混凝土结构和钢结构等。

砖木结构采用木制屋架作为建筑物屋顶支承构件，建筑物的所有质量由木柱或砖墙传递到基础和地基。食品生产车间长期处于高温高湿度环境，木结构容易腐烂，从而影响建筑物的坚固性、生产的安全性和食品的卫生性，所以，食品生产车间一般不宜选用这种结构。

混合结构的屋架用钢筋混凝土由承重墙来支持。砖柱大小根据建筑物的质量和楼盖的载荷决定。混合结构一般只用作平房，跨度在 9～18m，层高可达 5～6m，柱距不超过 4m。混合结构可用于食品工厂生产车间的单层建筑。

钢筋混凝土结构，主要构件梁、柱、屋架、基础均采用钢筋混凝土，而墙只作为防护设施，这种结构叫钢筋混凝土结构，也叫框架结构，是食品工厂生产车间和仓库等最常用的结构。在建筑的跨度、高度上可按生产要求加以放大，而不受材料的影响。这种结构可以是单层，也可以是多层，并可将不同层高、不同跨度的建筑物组合起来。但由于钢结构的主要构件采用钢材，造价高、且需要经常维修，故对温度、湿度较高的食品厂生产车间不适宜采用。

食品工厂生产车间一般采用单层或多层建筑，基本上选用钢筋混凝土结构，而单层建筑也可选用混合结构。食品工厂生产车间一般不采用砖木结构和钢结构。

3.7 水、汽用量的计算

食品生产过程中水和蒸汽的消耗量较大，水和蒸汽用量的计算同锅炉的配套、管路设计密切相关。所以，水、汽用量的计算是食品工厂设计的重要内容之一。

3.7.1 用水量计算

在食品生产过程耗水量大，原料的预处理、加热杀菌、冷却、设备和食品生产车间的清洗都需要大量的水。如罐头厂和乳品厂主要用水部分有：原料预处理、半成品漂洗、浓缩锅蒸汽的冷凝、杀菌后产品的冷却、包装容器的洗涤消毒、车间的清洁卫生和产品在生产过程中本身需要的水。烘焙食品厂用水有配料用水、设备清洗用水和车间的清洁卫生用水等。可以说，没有水就无法进行食品生产。

食品生产中加水量必须严格控制，以确保适宜的原料配比和物料浓度范围。例如，啤酒生产中麦芽或大米等糊化和糖化的料水比有较严格的定量关系。对于食品生产来说，计算用水量十分重要，这不仅与物料衡算、热量衡算等工艺计算关系密切，而且与设备的计算和选型、产品成本、技术经济等均有密切关系。

单位成品耗水量受食品生产厂所在地区、原料的品种、生产工艺、设备条件、生产能力以及管理水平等工厂实际情况影响，差异很大。所以在工艺流程设计时，必须妥善安排，合理用水，尽量做到一水多用。用水量计算的方法有"单位产品耗水量定额"估算和逐项计算的方法两种。计算用水的方法步骤如下。

小型食品工厂，在进行用水量计算时可采用"单位产品耗水量定额"估算法，也可按主要设备的用水量或食品工厂生产规模来拟定给水能力。

大型食品工厂，必须采用逐项计算的方法进行用水量计算，以保证用水量的准确性。方法和步骤如下。

（1）明白计算的目的及要求。要充分了解用水量计算的目的及要求，从而采用合适的计算方法。例如，要做一个生产过程设计，就要对整个过程和其中的每一个设备做详细的用水量计算，计算项目要全面、细致，以便为后一步设备计算提供可靠依据。

（2）绘出用水量计算流程示意图。为了使研究的问题形象化和具体化，使计算的目的正确、明了，通常使用框图显示所研究的系统。图形表达的内容应准确、详细。

（3）收集设计基础数据。需收集的数据资料一般应包括生产规模、年生产天数、原料、辅料和产品的规格、组成及质量等。

（4）确定工艺指标及消耗定额。设计所需的工艺指标、原材料消耗定额及其他经验数据，根据所用的生产方法、工艺流程和设备，对照同类生产工厂的实际水平来确定，这必须是先进而又可行的。

（5）选定计算基准。计算基准是工艺计算的出发点，选得正确，能使计算结果正确，而且可使计算结果大为简化。因此，应该根据生产过程特点，选定统一的基准。在工业上常用的基准如下。

① 以单位时间产品或单位时间原料作为计算基准。

② 以单位质量、单位体积或单位摩尔的产品或原料为计算基准，如肉制品生产用水量计算，可以以 100kg 原料来计算。

③ 以加入设备的一批物料量为计算基准，如啤酒生产就可以以投入糖化锅、发酵罐的每批次用水量为计算基准。

（6）由已知数据，根据质量守恒定律进行用水量计算。此计算既适用于整个生产过程，也适用于某一个工序或设备，根据质量守恒定律列出相关数学关联式求解。

（7）校核与整理计算结果，列出用水量计算表。

在整个用水量计算过程中，对主要计算结果都必须认真校核，以保证计算结果准确无误。最后，把整理好的计算结果列成用水量计算表。举例如下。

（1）"单位产品耗水量定额"估算实例 "单位产品耗水量定额"估算实例见表 3.32、表 3.33 和表 3.34。

表 3.32 部分乳制品平均吨成品耗水量

产 品 名 称	耗水量/(t/t 成品)	产 品 名 称	耗水量/(t/t 成品)
消毒奶	8～10	甜炼乳	45～60
全脂奶粉	130～150	奶油	28～40

注：1. 以上指生产用水，不包括生活用水。

2. 南方地区气温高，冷却水用量大，应取较大值。

表 3.33　部分设备的用水量

设 备 名 称	设 备 能 力	用 水 目 的	用水量/(t/h)
连续预煮机	3～4t/h	预煮后冷却	15～20
真空浓缩锅	300kg/h	二次真空冷凝	11.6
双效浓缩锅	1000kg/h	二次蒸汽冷凝	35～40
卧式杀菌锅	2000 罐/h	杀菌后冷却	15～20
消毒奶洗瓶机	20000 瓶/h	洗净容器	12～15

注：以上均指设备本身用水，不包括其他生产用水和生活用水。

表 3.34　部分食品的给水能力表

成 品 类 型	班产量/(t/班)	建议给水能力/(t/h)	备　　注
肉类罐头	4～6	40～50	
	8～10	70～90	不包括冻藏
	15～20	120～150	
奶粉、奶油、甜炼乳	5	15～20	
	10	28～30	
	15	55～60	

注：1. 以上均指生产用水，不包括生活用水。

2. 南方地区气温高，冷却水量较大，应取最大值。

以上三例"单位产品耗水量定额"实例的用水数值只供参考。

（2）用水量计算实例　以 5000t/年啤酒为计算基准，混合原料质量为 1421kg。

① 糖化耗水量计算　100kg 混合原料大约需用水量 400kg。糖化用水量＝1421×400/100＝5684（kg）。

糖化用水时间设为 0.5h，故：每小时最大用水量＝5684/0.5＝11370（kg/h）。

② 洗槽用水　100kg 原料约用水 450kg，则需用水量：1421×450/100＝6394.5（kg）。用水时间为 1.5h，则洗槽最大用水量＝6394.5/1.5＝4263（kg/h）。

③ 糖化锅洗刷用水　有效体积为 20m³ 的糖化锅及其设备洗刷用水每糖化一次，用水约 6t，用水时间为 2h，所以洗刷最大用水量＝6/2＝3（t/h）。

④ 沉淀槽冷却用水

$$G = \frac{Q}{c(t_2 - t_1)}$$

热麦汁放出热量 $Q = G_p C_p (t_1' - t_2')$；

热麦汁相对密度 $c_{麦汁} = 1.043$；

热麦汁量 $G_p = 8525 \times 1.043 = 8892$（kg/h）；

热麦汁比热容 $C_p=4.1[\text{kJ}/(\text{kg}\cdot\text{K})]$；

热麦汁温度 $t_1'=100℃$，$t_2'=55℃$；

冷却水温度 $t_1=18℃$，$t_2=45℃$；

冷却水比热容 $c=4.18[\text{kJ}/(\text{kg}\cdot\text{K})]$。

$$Q=8892\times4.1\times(100-55)=1640574\ (\text{kJ/h})$$

$$G=\frac{1640574}{4.18\times(45-18)}=14536\ (\text{kg/h})$$

⑤ 沉淀槽洗刷用水　每次洗刷用水 3.5t，冲洗时间设为 0.5h，则：每小时最大用水量＝3.5/0.5＝7（t/h）。

⑥ 麦汁冷却器冷却用水　麦汁冷却时间设为 1h，麦汁冷却温度为 55～6℃，分两段冷却。

第一段：麦汁温度 55℃→25℃

冷水温度 18℃→30℃

冷却水用量：

$$G=\frac{Q}{c(t_2-t_1)}$$

麦汁放出热量：

$$Q=\frac{G_p C_p(t_1'-t_2')}{\tau}$$

麦汁量 $G_p=8892\text{kg}$；

麦汁比热容 $C_p=4.1[\text{kJ}(\text{kg}\cdot\text{K})]$；

麦汁温度 $t_1'=55℃$，$t_2'=25℃$；

水的比热容 $c=4.18[\text{kJ}(\text{kg}\cdot\text{K})]$；

冷却水温度 $t_1=18℃$，$t_2=30℃$；

麦汁冷却时间 $\tau=1\text{h}$。

$$Q=\frac{8892\times4.1\times(55-25)}{1}=1093716\ (\text{kJ/h})$$

$$G=\frac{1093716}{4.18\times(30-18)}=21805\ (\text{kg/h})$$

⑦ 麦汁冷却器冲刷用水　设冲刷一次，用水 1t，用水时间为 0.5h，则最大用水量为：4/0.5＝8（t/h）。

⑧ 酵母洗涤用水（无菌水）　每天酵母泥最大产量约 300L，酵母储存期每天换水一次，新收酵母洗涤 4 次，每次用水量为酵母的 2 倍，则连续生产每天用水量＝(4＋1)×300×2＝3000（L）。

设用水时间为 1h，故最大用水量为 3(t/h)。

⑨ 发酵罐洗刷用水　每天冲刷体积为 10m^3 的发酵罐 2 个，每个用水 2t，冲刷地面共用水 2t，每天用水量为：2×2＋2＝6（t）。

用水时间设为 1.5h，最大用水量为：6/1.5＝4（t/h）。

⑩ 储酒罐冲刷用水　每天冲刷体积为 10m^3 的储酒罐一个，用水为 2t，管路及地面冲刷水 1t，冲刷时间为 1h，最大用水量为：2＋1＝3（t/h）。

⑪ 清酒罐冲刷　每天使用体积为 2.5m^3 的清酒罐 4 个，冲洗一次，共用水 4t，冲刷时间为 40min，则最大用水量＝4×60/40＝6（t/h）。

⑫ 过滤机用水 过滤机 2 台，每台冲刷一次，用水 3t（包括顶酒用水），使用时间为 1.5h，则最大用水量＝$2 \times 3/1.5 = 4$（t/h）。

⑬ 洗棉机用水

a. 洗棉机放水量 m_1：

$$m_1 = 洗棉机体积 - 滤饼体积（滤饼 20 片）$$
$$= 5.3 - [\pi/4 \times (0.525)^2 \times 0.05 \times 40]$$
$$= 5.3 - 0.433$$
$$= 4.867（m^3）$$
$$\approx 4.867（t）$$

b. 洗棉过程中换水量 m_2：

取换水量为放水量的 3 倍：$m_2 = 3m_1 = 3 \times 4.867 = 14.6$（t）。

c. 洗棉机洗刷用水 m_3：

每次洗刷用水 $m_3 = 1.5$（t）。

d. 洗棉机每日用水量 m：

淡季洗棉机开一班，旺季开两班，则用水量：

$$m = 2(m_1 + m_2 + m_3) = 2 \times (4.867 + 14.6 + 1.5) = 41.93（t）$$

在洗棉过程中，以换水洗涤时的耗水量最大，设换水时间为 2h，则每小时最大用水量为：$14.6/2 = 7.3$（t/h）。

⑭ 鲜啤酒桶洗刷用水 旺季每天最大产啤酒量 22.5t（三锅量），其中鲜啤酒占 50%（设桶装占 70%），则桶装啤酒为：$22.5 \times 50\% \times 70\% = 7.875$（t）$= 7875$（L）。

鲜啤酒桶体积为 20L/桶；所需桶数＝$7875/20 = 393.8$（桶/d）。

冲桶水量为桶体积 1.5 倍；每日用水量＝$393.8 \times 0.02 \times 1.5 = 11.81$（t）。

冲桶器每次同时冲洗 2 桶，冲洗时间为 1.5h，故：每小时用水量＝$0.02 \times 1.5 \times 60/1.5 = 1.2$（t/h）。

⑮ 洗瓶机用水 按设备规范表，洗瓶机最大生产能力为 3000 瓶/h（最高线速），冲洗每个瓶约需水 1.5L，则：用水量＝$3000 \times 1.5 = 4500$（L/h）。

以每班生产 7h 计，总耗水量＝$4500 \times 7 = 31500$（L）。

⑯ 装酒机用水 每冲洗一次，用水 2.5t，每班冲洗一次，每次 0.5h，最大用水量＝$2.5/0.5 = 5$（t/h）。

⑰ 杀菌机用水 杀菌机每个瓶耗水量以 1L 计算，则：用水量＝$3000 \times 1 = 3000$（L/h）$= 3000 \times 7 = 21000$（L/班）。

⑱ 其他用水 包括冲洗地面、管道冲刷、洗滤布，每班需用水 10t，设用水时间为 2h，则每小时用水量＝$10/2 = 5$（t/h）。

把上述计算结果整理成用水量计算表，如表 3.35 所示。

表 3.35 5000t/年啤酒厂啤酒车间用水量计算表

名　称	规格	吨产品消耗额 /(t/t 产品)	每小时用量 /(kg/h)	每天用量 /(t/d)	年耗量 /(t/年)
冷水 无菌水	自来水	117 0.15	155379 3000	2331 3	582750 750

3.7.2 用汽量计算

用汽量计算的目的在于定量研究生产过程，为工厂设计和操作提供最佳化依据；通过用汽量计算，计算生产过程能耗定额指标，对工艺设计的多种方案进行比较，以选定先进的生产工艺；或对已投产的生产系统提出改造或革新，分析生产过程的经济合理性、过程的先进性，并找出生产上存在的问题；用汽量计算的数据是设备选型及确定其尺寸、台数的依据；用汽量计算也是生产的组织管理，经济核算和最优化的基础；用汽量计算的结果有助于工艺流程和设备的改进，达到节约能源、降低生产成本的目的。

3.7.2.1 用汽量计算的方法和步骤

用汽量随食品生产工艺、设备、规模、生产过程的不同而不同，即使是同一规模、同一工艺的食品厂，单位成品耗汽量往往也大不相同。为了保证生产过程的合理性，在工艺流程设计时，必须妥善安排，合理设计。用汽量计算可按"单位产品耗汽量定额"和逐项计算两种方法。

小型食品工厂可采用"单位产品耗汽量定额"估算法，也可按主要设备的用汽量或食品工厂生产规模来拟定给汽能力。

大型食品工厂在进行用汽量计算时必须采用逐项计算的方法，保证用汽量计算的准确性。和用水量计算一样，用汽量计算也可以做全过程的或单元设备的用汽量计算。现以单元设备的用汽量计算为例加以说明，具体的方法和步骤如下。

（1）画出单元设备的物料流向及变化的示意图。

（2）分析物料流向及变化，写出热量计算式。

$$\sum Q_入 = \sum Q_出 + \sum Q_损$$

式中 $\sum Q_入$——输入的热量总和，kJ；

  $\sum Q_出$——输出的热量总和，kJ；

  $\sum Q_损$——损失的热量总和，kJ。

  通常 $\sum Q_入 = Q_1 + Q_2 + Q_3$

  $\sum Q_出 = Q_4 + Q_5 + Q_6 + Q_7$

  $\sum Q_损 = Q_8$

式中 Q_1——物料带入的热量，kJ；

  Q_2——由加热剂（或冷却剂）传给设备和所处理的物料的热量，kJ；

  Q_3——过程的热效应，包括生物反应热、搅拌热等，kJ；

  Q_4——物料带出的热量，kJ；

  Q_5——加热设备需要的热量，kJ；

  Q_6——加热物料需要的热量，kJ；

  Q_7——气体或蒸汽带出的热量，kJ；

  Q_8——损失的热量。

进行热量计算时，必须根据具体情况进行具体分析，因为对具体的单元设备，上述的 $Q_1 \sim Q_8$ 各项热量不一定都存在。

（3）收集数据。做好数据（物料量、工艺条件以及必需的物性数据等）的收集工作，可以使热量计算顺利进行，节约时间并保证计算结果的准确无误。这些有用的数据可以从专门手册中查阅，也可以取自工厂实际生产数据，或根据试验研究结果选定。

（4）确定合适的计算基准。在热量计算时，必须选准一个设计温度，且每一物料的进出口基准温度必须一致，防止由于基准温度的不同，造成热量计算结果的不同。通常取 0℃ 为基准温度可简化计算。此外，为使计算方便、准确，还可灵活选取适当的基准，如按100kg原料或成品、每小时或每批次处理量等做基准进行计算。

（5）进行具体的热量计算

① 物料带入的热量 Q_1 和带出热量 Q_4 可按下式计算，即：

$$Q_1 \text{ 或}(Q_4) = \sum m_1 c_1 t$$

式中　m_1——物料质量，kg；

　　　c_1——物料比热容，kJ/(kg·K)；

　　　t——物料进入或离开设备的温度，K。

② 过程热效应 Q_3 主要有发酵热 Q_B、搅拌热 Q_S 和状态热（例如汽化热、溶解热、结晶热等）：

$$Q_3 = Q_B + Q_S$$

式中　Q_B——发酵热（呼吸热），kJ，视不同条件、环境进行计算；

　　　Q_S——搅拌热，$Q_S = 3600 P \eta$，kJ；

　　　P——搅拌功率，kW；

　　　η——搅拌过程功热转化率，通常 $\eta = 92\%$。

③ 加热设备耗热量 Q_5：

为了简化计算，忽略设备不同部分的温度差异，则：

$$Q_5 = m_2 c_2 (t_2 - t_1)$$

式中　m_2——设备总质量，kg；

　　　c_2——设备材料比热容，kJ/(kg·K)；

　　t_1，t_2——设备加热前后的平均温度，K。

④ 气体或蒸汽带出热量 Q_7：

$$Q_7 = \sum m_3 (c_3 t + r)$$

式中　m_3——离开设备的气体物料（如空气、CO_2 等）量，kg；

　　　c_3——液态物料由0℃升温至蒸发温度的平均比热容，kJ/(kg·K)；

　　　t——气态物料温度，K；

　　　r——蒸发潜热，kJ/kg。

⑤ 设备向环境散热 Q_8：

为了简化计算，假定设备壁面的温度是相同的，则：

$$Q_8 = A \lambda_T (t_w - t_a) \tau$$

式中　A——设备总表面，m；

　　　λ_T——壁面对空气的联合热导率，W/(m·℃)；

　　　t_w——壁面温度，℃；

　　　t_a——环境空气温度，℃；

　　　τ——操作过程时间，s。

　λ_T 的计算：

a. 空气作自然对流时，$\lambda_T = 8 + 0.05 t_w$；

b. 强制对流时，$\lambda_T = 5.3 + 3.6 v$（空气流速 $v = 5$m/s）或 $\lambda_T = 6.7 \lambda_T^{0.78}$（$v = 5$m/s）。

⑥ 加热物料需要的热量 Q_6：

$$Q_6 = m_1 c (t_2 - t_1)$$

式中　m_1——物料质量，kg；

　　　c——物料比热容，kJ/(kg·K)；

　　t_1，t_2——物料加热前后的温度，K。

⑦ 加热（或冷却）介质传入（或带出）的热量 Q_2 对于热计算的设计任务，Q_2 是待求量，也称为有效热负荷。若计算出的 Q_2 为正值，则过程需加热；若 Q_2 为负值，则过程需冷却。

最后，根据 Q_2 来确定加热（或冷却）介质及其用量。

在进行用汽量计算时值得注意的几个问题：

① 确定热量计算系统所涉及的所有热量或可能转化成热量的其他能量，不要遗漏，但为了简化计算，对计算影响很小的项目可以忽略不计；

② 确定物料计算的基准、热量计算的基准温度和其他能量基准，有相变时，必须确定相态基准，不要忽略相变热；

③ 正确选择与计算热力学数据；

④ 在有相关条件约束，物料量和能量参数（如温度）有直接影响时，宜将物料计算和热量计算联合进行，才能获得准确结果。

3.7.2.2 用汽量计算实例

（1）"单位产品耗汽量定额"估算实例 "单位产品耗汽量"估算实例见表 3.36、表 3.37 和表 3.38。

表 3.36 部分乳制品平均每 1t 成品耗汽量表

产 品 名 称	耗汽量/(t/t 成品)	产 品 名 称	耗汽量/(t/t 成品)
消毒奶	0.28～0.4	奶油	1.0～2.0
全脂奶粉	10～15	甜炼乳	3.5～4.6

注：1. 以上指生产用汽，不包括生活用汽。

2. 北方气候寒冷，应取最大值。

表 3.37 部分罐头和乳品用汽设备的用汽量表

设备名称	设备能力	用汽量/(kg/h)	进汽管径(D_g)/mm	用汽性质
可倾式夹层锅	300L	120～150	25	间歇
五链排水箱	10212 号 235 罐	150～200	32	连续
立式杀菌锅	8113 号 552 罐	200～250	32	间歇
卧式杀菌锅	8113 号 2300 罐	450～500	40	间歇
常压连续杀菌机	8113 号 608 罐	250～300	32	连续
番茄酱预热器	5t/h	300～350	32	连续
双效浓缩锅	蒸发量 1000kg/h	400～500	50	连续
蘑菇预煮机	蒸发量 400kg/h	2000～2500	100	连续
青刀豆预煮机	3～4t/h	300～400	50	连续
擦罐机	6000 罐/h	60～80	25	连续
KDK 保温缸	100L	340	50	间歇
片式热交换器	3t/h	130	25	连续
洗瓶机	20000 瓶/h	600	50	连续
洗桶机	180 个/h	200	32	连续
真空浓缩锅	300L/h	350	50	间歇或连续
真空浓缩锅	1000L/h	1130	80	间歇或连续
喷雾干燥塔	250kg/h	875	70	连续
喷雾干燥塔	700kg/h	1960	100	连续

（2）用汽量计算实例 以 5000t/年啤酒厂糖化车间热量计算为例：二次煮出糖化法是啤

表 3.38 部分乳制品按生产规模用汽量表

成 品 类 型	班产量/(t/班)	建议用汽量/(t/h)
乳粉、甜炼乳、奶油	5	1.5～2.0
	10	2.8～3.5
	20	5～6
消毒奶、酸奶、冰淇淋	20	1.2～1.5
	40	2.2～3.0
	50	3.5～4.0
奶油、干酪素、乳糖	5	0.8～1.5
	10	1.5～1.8
	50	7.5～8.0

注：1. 指生产用汽，不包括采暖和生活用汽。
　　2. 北方寒冷，宜选用较大值。

酒生产常用的糖化工艺，下面就以此工艺为基准进行糖化车间的热量计算。工艺流程示意图如图 3.22 所示，其中的投料量为糖化一次的用料量。

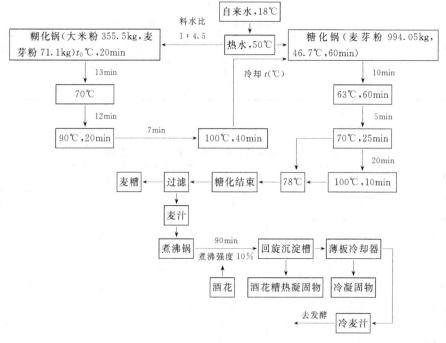

图 3.22 啤酒厂糖化工艺流程示意图

以下对糖化过程各步骤的热量分别进行计算。
糖化工段耗汽量：

生产用最大蒸汽压力	247kPa
自来水平均温度	18℃
糖化用水平均温度	50℃
洗槽用水平均温度	80℃

① 糖化用水耗热量 Q_1：

$$Q_1 = m_{总水} c_水 (t_2 - t_1)$$

式中，$m_{总水} = 5685kg$，$c_水 = 4.18kJ/(kg \cdot K)$，$t_1 = 18℃$，$t_2 = 50℃$。

$$Q_1 = 5685 \times 4.18 \times (50-18) = 760425.6 \text{ (kJ)}$$

② 第一次蒸煮耗热量 Q_2：

$$Q_2 = Q_2' + Q_2''$$

$$Q_2' = m_{米醪} c_{米醪} (100-t_0)$$

$$Q_2'' = 2257.2 m_{水分} \quad (2257.2 \text{kJ/kg}-\text{汽化潜热})$$

大米用量为 355.5kg，糖化时为了防止大米醪结块及促进液化，在糊化时加入约占大米量 20% 的麦芽粉，则：

$$麦芽粉用量 = 355.5 \times 20\% = 71.1 \text{ (kg)}$$

$$第一次蒸煮物料量 = 355.5 + 71.1 = 426.6 \text{ (kg)}$$

以 100kg 混合原料用水量 450kg 算：

$$用水量 \ m_{水} = 426.6 \times 450/100 = 1919.7 \text{ (kg)}$$

加热醪液所需热量 Q_2'：

$$Q_2' = m_{米醪} c_{米醪} (100-t_0)$$

$$m_{米醪} = 1919.7 + 426.6 = 2346.3 \text{ (kg)}$$

$$c_{米醪} = \frac{c_{大米} \times 355.5 + c_{麦芽} \times 71.1 + c_{水} \times 1919.7}{355.5 + 71.1 + 1919.7}$$

$$c_{大米或麦芽} = c_0 \times 0.01(100-W) + 4.18W$$

式中 c_0——谷物（绝干）的比热容，1.55kJ/(kg·K)；

W——含水百分率。

$$c_{麦芽} = 0.01 \times [1.55 \times (100-6) + 4.18 \times 6]$$
$$= 1.71 \times [\text{kJ/(kg·K)}]$$

$$c_{大米} = 0.01 \times [1.55 \times (100-13) + 4.18 \times 13]$$
$$= 1.89 \times [\text{kJ/(kg·K)}]$$

$$c_{米醪} = \frac{1.89 \times 355.5 + 1.71 \times 71.1 + 4.18 \times 1919.7}{355.5 + 71.1 + 1919.7}$$
$$= 3.76 [\text{kJ/(kg·K)}]$$

设原料的初温为 18℃，而热水的温度为 50℃，则 t_0 为：

$$t_0 = \frac{(m_{大米} c_{大米} + m_{麦芽} c_{麦芽}) \times 18 + m_{水} c \times 50}{m_{米醪} c_{米醪}}$$
$$= 47.1 \text{ (℃)}$$

$$Q_2' = 2346.3 \times 3.76 \times (100-47.1) = 466688.5 \text{ (kJ)}$$

设煮沸时间为 40min，蒸发量为每小时 5%，则水分蒸发量：

$$m_{水分} = 2346.3 \times 5\% \times 40/60 = 78.21 \text{ (kg)}$$

$$Q_2'' = 2257.2 \times 78.21 = 176535.6 \text{ (kJ)}$$

米醪升温和第一次煮沸过程的热损失，约为前二次耗热量的 15%，即：

$$Q_2''' = 15\% (Q_1 + Q_2)$$

结合以上三项计算结果得：

$$Q_2 = 1.15(Q_2' + Q_2'') = 739707.7 \text{ (kJ)}$$

③ 第二次煮沸前混合醪升温至 70℃ 的耗热量 Q_3：

按糖化工艺，来自糊化锅的煮沸的米醪与糖化锅中的麦醪混合后温度应为 63℃，故混合前米醪先从 100℃ 冷却到中间温度 t_0，糖化锅中麦醪的初温 $t_{麦醪}$，已知麦芽粉初温为 18℃，用 50℃ 的热水配料，则麦醪温度为：

$$t_{麦醪} = \frac{m_{麦芽} c_{麦芽} \times 18 + m_{水} c_{水} \times 50}{m_{麦醪} c_{麦醪}} = 46.9 \text{ (℃)}$$

根据热量衡算，且忽略热损失，米醪与麦醪并和前后的焓不变，则米醪的中间温度为：

$$t=\frac{m_{混合}c_{混合}t_{混合}-m_{麦醪}c_{麦醪}t_{麦醪}}{m'_{米醪}c_{米醪}}=95.8（℃）$$

因此温度比煮沸温度只低接近 4℃，考虑到米醪由糊化锅到糖化锅输送过程的热损失，可不必加中间冷却器。

$$Q_3=m_{混合}c_{混合}(70-63)=181518.78（kJ）$$

④ 第二次煮沸混合醪的耗热量 Q_4：

由糖化工艺流程可知：

$$Q_4=Q'_4+Q''_4+Q'''_4$$

混合醪升温至沸腾所耗热量 Q'_4。

经第一次煮沸后米醪量为：

$$m'_{米醪}=m_{米醪}-m_{水分}=2346.3-78.21=2268.09$$

糖化锅的麦芽醪量为：

$$m_{麦醪}=m_{麦}+m_{水}$$
$$m_{麦}=1065.75-71.7=994.05（kg）$$
$$m_{水}=5635-1919.7=3765.3（kg）$$
$$m_{麦醪}=994.05+3765.3=4759.35（kg）$$

经第一次煮沸的米醪与糖化醪混合后混合醪量为：

$$m_{混合醪}=2268.09+4759.35=7027.44（kg）$$

根据糖化工艺，糖化结束醪温为78℃，抽取混合醪的温度为70℃，则送到第二次煮沸的混合醪量为：

$$\left[\frac{m_{混合}(78-70)}{100-70}\div m_{混合}\right]\times100\%=26.7\%$$

麦醪的比热容：

$$c_{麦醪}=\frac{m_{麦芽}c_{麦芽}+m_{水}c_{水}}{m_{麦醪}}$$
$$=\frac{994.05\times1.71+3765.3\times4.18}{4759.35}$$
$$=3.66[kJ/(kg\cdot K)]$$

混合醪的比热容：

$$c_{混合}=\frac{m_{麦醪}c_{麦醪}+m_{米醪}c_{米醪}}{m_{混合醪}}$$
$$=3.69[kJ/(kg\cdot K)]$$
$$Q'_4=26.7\%\ m_{混合}c_{混合}(100-70)=207709.34（kJ）$$

二次煮沸过程蒸汽带走的热量 Q''_4：

煮沸时间为10min，蒸发强度为5%，则蒸发水分量为：

$$m'_{水分}=26.7\%\ G\times5\%\times10\div60=15.64（kg）$$

故

$$Q''_4=2257.2m'_{水分}=2257.2\times15.64=35302.6（kJ）$$

热损失 Q'''_4：

根据经验有：

$$Q'''_4=15\%(Q'_4+Q''_4)$$

结合以上三项结果得：

$$Q_4=1.15(Q'_4+Q''_4)=1.15(207709.34+35302.6)=279463.7（kJ）$$

⑤ 洗槽水耗热量 Q_5：

设洗槽水平均温度为 80℃，每 100kg 原料用水 450kg，则用水量为：

$$m_{洗槽} = 14.21 \times 450 = 6394.5 \text{（kg）}$$

故

$$Q_5 = m_{洗槽} c_水 (80-18) = 1657198.6 \text{（kJ）}$$

⑥ 麦汁煮沸过程耗热量 Q_6：

$$Q_6 = Q_6' + Q_6'' + Q_6'''$$

麦汁升温至沸点耗热量 Q_6'：

由啤酒糖化物料衡算表可知，100kg 混合原料可得到 598.3kg 的热麦汁，并经过滤完毕麦汁温度为 70℃。则进入煮沸锅的麦汁量为：

$$G_{麦汁} = 1421 \times 598.3 \div 100 = 8501.8 \text{（kg）}$$

又

$$c_{麦汁} = \frac{994.05 \times 1.71 + 355.5 \times 1.89 + 1421 \times 4.18 \times 6.4}{1421 \times 7.4}$$
$$= 3.84 [\text{kJ}/(\text{kg} \cdot \text{K})]$$

故

$$Q_6' = m_{麦汁} c_{麦汁} (100-70) = 979407.36 \text{（kJ）}$$

煮沸过程蒸发耗热量 Q_6''：

煮沸强度 10%，时间 1.5h，则蒸发水分为：

$$m_{水分}'' = 8501.8 \times 10\% \times 1.5 = 1275.27 \text{（kg）}$$

故

$$Q_6'' = 2257.2 \times 1275.27 = 2878539.44 \text{（kJ）}$$

热损失为：

$$Q_6''' = 15\% (Q_6' + Q_6'')$$

结合以上三项结果得：

$$Q_6''' = 1.15\% (Q_6' + Q_6'')$$
$$= 4436638.82 \text{（kJ）}$$

⑦ 糖化一次总耗热量 $Q_总$：

$$Q_总 = \sum_{i=1}^{6} Q_i = 8054942.4 \text{（kJ）}$$

⑧ 糖化一次耗用蒸汽量 D：

使用表压为 0.3MPa 的饱和蒸汽，$I = 2725.3$kJ/kg，则：

$$m_{蒸汽} = \frac{Q_总}{(I-i)\eta} = 3918.46 \text{（kg）}$$

式中　i ——相应冷凝水的焓（561.47kJ/kg）；

I ——表压为 0.3MPa 的饱和蒸汽的焓（2725.3kJ/kg）；

η ——蒸汽的热效率，取 $\eta = 95\%$。

⑨ 糖化过程中每小时最大蒸汽耗量 Q_{max}：

糖化过程各步骤中，麦汁煮沸耗热量 Q_6 为最大，且知煮沸时间为 90min，热效率 95%，故：

$$Q_{max} = \frac{Q_6}{1.5 \times 95\%} = 3113430.75 \text{（kJ/h）}$$

相应的最大蒸汽耗量为：

$$m_{max} = \frac{Q_{max}}{I-i} = 1438.85 \text{（kg/h）}$$

⑩ 蒸汽单耗：

根据设计，每年糖化次数为 700 次，共生产啤酒 5034t。

$$年耗蒸汽总量 = 3918.46 \times 700 = 2742922 \text{（kg）}$$

每吨啤酒成品耗蒸汽（对糖化）：

$$2742922 \div 5034 = 545 \text{kg/t} \text{ 啤酒}$$

每昼夜耗蒸汽量（按生产旺季算）为：

$$3918.46 \times 6 = 23510.76 \text{ （kg/d）}$$

3.8 管路的计算与设计

3.8.1 概述

管路的计算与设计也是食品工厂工艺设计的主要内容之一，蒸汽、水、压缩空气、煤气以及流体物料都要用管路来输送，设备与设备间的相互连接也要依靠管路，组成一条连续化生产作业线。合理的管路设计，不仅可以保证建设指标的先进合理，还可以保证生产操作的正常进行以及厂房布置的整齐美观和良好的通风采光。特别对于乳品厂、饮料厂、啤酒厂等成套设备，都离不开管路连接，在进行食品工厂设计时，特别是施工图设计阶段，工作量最大、花时间最多的是管路的布置设计。所以，搞好管路计算和管道安装具有十分重要的意义。

3.8.1.1　管路设计与布置的内容

管路设计与布置的内容主要包括管路的设计计算和管路的布置两部分内容。

3.8.1.2　管路设计与布置的步骤

（1）选择管路材料。根据输送介质的化学性质、流动状态、温度、压力等因素，经济合理地选择管路的材料。

（2）选择介质的流速。根据介质的性质、输送的状态、黏度、成分，以及与之相连接的设备、流量等，参照有关表格数据，选择合理经济的介质流速。

（3）确定管径。根据输送介质的流量和流速，通过计算、查图或查表，确定合适的管径。

（4）确定管壁厚度。根据输送介质的压力及所选择的管道材料，确定管壁厚度。实际上在给出的管材表中，可供选择的管壁厚度有限，按照公称压力所选择的管壁厚度一般都可以满足管材的强度要求。在进行管道设计时，往往要选择几段介质压力较大，或管壁较薄的管道，进行管道强度的校核，以检查所确定的管壁厚度是否符合要求。

（5）确定管路连接方式。管道与管道间，管道与设备间，管道与阀门间，设备与阀门间都存在着一个连接的方法问题，有等径连接，也有不等径连接。可根据管材、管径、介质的压力、性质、用途、设备或管道的使用检修状态，确定连接方式。

（6）选阀门和管件。介质在管内输送过程中，有分、有合、转弯、变速等情况。为了保证工艺的要求及安全，还需要各种类型的阀门和管件。根据设备布置情况及工艺、安全的要求，选择合适的弯头、三通、异径管、法兰等管件和各种阀门。

（7）选管路的热补偿器。管道在安装和使用时往往存在温差，冬季和夏季使用也有很大温差。为了消除热应力，首先要计算管道的受热膨胀长度，然后考虑消除热应力的方法。当热膨胀长度较小时可通过管道的转弯、支管、固定等方式自然补偿；当热膨胀长度较大时，应从波形、方形、弧形、套筒形等各种热补偿中选择合适的热补偿形式。

（8）绝热形式、绝热层厚度及保温材料的选择。根据管道输送介质的特性及工艺要求，选定绝热的方式，保温、加热保护或保冷。然后根据介质温度及周围环境状况，通过计算或查表确定管壁温度，进而由计算、查表或查图确定绝热层厚度。根据管道所处环境（振动、温度、腐蚀性）、管道的使用寿命，取材的方便及成本等因素，选择合适的保温材料及辅助材料。需要提及的是，应当计算出热力管道的热损失，为其他设计组提供资料。

（9）管路布置。首先根据生产流程，介质的性质和流向，相关设备的位置、环境、操作、安装、检修等情况，确定管道的敷设方式，明装或暗设。其次在管道布置时，在垂直面的排布和水平面的排布、管间距离、管与墙的距离、管道坡度、管道穿墙、穿楼板、管道与设备相接等各种情况，要符合有关规定。

（10）计算管路的阻力损失。根据管道的实际长度、管道相连设备的相对标高、管壁状态、管内介质的实际流速，以及介质所流经的管件、阀门等来计算管道的阻力损失，以便校核检查选泵、选设备、选管道等前述各步骤是否正确合理。当然计算管道的阻力损失，不必所有的管道全部计算，要选择几段典型管道进行计算。当出现问题时，或改变管径，或改变管件、阀门，或重选泵等输送设备或其他设备的能力。

（11）选择管架及固定方式。根据管道本身的强度、刚度、介质温度、工作压力、线膨胀系数，投入运行后的受力状态，以及管道的根数、车间的梁柱、墙壁、楼板等土木建筑结构，选择合适的管架及固定方式。

（12）确定管架跨度。根据管道材质、输送的介质、管道的固定情况及所配管件等因素，计算管道的垂直荷重和所受的水平推力，然后根据强度条件或刚度条件确定管架的跨度。也可通过查表来确定管架的跨度。

（13）选定管道固定用具。根据管架类型、管道固定方式、选择管架附件，即管道固定用具。所选管架附件是标准件，可列出图号。对于非标准件，需绘出制作图。

（14）绘制管道图。管道图包括平面、剖面配管图、透视图、管架图和工艺管道支吊点预埋件布置图等。

（15）编制管材、管件、阀门、管架及绝热材料综合汇总表。

（16）选择管道的防腐蚀措施，选择合适的表面处理方法和涂料及涂层顺序，编制材料及工程量表。

3.8.2 工艺管路的设计计算

3.8.2.1 管子、管件和阀门

对于管子、法兰和阀门等管道用零部件标准化的最基本参数就是公称直径和公称压力。这个标准是由国家有关部门制定的，目的是为了便于设计、制造、安装和维修，有利于成批生产，降低生产成本。

（1）公称直径　也称公称通径或通称直径，就是为了使管子、法兰和阀门等的连接尺寸统一，将管子和管道用的零部件的直径加以标准化以后的标准直径。公称直径以 D_g 表示，其后附加公称直径的尺寸。例如：公称直径为 $100mm$，用 D_g100 表示。

（2）公称压力　公称压力就是通称压力，一般应大于或等于实际工作的最大压力。在制定管道及管道用零部件标准时，只有公称直径这样一个参数是不够的，公称直径相同的管道、法兰或阀门，它们能承受的工作压力是不同的，连接尺寸也不一样。所以要把管道及所用法兰、阀门等零部件根据其所承受的压力，分成若干个规定的压力等级，这种规定的标准压力等级就是公称压力，以 p_g 表示，其后附加公称压力的数值。

3.8.2.2 管道材料的选择

根据输送介质的温度、压力以及腐蚀情况等选择所用管子材料。常用管子材料有普通碳钢、合金钢、不锈钢、铜、铝、铸铁以及非金属材料制成的管子。

食品工厂常用的管道材料有钢管、铸铁管、有色金属管和非金属管等，应根据需要选用。表 3.39 是常用管材选择表。

表 3.39　常用管材

介质名称	介质参数	适用管材	备注
蒸汽	$p<784.8(kPa)$	焊接钢管	
蒸汽	$p=883\sim1275.3(kPa)$	无缝钢管	
热水、凝结水	$p<784.8(kPa)$	焊接钢管	
压缩空气	$p<588.6(kPa)$	紫铜管、塑料管	
压缩空气	$p\leqslant784.8(kPa)$	焊接管	D_g80 以上
压缩空气	$p>784.8(kPa)$	无缝钢管	
给水、煤气		镀锌焊接钢管	D_g150 以上
给水、煤气	埋地	铸铁管	
排水		铸铁管、石棉水泥管	
排水	埋地	铸铁管、陶瓷管、钢筋混凝土管	
真空		焊接钢管	
果汁、糖液、奶油		不锈钢管、聚氯乙烯管	
盐溶液		不锈钢管	
氨液		无缝钢管	
酸、碱液	333kPa 以下，$p<588.6(kPa)$		

3.8.2.3　管径计算

（1）管径的计算　由物料衡算和热量衡算，可得工艺过程所需的各类流体介质的流量，根据流体在管内的流量、流速与管径之间的关系即可计算出管道的内径：

$$d=18.8\sqrt{\frac{q_V}{v}}$$

式中　d——管道内径，mm；

　　q_V——流体流量，m^3/h；

　　v——流体的流速，m/s。

也可应用有关流速、流量、管径计算图求取管径。但是通过计算或查图所求取的管径，未必符合管径系列，这时可以选用与求取的管径值最接近的数值略大些的标准管径。然后按采用的管径复核流体速度，流速应符合选取流速规定的范围。

（2）管道介质流速选择　流速的选用是计算管径的关键。流速大、管径小，可以节省材料，但是增加了流体输送过程的能量消耗，增加了生产成本。反之，流速小，管径大，设备材料耗用多，增加了固定资产投资。因此要根据输送介质的种类、性质和输送条件选择合适的流速。表 3.40 为管内流体常用流速范围，可供管径计算时选用。确定流体流速的原则，除特殊情况外，液体流速一般不超过 100m/s。允许压力降较小的管线（常压自流管线），应选用较低的流速，允许压力降较大的管线可选用较高流速。

3.8.2.4　管子壁厚计算

根据公称压力 p_g，公称直径 D_g，可以查表确定管壁厚度。因此，在一般情况下，很少计算管壁厚度。如果工作压力和温度过高，则应进行验算，其计算公式为：

$$\delta=\frac{pd}{2[\sigma]\varphi-p}+C$$

式中　δ——钢管允许最小壁厚，mm；

　　p——试验压力，kPa，$p=Kp_g$；

　　p_g——工作压力（表压力），kPa；

　　K——压力系数，当 $p_g\leqslant98kPa$ 时，$K=2$，$p_g\geqslant245kPa$ 时，$K=1.5$；

　　d——管子内径，mm；

　　$[\sigma]$——许用应力，kPa；

　　φ——焊缝系数，无缝钢管 $\varphi=1$，直缝焊钢管 $\varphi=0.8$，螺旋缝焊接钢管 $\varphi=0.6$；

　　C——壁厚附加量，mm。

表 3.40 管内流体常用流速范围

流 体 类 别 及 情 况		速度范围/(m/s)
液体:自来水 主管,$3×10^5$Pa(表压)		1.5~3.5
支管,$3×10^5$Pa(表压)		1.0~1.5
工业供水<$8×10^5$Pa(表压)		1.5~3.5
锅炉给水>$8×10^5$Pa(表压)		>3.0
蛇管、螺旋管内冷却水		<1.0
在换热器管内水		0.2~1.5
自流回水		0.5~1.0
黏度和水相仿的液体(常压)		和水相同
油及黏度较大的液体		0.5~2.0
蒸汽冷凝水		0.5~1.5
凝结水(自流)		0.2~0.5
过热水		2.0
盐水		1.0~2.0
制冷设备中的盐水		0.6~0.8
稀酸(碱)溶液	吸入	1.0~1.5
(盐水)	排出	1.5~2.0
	自流	0.8~1.0
往复泵(吸入管:水一类液体)		0.7~1.0
(排出管:水一类液体)		1.0~2.0
离心泵(吸入管:水一类液体)		1.5~2.0
(排出管:水一类液体)		2.5~3.0
齿轮泵	吸入管	<1.0
	排出管	1.0~2.0
黏度 50mPa·s 液体(<ϕ25)		0.5~0.9
(ϕ25~50)		0.7~1
黏度 100mPa·s 液体(<ϕ25)		0.3~0.6
(ϕ25~50)		0.5~0.7
黏度 1000mPa·s 液体(<ϕ25)		0.1~0.2
(ϕ25~50)		0.16~0.25
气体:一般气体(常压)		10~20
饱和蒸汽<$3×10^5$Pa(表压)		20~40
	主管	30~40
	支管	20~30
	分配管	20~25
<$8×10^5$Pa(表压)		40~60
过热蒸汽	主管	40~60
	支管	35~40
	排气	25~50
二次蒸汽	利用时	15~30
	不利用时	60
车间通风(主管)		4.0~15
(支管)		2.0~8.0
压缩空气(1~2)×10^5Pa(表压)		10~15
(1~6)×10^5Pa(表压)		10~20
空气压缩机	吸入管	10~25
	排出管	20~25
送风机	吸入管	10~15
	排出管	15~20
真空管道		<10
烟道气	烟道内	3~6
	管道内	3~4

$$C = C_1 + C_2 + C_3$$

式中 C_1——壁厚负偏差，通常为壁厚的 10%～15%，mm；

　　　C_2——腐蚀速度，当介质对管子的腐蚀速度 $\leqslant$ 0.05mm/年时，单面腐蚀取 1～1.5mm，双面腐蚀取 2～2.5mm；

　　　C_3——加工减薄量，螺纹管子 C_3 为螺纹的深度，没有螺纹的管 $C_3 = 0$，常见的 55 圆锥状管螺纹 $C_3 = 1.2$～1.5mm。

3.8.2.5 管路压力降计算

　　流体在管道中流动受到各种不同的阻力，由于克服阻力造成了压力的损失，导致流体总压头减小。流体在管道中流动时的总阻力为 H，根据产生的情况可分为直管阻力 H_1 和局部阻力 H_2。直管阻力是流体流经一定管径的直管时，由于摩擦而产生的阻力，它伴随着流体流动全程的始终，所以又称为沿程阻力。局部阻力是流体在流动中，由于管道的某些局部障碍（如管道中的管件、阀门、弯头、流量计及出入口等）使流体经过断面或方向发生改变而产生的。

　　流体在管道内流动遇到阻力，造成压力的降低是不可避免的，而且在长距离输送时，压力的损失较大。所以在管道设计阶段，为了校核各类泵的选择、介质自流输送设备的标高确定或选择合适的管径，应当对某些重要管道或长管道进行压力降计算。

　　（1）直管阻力 H_1 计算

$$\Delta p = \lambda \frac{l}{d} \times \frac{\gamma v^2}{2g}$$

　　或

$$H_1 = \lambda \frac{l}{d} \times \frac{v^2}{2g}$$

式中 Δp——直管压力降，kPa；

　　　H_1——直管阻力，m 流体柱；

　　　λ——摩擦因数，是雷诺数 Re 与管壁粗糙度的函数，查《食品工程原理》等有关书籍；

　　　l——管道总长度，m；

　　　d——管道内径，m；

　　　γ——流体重度，kg/m³；

　　　v——流体流速，m/s；

　　　g——重力加速度，9.81m/s²。

　　以上两公式对于滞流与湍流两种流动形态下的直管阻力计算都是适用的，为直管阻力计算的一般式。

　　（2）局部阻力的计算　局部阻力计算通常采用两种方法：一种是当量长度法；另一种是阻力系数法。

　　① 当量长度法　流体通过某一管件或阀门时，因局部阻力而造成的压力损失，相当于流体通过与其具有相同管径的若干米长度的直管的压力损失，这个直管长度称为当量长度，用 l_e 表示。这样计算局部阻力可转化为计算直管阻力，可将管路中的直管段长度与管件及阀门等的当量长度合并在一起计算。如管路中直管长度为 l，各种局部阻力的当量长度之和为 $\sum l_e$，设流体的速度为 v，管径为 d，摩擦因数为 λ，则流体在管路中流动时的总阻力或总压力损失 H 为：

$$H = H_1 + H_2 = \lambda \frac{l}{d} \times \frac{v^2}{2g} + \lambda \frac{\sum l_e}{d} \times \frac{v^2}{2g} = \lambda \left(\frac{l + \sum l_e}{d} \right) \frac{v^2}{2g}$$

各种管件、阀门及流量计的当量长度 l_e 的数值是由实验测定的，通常以管径的倍数表示（表 3.41）。

表 3.41　各种管件、阀门及流量计等以管径计的当量长度

名　称	l_e/d	名　称	l_e/d
45 标准弯头	15	转子流量计	$200\sim300$
90 标准弯头	$30\sim40$	由容器入管口	20
90 方形弯头	60	三通管,流向为(标准)	
180 回弯头	$50\sim75$		
截止阀(即球心阀)(标准式,全开)	300		40
角阀(标准式)(全开)	145		
闸阀(全开)	7		
单向阀(摇板式)(全开)	135		
带有滤水器底阀(全开)	420		60
蝶阀(6″以上)(全开)	20		
吸入阀或盘形阀	70		
盘式流量计(水表)	400		90
文氏流量计	12		

② 阻力系数法　流体通过某一管件或阀门的压力损失用流体在管路中的速度头（动压头）倍数来表示，这种计算局部阻力的方法，称为阻力系数法，如：

$$H_1 = \zeta \frac{v^2}{2g}$$

式中　H_1——因局部阻力而损失的压头，m 流体柱；

　　　v——管路中流体速度，m/s；

　　　g——重力加速度，m/s^2；

　　　ζ——比例系数，称为阻力系数，由实验测定。

流体在管路中流动时克服各种局部阻力所引起的能量损失之和为：

$$H_2 = \sum \zeta \frac{v^2}{2g}$$

式中，$\sum \zeta$ 为局部阻力系数之和。

流体通过各种管件及阀门的阻力系数，请参考表 3.42。如将 H_1 和 H_2 两式进行比较，可得：

$$\zeta = \lambda \left(\frac{l_e}{d} \right)$$

此式说明当量长度法与阻力系数法的关系。

计算局部阻力时，由于管件及阀门的加工情况及压力损失的测量装置不同，所采用的当量长度或阻力系数的数据也不尽相同，甚至同一管件或阀门也不一致，因此各方面所发表的数值，用两种方法表示，往往会有出入。加上工业生产上所用管件及阀门的数据不齐全，给计算带来许多困难。

在实际设计计算过程中，往往不采用将管路中各个管件或阀门的数据查齐全，然后加起来计算的方法，而是根据多次实践中累积的经验来计算流体阻力。这里介绍一种估算阻力的方法，作为设计计算的参考。在实际设计中，通常采用当量长度法为主。例如，某一个输送系统的管路中，如直管的长度为 l(m)，则在计算该系统的流体阻力 H 时，取 $(l + \sum l_e)$ 为 l 的 $1.3\sim2$ 倍，即：

$$(l + \sum l_e) = (1.3 \sim 2.0)l$$

表 3.42　湍流时流体通过各种管件及阀门的阻力系数

名　称	阻　力　系　数			
标准弯头	$45\zeta=0.35$			
90 方形弯头	$\zeta=1.3$			
180 回弯头	$\zeta=1.5$			
标准三通管		当弯头用	当弯头用	
	$\zeta=0.4$	$\zeta=1.3$	$\zeta=1.5$	$\zeta=1.0$
活管接	$\zeta=0.4$			
闸阀	全开	3/4 开	1/2 开	1/4 开
	0.17	0.9	4.5	24
隔膜阀	全开	3/4 开	1/2 开	1/4 开
	2.3	2.6	4.3	21
截止阀(球心阀)	全开		1/2 开	
	6.4		9.5	
旋塞	θ	5	10	20	40	60
	ζ	0.05	0.29	1.56	17.3	206
蝶阀	θ	5	10	20	40	60
	ζ	0.24	0.52	1.54	10.8	118
单向阀(止逆阀)	摇板式		球形式	
	$\zeta=2$		$\zeta=70$	
水表(盘形)	$\zeta=7$			
角阀 90	$\zeta=5$			
底阀	$\zeta=1.5$			
滤水阀	$\zeta=2$			

　　选取这个倍数时，须考虑到管路的长短、形状（直的或弯的）、管径的大小和管路中管件及阀门等的数目多少。一般管件数目较少，管路形状较直，即局部阻力所占比重较小，所取的倍数可偏低些。

　　在计算管道阻力或压力降时，应当考虑有 15% 的富裕量。

3.8.3　管路附件

3.8.3.1　管件与阀门

　　管路中除管子以外，还有许多其他构件，如短管、弯头、三通、异径管、法兰、盲板、阀门等，我们通常称这些构件为管路附件，简称管件和阀件。它是组成管路不可缺少的部分。有了管路附件，可以使管路改换方向、变化口径、连通和分流，以及调节和切换管路中的流体等。满足工艺生产和安装检修的需要，使管路的安装和检修方便得多。

3.8.3.2　管路的连接

管路的连接包括管路与管路的连接，管路与各种管件、阀件及设备接口等处的连接。目前普遍采用的有法兰连接、螺纹连接、焊接连接及填料式连接等其他连接。

（1）法兰连接　法兰连接通常也叫法兰盘连接或管接盘连接，是一种可拆式的连接。它由法兰盘、垫片、螺栓和螺母等零件组成。法兰盘与管道是固定在一起的。法兰连接的垫圈材料见表3.43。

表 3.43　法兰连接的垫圈材料

介　质	最大工作压力/kPa	最高工作温度/℃	垫 圈 材 料
水、中性盐溶液	196.13	120	浸渍纸板
	588.40	60	软橡胶
	980.67	150	软橡胶
	4903.33	300	石棉橡胶
水蒸气	147.10	110	石棉纸
	196.13	120	纤维纸垫片
	1471.00	200	浸渍石棉纸板
	3922.66	300	石棉橡胶
空气	588.40	60	中硬度弹性橡胶
	980.67	150	耐热橡胶

（2）螺纹连接　管路中螺纹连接大多用于自来水管路、一般生活用水管路和机器润滑油管路中。这种连接方法的管路可以拆卸，但没有法兰连接那样方便，密封可靠性也较低。因此，使用压力和使用温度不宜过高。螺纹连接的管材大多采用水、煤气管。

（3）焊接连接　它用焊接的方法将管道和各管件、阀门直接连成一体，是一种不可拆的连接结构。这种连接密封非常可靠，结构简单，便于安装，但给清洗检修工作带来不便。焊缝焊接质量的好坏，将直接影响连接强度和密封质量。可用X光拍片和试压方法检查。

（4）其他连接　除上述常见的三种连接外，还有承插式连接、填料式连接、简便快接式连接等。

3.8.3.3　管路符号

管路符号包括管路中流体介质的符号，管路连接符号和管件符号等，其表示方法分别见表3.44、表3.45、表3.46。

表 3.44　流体介质符号

流体名称	上水	下水	循环水	化学污水	热水	凝结水	冷冻水
代号	S	X	XH	H	R	N	L
流体名称	氨液	氨气	蒸汽	压缩空气	真空	煤气	物料
代号	Ay	AQ	Z	Ys	Zk	M	W

表 3.45　管路连接符号

连接形式	法兰连接	螺纹连接	承插连接	焊　接	活　接
符号	—‖—	—|—	—⟩—	——	—|⊢—

表 3.46 管件符号（摘自 GB 141）

管件名称	符 号	管件名称	符 号
90°弯头		连接螺母	
45°弯头		活接头	
正三通		丝堵	
异径接头		管帽	
内外螺纹接头		弧形伸缩器	
方形伸缩器		滤尘器	
放水龙头		喷射器	
实验室用龙头		注水器	
阀闸		冷却器	
截止阀		离心水泵	
直角截门		温度控制器	
旋塞		温度计	
自动截门		三通旋塞	
减压阀		升降式止回阀	
压力调节阀		旋启式止回阀	
密闭式弹簧安全阀		直角止回阀	

管件名称	符号	管件名称	符号
开放式弹簧安全阀		直角止回截门	
密闭式重锤安全阀		压力表	
开放式重锤安全阀		自动记录压力表	
水分离器		流量表	
疏水器		自动记录流量表	
油分离器		文氏管流量表	

3.8.4　管路布置设计

管路布置设计又称配管设计，是施工图设计阶段的主要内容之一。本部分内容以车间管路布置设计为中心内容。

3.8.4.1　设计依据

(1) 工艺流程图。

(2) 车间平面布置图和立面布置图。

(3) 设备布置图，并标明流体进出口位置及管径。

(4) 工艺计算资料，包括物料计算、热量计算和管路计算。

(5) 工厂所在地地质资料，主要包括地下水质和冻结深度等。

(6) 工厂所在地气候条件。

(7) 厂房建筑结构。

(8) 其他（如水源、锅炉房蒸汽压力和水压力等）和有关配管规范等。

3.8.4.2　车间管路布置设计的任务和原则

(1) 车间管路布置设计的任务　车间管路布置设计的任务是用管路把由车间布置固定下来的设备连接起来，使之形成一条完整连贯的生产线。因此要求确定各个设备的管口方位和各个管段（包括阀件、管件和仪表）在空间的具体位置以及它们的安装、连接和支撑方式等。车间内布置的设备是单独、孤立的单体设备，只有通过工业管路的联结，才能满足生产设备对物料的供需要求，组成完整连贯的生产工艺流程。因此，管路设计是生产工艺流程中不可分割的组成部分，也是车间设计中的重要内容之一。在进行车间设备布置设计时，要考虑管路安装的要求和原则。在进行车间管路布置设计时，为了满足管路安装的要求，对设备布置有时需要进行适当的调整，特别是要确定设备安装的管口方位。

(2) 车间管路布置设计的原则　正确的设计和敷设管路，可以减少基建投资、节约管材以及保证正常生产。管路设计安装合理，会使车间布置整齐美观，操作方便，有利于设备的检修，甚至对生产的安全都起着极大的作用。以下几条原则，供设计管路时参考。

① 管路布置应首先满足生产需要和工艺设备的要求，便于安装、检修和操作管理。因为管路布置设计不仅影响工厂（车间）整齐美观，直接影响工艺操作、产品质量，而且也影响安装检修和经济合理性。

② 管路应平行敷设，尽量走直线，少拐弯，少交叉，以求整齐方便，尽可能使管线最短、阀件最少。必须避免管道在平面上迂回折返，立面上弯转扭曲等不合理布置。凡是高浓度介质尽可能采用重力自流转送。

③ 并列管路上的管件与阀件应错开安装。在焊接或螺纹连接的管道上应适当配置一些法兰或活管接，以便安装拆卸和检修。

④ 车间内管路安装与住宅建筑不同，一般采用明线敷设，这样可以降低安装费用，检修安装方便，操作人员容易掌握管道的排列和操作。

⑤ 车间内工艺管路布置普遍采用沿墙、楼板底或柱子的成排安装法，使管线成排成行平行直走，并协调各条管路的标高和平面坐标位置，力争共架敷设，使其占空间小。尽量减少拐弯，避免挡光和门窗启闭，适当照顾美观。管与管间及管与墙间的距离，以能容纳活管接或法兰，以及进行检修为度（见表 3.47）。

表 3.47　管路离墙的安装距离　　　　　　　　　　　单位：mm

D_g	25	40	50	80	100	125	150	200
管中心离墙距离	120	150	150	170	190	210	230	270

⑥ 管架标高应便于检修，不影响车辆和人行交通为准，管底或管架梁底距行车道路面高度要大于 4.5m，人行道要大于 2.2m，车间次要通道最小净空高度为 2m，管廊下通道的净空要大于 3.2m，有泵时要大于 4m。

⑦ 管路上的焊缝不应设在支架范围内，与支架距离不应小于管径，但至少不应小于200mm，管件两焊口间的距离亦同。

⑧ 分层布置时，大管径管道、热介质管道、气体管道、保温管道和无腐蚀性管道在上；小管径、液体、不保温、冷介质和有腐蚀性介质管道在下。引支管时，气体管从上方引出，液体管从下方引出。并排布置时，管径大的、常温的、支管少的、不常检修的和无腐蚀性介质的管道靠墙；管径小的、热力管道、常检修的支管多的和有腐蚀性介质管道靠外。

⑨ 管路应集中铺设，在穿过墙壁和楼板时更应注意。应预先留孔，过墙时，管外加套管。套管与管子的间隙应充满填料，管道穿过楼板时亦相同。穿过楼板或墙壁的管道，其法兰或焊口均不得位于楼板或墙壁之中。

⑩ 易堵塞的管路，应在阀门前接上水管或压缩空气管。

⑪ 管路应避免经过电动机或配电板的上空以及两者的邻近。

⑫ 输送腐蚀性介质管路的法兰不得位于通道上空；与其他介质管路并列时，应保持一定距离，且略低。

⑬ 阀门和仪表的安装高度应满足操作和检查的方便与安全。下列数据提供参考：阀门（球阀、闸阀及旋塞等）1.2m，安全阀 2.2m，温度计 1.5m，压力表 1.6m。如阀件装置位置较高时，一般管道标高以能用手柄启闭阀门为宜。

⑭ 坡度：气体及易流动物料的管路坡度一般为 3/1000～5/1000，黏度较大物料的坡度一般为 ≥1%。

⑮ 管道各支点间的距离是根据管子所受的弯曲应力来决定，并不影响所要求的坡度。见表 3.48。

表 3.48　管道跨距

管外径/mm		32	38	50	60	76	89	114	133
管壁厚/mm		3.0	3.0	3.5	3.5	4.0	4.0	4.5	4.5
无保温	直管/m	4.0	4.5	5.0	5.5	6.5	7.0	8.0	9.0
	弯管/m	3.5	4.0	4.0	4.5	5.0	5.5	6.0	6.0
保温	直管/m	2.0	2.5	2.5	3.0	3.5	4.0	5.0	5.0
	弯管/m	1.5	2.0	2.5	3.0	3.0	3.5	4.0	4.5

⑯ 室外架空管路的走向宜平行于厂区干道和建筑物。

⑰ 不锈钢管路不得与碳钢支架或管托梁长期直接接触，以免形成腐蚀核心。必须在管托上涂漆或衬以不锈钢板块予以隔离。输送冷流体（冷冻盐水等）管路与热流体（如蒸汽）管道应相互避开。

⑱ 一般的上下水管及废水管适用于埋地敷设，埋地管的安装深度应在冰冻线以下。

⑲ 地沟底层坡度不应小于 2/1000，情况特殊的可用 1/1000，地沟的最低部分应比历史最高洪水位高 500mm。

⑳ 真空管路避免采用球阀，因球阀的流体阻力大。

㉑ 压缩空气可从空压机房送来，而真空最好由本车间附近装置的真空泵产生，以缩短真空管道的长度。用法兰连接可保证真空管道的紧密性。

㉒ 长距离输送蒸汽的管道在一定距离处安装疏水器，以排除冷凝水。

㉓ 陶瓷管的脆性大，作为地下管线时，应埋设于离地面 0.5m 以下。

3.8.4.3　车间管路布置设计的内容

车间管路布置设计主要通过管路布置图的设计来体现设计思想和设计原则，指导具体的管路安装工作。因此，车间管路布置设计的内容，也就是管路布置图的内容。

（1）管路布置图　包括管路平面图、重点设备管路立面图和管路透视图。根据生产流程、设备布置、厂房建筑和设备制造图纸，先在图纸上绘出工业厂房、设备和构筑物，用细实线画出它们的外形和接口于正确的定位尺寸上，然后用实线画出管道和阀门。每根管道都应标注介质代号、管径、立面标高和平面定位尺寸以及流向。

管路上的管件和阀门、仪表的传感装置和控制点、管道支（吊）架和管沟内管架均应按规定的图例和符号在图纸上表示。

（2）管路支架及特殊管件制造图。

（3）施工说明书　其内容为施工中应注意的问题；管道材料表，包括管道的保温层、保温情况，油漆颜色及保温材料等。

3.8.4.4　食品工厂车间管路布置的特点

除应遵守上述设计原则外，食品工厂车间的管路布置，还必须考虑到食品工厂对无菌的特殊要求。如果对食品工厂按照一般化工厂管路的常规要求进行管路布置，将会给生产带来严重的负面影响，造成重大损失。所以，对食品工厂车间管道布置的特殊要求，必须十分重视。尤其是乳品车间、发酵车间以及无菌灌装车间等，更应考虑到车间管道布置必须符合防止微生物污染的特殊需要。

（1）选择恰当的管材和阀门　由于食品车间的管路所输送的介质具有一定的酸度和含有某些腐蚀性强的物质（如酸、碱等），管路和阀门容易受到腐蚀引起渗漏，造成污染。因此，选择恰当的管材和阀门是防止污染，保证正常生产的重要环节。

在食品车间配管中，除了上下水外，从卫生角度考虑，尽可能采用不锈钢和无缝钢管。

据统计，因阀的渗漏引起的污染所占的比例较大，需引起重视。与各种罐、缸及设备直接连通的管道更应选用密封性较高的阀门。选用的阀门有截止阀、闸阀、球阀、蝶阀、针形阀和橡皮隔膜阀等。

① 截止阀：主要用于上下水以及不直接与罐相连的蒸汽、空气和物料管道。当用在与罐直接相连的管道上时，必须采用高质量的，其阀芯最好改用聚四氟乙烯垫圈。安装时尽可能将阀座一侧与罐相连，而阀杆一侧不与罐相连，以免阀杆处渗漏，将异物带入罐内造成污染。

② 针形阀：一般由不锈钢制成，适于小流量的调节，严密可靠，坚固耐用，一般用于取样、接种和补料口的管道上。

③ 球阀、蝶阀：用聚四氟乙烯作为密封垫圈，提高其密封性能以后，也可广泛应用于现代食品工业。

④ 闸阀：适用于大口径的空气及蒸汽管道。

⑤ 平旋止逆阀：在食品车间的管道中使用较广泛。当设备某些部件发生故障时，能防止管道中的液体或气体发生倒流。

⑥ 橡皮隔膜阀：优点是严密可靠，阀杆不与物料接触，所以特别适用于食品工业。但所采用的橡皮隔膜阀应耐高温，一般由氯丁橡胶与天然胶的混合物制成。隔膜阀需定期检查和更换隔膜。另有一种三通橡皮隔膜阀，主要用于接种（如酸奶的生产）。

（2）选择正确的管道连接　除上下水管可以用螺纹连接外，其余管道均以焊接和法兰连接为宜。当管路受到冷、热、震动等的影响时，螺纹连接的接口易松动，从而造成渗漏。如在接种和液体输送时，因液体快速流动造成局部真空，在渗漏处将外界空气吸入，空气中的微生物被带入管路和罐中造成污染。焊接的连接方法简单，而且密封可靠，所以空气灭菌系统、培养液灭菌系统和其他物料管道以焊接连接为好。需要经常拆卸检修处可以用管法兰连接。

目前，对靠近罐、缸的管道，如补料管道、空气管道、油管等，均用弯管、焊接、法兰连接取代弯头、管接头、三通、四通、大小头等管件连接的方法，这样可以减少接头处渗漏染菌。

（3）合理布置管道　食品生产车间的管道布置，一方面要满足生产工艺流程要求，保证管道和阀门本身不漏，另一方面要考虑清洗和灭菌彻底的要求。因此，对于食品生产车间的管道布置还要考虑以下各点。

① 尽量减少管道的数量和长度，一方面可节省投资，另一方面减少染菌机会。管道越短越好，安装要整齐美观。与罐、缸连接的管道有空气管、进料管、蒸汽管、水管、取样管、排气管等，将其中可以合并的管道合并后与各种罐、缸连接。例如有的工厂将空气管、进料管、出料管合为一条管与各种罐、缸连接，做到一管多用。

② 要保证罐体和有关管道都可以进行蒸汽灭菌，即保证蒸汽能够达到所有需灭菌的地方。对于某些蒸汽可能达不到的死角（如阀）要装设与大气相通排气口。在灭菌操作时，将排气口打开，使蒸汽畅流通过，同样可以起到灭菌的作用。对于接种、取样、补料等操作管路要配置单独的灭菌系统，使其能在罐、缸灭菌后或生产过程中可单独进行灭菌。其他设备的安装均可照此配置。

③ 对于种子罐的排气管不能因为节约管材，而互相连接在一条总管上。其罐底排污管（下水管）也不能相互连接在一条总管上。否则在使用中会相互串通、相互干扰，引起污染的"连锁反应"。排气管道的串通连接尤其不利于污染的防治。一般以每台罐、缸具有独立的排气管、下水管道为宜。

④ 要避免冷凝水排入已灭菌的罐和空气过滤器中。冷凝水不是绝对无菌的，如进入

罐内会导致污染，如进入空气过滤器会使空气过滤器失效。为此，蒸汽管道应尽可能包有保温层，减少蒸汽在管道内冷凝，此外，一些与无菌部分相连的蒸汽管道要有排冷凝水的阀门。

⑤ 为了避免压缩空气系统突然停气或罐的压力高于过滤器，将罐内液体倒压至过滤器，引起生产事故，在空气过滤器和罐之间应装有单向阀（止逆阀）。

⑥ 为保证蒸汽的干燥，并避免过高压力的蒸汽在灭菌时造成设备压损或爆炸事故，蒸汽总管道应安装分水罐、减压阀和安全阀。

（4）消灭管道死角 所谓死角是指灭菌时因某些原因使温度达不到或不易达到灭菌温度的局部位置。管道中如有死角存在，必然会因死角内潜伏的没有杀死的杂菌而引起连续染菌（有时整个乳品厂车间全部染菌），影响正常生产。管道中常发现的死角有下列几种。

① 管道连接的死角。管道连接有螺纹连接、法兰连接和焊接等，如果对染菌的概念了解不够，按照一般管道的常规加工方法来连接和安装管道，就会造成死角。食品车间有关管道的法兰加工、焊接和安装要保持连接处管道内壁畅通、光滑、密封性好，以避免和减少管道染菌的机会。例如，法兰和管子焊接时受热不匀，使法兰翘曲、密封面发生凹凸不平现象而造成渗漏与死角。垫片的孔径要和管内径一致，过大或过小均易积存物料，造成死角。法兰安装时没有对准中心，也会造成死角。螺纹连接容易产生松动而有缝隙，是微生物隐藏的死角，所以一般不采用螺纹连接。目前消灭管道死角的较好方法是采用焊缝连接法，但是焊缝必须光滑，焊缝有凹凸现象也会产生死角。

② 储料罐放料管的死角。储料罐放料管的死角及改进如图 3.23 所示。图 3.23（a）表示有一小段管道因灭菌时罐内有种子，阀 3 不能打开，存在蒸汽不流通的死角（与阀 3 连接的短管）。所以应在阀 3 上装设旁通，焊上一个小的放气阀 4，如图 3.23（b）所示。

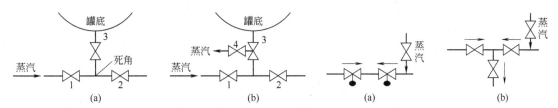

图 3.23 储存罐放料管的死角及改进　　　　图 3.24 管道灭菌装置图

此段管道即可得到蒸汽的充分灭菌。类似这种管的死角还有其他，解决的办法是在阀腔的一边或另一边装上一个小阀，以便使蒸汽通过管道而进行灭菌。阀门死角往往出现于球心阀阀座两面的端角，可以在进料管与储料罐连接的阀门两面均装有小排气阀，以利于灭菌。在需要分段灭菌的管道中，可在管道中安装一个带有旋塞的球心阀，如图 3.24（a）；或在两方向相反的球心阀之间安装支管和阀，如图 3.24（b）。

③ 排气管的死角 在罐顶排气管弯头处的堆积物中，会隐藏大量的杂菌，这些杂菌不易被彻底杀死，当储罐受到搅拌的震动或排气的冲击时，未被消灭的杂菌会随着堆积物剥落下来，造成污染。另外如果排气管的直径太大，而灭菌时蒸汽流速太小，也会影响杀菌的效果，使管中耐热菌不能被全部杀死。所以在管路设计时，要使排气管与罐的尺寸保持一定比例，同时还要考虑到管道内蒸汽流速的影响，不宜过大或过小。

（5）车间管路设计的有关参数

① 管道间距应保证安装检修方便。平行管道间最突出物间的距离不能小于 50～80mm，管道最突出部分距墙、管架边不能小于 100mm。为了减少管间距，阀门、法兰，应尽量错开排列。法兰和阀对齐时管道间距参考表 3.49。法兰相错时的管道间距参考表 3.50。两管中心距和管中心到墙边的距离参考表 3.51。

表 3.49　法兰和阀对齐时管道间距　　　　　　　　　　　单位：mm

D_g	25	40	50	80	100	150	200	250
25	250							
40	270	280						
50	280	290	300					
80	300	320	330	350				
100	320	330	340	360	375			
150	350	370	380	400	410	450		
200	400	420	430	450	460	500	550	
250	430	440	450	480	490	530	580	600

表 3.50　法兰相错时的管道间距　　　　　　　　　　　单位：mm

D_g	间距	C	25	40	50	70	80	100	125	150	200	250	300
25	A	110	120										
	B	130	200										
40	A	120	140	150									
	B	140	210	230									
50	A	130	150	150	160								
	B	150	220	230	240								
70	A	140	160	160	170	180							
	B	170	230	240	250	260							
80	A	150	170	170	180	190	200						
	B	170	240	250	260	270	280						
100	A	160	180	180	190	200	210	220					
	B	190	250	260	270	280	290	300					
125	A	170	190	200	210	220	230	240	250				
	B	210	260	280	290	300	310	320	320	330			
150	A	190	210	210	220	230	240	250	260	280			
	B	230	280	300	300	300	320	330	340	360			
200	A	220	230	240	250	260	270	280	290	300	300		
	B	260	310	320	330	340	350	360	370	390	420		
250	A	250	270	270	280	290	300	310	320	340	360	390	
	B	290	340	350	360	370	380	390	410	420	450	480	
300	A	280	290	300	310	320	330	340	350	360	390	410	440
	B	320	370	380	390	400	410	420	440	450	480	510	540

注：1. A、B 分别为不保温管间和保温管间的间距。

2. C 为管中心到墙面或管架边缘的距离。

3. 保温管与不保温管间的间距＝ $(A+B)/2$。

4. 螺纹连接管道间的距离，按表中数值减 20mm。

表 3.51　两管间中心距和管中心到墙边的距离

管道通径 D_g/mm	25	40	50	65	80	100	125	150
两管中心距/mm								
保温管	280	280	290	310	310	340	340	360
不保温管	180	180	200	200	220	250	260	300
管中心至墙壁/mm								
保温管	150	150	150	170	190	190	210	230
不保温管	80	90	110	120	130	150	160	180

　　② 管道支架分布的距离，视管径、质量、作用力等因素，通过计算确定。室内管道支架，因多数利用建筑物或柱等固定，考虑建筑模数，一般可按下列数值选取：

	管径/mm	间距/mm
保温管道	$D_g \leqslant 32$	2.0
	$D_g = 40 \sim 100$	3.0
	$D_g \geqslant 125$	6.0
不保温管道	$D_g \leqslant 40$	3.0
	$D_g \geqslant 50$	6.0

③ 阀门及仪表的安装高度主要考虑操作的方便和安全。下列数据可供参考：

阀门（截止阀、闸阀及旋塞阀等）　　　　1.2m

安全阀　　　　　　　　　　　　　　　　2.2m

温度计　　　　　　　　　　　　　　　　1.5m

压力计　　　　　　　　　　　　　　　　1.6m

④ 管道布置安装原则上对不间断运行并没有沉积可能的管道可以没有坡度外，一般都应有坡度。对于食品工厂中的重力自流管道的坡度要求如下。

物料管：3%～5%，顺流向，拐弯处设清洗弯头；

污水管：1%，顺流向，拐弯处应设清洗弯头。

对于有压力管道的坡度要求如下。

清水管：0.1%～0.2%，反流向；

蒸汽管：0.2%，反流向，最高处或积水处安装放（疏）水阀；

压缩空气管：0.2%，顺流向，最低处安装排油水阀；

物料管：气体及易流动物料的管道坡度为 0.3%～0.5%，黏度较大物料的管道坡度为 $\geqslant$1%。

3.8.5　管路的伸缩弯设计

3.8.5.1　管路的热变形和热应力

食品工厂管路工作时的温度与安装时的温度有所不同，所以管路在投入使用之后，经常会产生热胀冷缩现象。其伸缩变化的数值 ΔL 与管道的材质、温度变化范围以及管路长度有关，可按下式计算：

$$\Delta L = \alpha L (t_2 - t_1)$$

式中　ΔL——管路长度变化值，m；

　　　α——管材的线膨胀系数，℃^{-1}；

　　　L——管路长度，m；

　　　$t_2 - t_1$——管路工作温度与安装温度差，℃。

若管道两端固定，管路受到拉伸或压缩时，由温度变化而引起热效力，热应力产生的轴向推力 p 为：

$$p = E\alpha \Delta t A$$

式中　E——材料的弹性模数，Pa；

　　　α——管材的线膨胀系数，℃^{-1}；

　　　Δt——管路工作温度与安装温度差，℃；

　　　A——管子截面积，m^2。

由上述公式可知，热应力产生的轴向推力与管路长度无关，所以不论管路的长短都应该对这个问题引起足够的重视。一般使用温度低于 100℃ 和直径小于 $D_g 50$ 的管道可不进行热应力计算。对于那些直径大、直管段长、管壁厚的管道，需要进行热应力计算。如食品工厂锅炉房的蒸汽管道、制冷管道等就需要进行热变形计算，并采取相应措施将它限定在许可值之内，这就是管道热补偿的任务。

3.8.5.2 管路热补偿设计

所谓热补偿，就是当某管路上有热应力产生时，应人为地把管路设计成非直线形，用来吸收热变形产生的应力，防止管路由于热应力而遭破坏。这种方法就是热补偿，下面介绍热补偿的方法。

（1）自然补偿法 利用管道敷设时自然形成的转弯吸收热伸长量的补偿方法。这个弯管段就称自然补偿器。管道设计时，应尽量利用自然补偿，只有当自然补偿不足以补偿热膨胀时，才采用其他补偿器。

① L 形补偿 当管道有 90°转弯时，称 L 形补偿，见图 3.25。

近年来使用的公式为：

$$L_1 = 1.1\sqrt{\frac{\Delta L_2 D_W}{300}}$$

式中 L_1——短臂长度，m；

ΔL_2——长臂 L_2 的膨胀长度，m；

D_W——管子外径，mm。

在 L 形补偿器中，短臂 L 固定支架的应力最大，长臂 L 与短臂 L 的长度越接近，其弹性越差，补偿能力也越差。

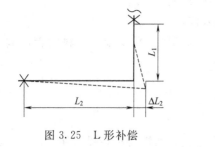

图 3.25 L 形补偿   图 3.26 Z 形补偿

② Z 形补偿 Z 形补偿见图 3.26。Z 形补偿器有一个基本计算公式：

$$\sigma = \frac{6\Delta LED_W}{L^2(1 + 12K)}$$

式中 σ——管子弯曲许用应力，一般取 700×10^5 Pa；

ΔL——热膨胀长度，$\Delta L = \Delta L_1 + \Delta L_2$；

E——材料的弹性模数，钢材 $E = 2 \times 10^{11}$ Pa；

D_W——管子外径，cm；

L——垂直臂长度，cm；

K——短臂与垂直臂之比。

根据上式，可导出垂直臂长的计算公式：

$$L = \sqrt{\frac{6\Delta LED_W}{\sigma(1 + 12K)}}$$

在实际施工过程中，Z 形弯管的垂直臂长 L 很少根据管道自然补偿的需要设计，往往根据实际情况确定。因此当 L 值一定时，计算 K 值的公式为：

$$K = \frac{\Delta LED_W}{2\sigma L^2} - \frac{1}{12}$$

计算过程中，先假设 L_1 和 L_2 之和，以便计算出膨胀量 ΔL。当得出 K 值后，再计算短臂长度，即 $L_1 = KL$。从假设的 L_1 和 L_2 之和中减去 L_1，便得出 L_2。L 形补偿与 Z 形补偿也可以查有关设计计算表。

（2）补偿器补偿 当自然补偿达不到要求时，应采用补偿器补偿。补偿器有方形（∏形）补偿器、波形补偿器、填料涵补偿器。

① 方形补偿器 具有制造方便，补偿能力大的特点，在实际中最为常用。

② 波形补偿器 补偿能力小，一般为3～6个波节，每个波节只能补偿10～15mm，适用于低压（真空至$2×10^5$Pa），管径大于100mm，管长度不大于20m的气体或蒸汽管道。

③ 填料涵补偿器 优点是结构简单，补偿量大；缺点是填料处易损坏而致泄漏，在管道发生弯曲时，会卡住而失去作用，故一般管道上很少采用，主要用于公称直径80～300mm的管道，补偿量为50～300mm。

波形补偿器的补偿能力远不如方形补偿器。下面主要介绍方形补偿器的设计。

方形补偿器根据其臂长 A 和边长 B 的比值不同，可以分为Ⅰ、Ⅱ、Ⅲ、Ⅳ四个类型。参见图3.27。

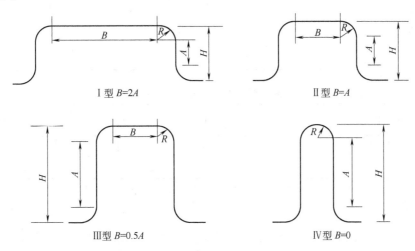

Ⅰ型 B=2A　　　　　　　　Ⅱ型 B=A

Ⅲ型 B=0.5A　　　　　　　Ⅳ型 B=0

图3.27 方形补偿器的类型

选择方形补偿器前，首先要计算管道的热膨胀长度（即补偿量 ΔL），根据热膨胀长度和管径，确定补偿器的形式，一般选用Ⅱ、Ⅲ型。制作补偿器时，应使弯曲半径 R 等于4倍的管子公称直径或外径。实际设计中补偿器的补偿量就是按照这样的条件计算出来的。安装补偿器时，应预拉伸补偿长度的一半，即 $\Delta L/2$。如果不加拉伸就进行安装，在管网投入运行后，可能产生很大的应力，甚至造成事故。

3.8.6 管路的保温及标志

3.8.6.1 管路的保温

为了使管路内介质在输送过程中不受外界温度的影响而改变其状态，不冷却、不升温，需要对管路进行保温处理。管路保温一般的方法是采用导热性差的材料作保温材料包裹管外壁，常用的保温材料有毛毡、石棉、玻璃棉、矿渣棉、珠光砂及其他石棉水泥制品等。管路保温层的厚度要根据管路介质热损失的允许值和蒸汽管道每米热损失允许范围确定，见表3.52，保温材料的导热性能通过计算来确定（见表3.53、表3.54）。

在保温层的施工中，必须使保温材料充满被保温的管路周围，充分填满，保温材料要填充均匀，保温层完整、牢固。保温层的外面还应采用石棉水泥抹面，防止保温层开裂。在要求较高的管路中，为避免保温层受雨水侵蚀而影响保温效果，在保温层外面还需缠绕玻璃布或加铁皮外壳。

表 3.52　蒸汽管道每米热损失允许范围　　　　　单位：J/(m·s·K)

公称直径	管内介质与周围介质之温度差/K				
	45	75	125	175	225
D_g25	0.570	0.488	0.473	0.465	0.459
D_g32	0.671	0.558	0.521	0.505	0.497
D_g40	0.750	0.621	0.568	0.544	0.528
D_g50	0.775	0.698	0.605	0.565	0.543
D_g70	0.916	0.775	0.651	0.633	0.594
D_g100	1.163	0.930	0.791	0.733	0.698
D_g125	1.291	1.008	0.861	0.798	0.750
D_g150	1.419	1.163	0.930	0.864	0.827

表 3.53　部分保温材料的热导率

名　称	热导率/[J/(m·s·K)]	名　称	热导率/[J/(m·s·K)]
聚氯乙烯	0.163	软木	0.041～0.064
低压聚乙烯	0.291	石棉板	0.116
高压聚乙烯	0.254	石棉水泥	0.349
聚苯乙烯	0.081	锅炉煤渣	0.186～0.302
松木	0.070～0.105		

表 3.54　管道保温厚度之选择　　　　　单位：mm

保温材料的热导率/[J/(m·s·K)]	蒸汽温度/K	管道直径 D_g			
		50	70～100	125～200	250～300
0.087	373	40	50	60	70
0.093	473	50	60	70	80
0.105	573	60	70	80	90

注：在 263～283K 范围内一般管径的冷冻水（盐水）管保温采用 50mm 厚聚乙烯泡沫塑料双合管。

3.8.6.2　管路的标志

　　食品工厂生产车间的管道需要输送水、蒸汽、真空、压缩空气和各种流体物料等各种不同的介质，这些管道在材料和设计上也各不相同。为了区分不同的管道，需要在管道外壁或保温层外面涂布各种不同颜色的油漆，这样既可以保护管路外壁不受环境中大气和水的影响而腐蚀，而且可以区别管路的类别，使我们清晰准确地知道管路输送的是什么介质，这就是管路的标志。管路标志不仅有利于生产中的工艺检查，还可避免管路检修中的错乱和混淆。现将管路涂色标志列于表 3.55。

表 3.55　管道的涂色

序　号	介质名称	涂　色	序　号	介质名称	涂　色
1	水	绿色	6	物料	红色
2	蒸汽	白色	7	酸类	红白色圈
3	压缩空气	深蓝色	8	碱类	粉红色
4	真空	灰色	9	油类	棕色
5	排气	黄色	10	阴沟管	黑色

3.8.7　管路布置图

3.8.7.1　概述

　　（1）管路布置设计的图样　管路布置设计是施工图设计阶段中工艺设计的主要内容之一。它通常以带控制点的工艺流程图、设备布置图、有关的设备图以及土建、自控、电器专业等有关图样和资料为依据，对管道做出适合工艺操作要求的合理布置设计，绘制出下列图样。

① 管路布置图：表达车间内管道空间位置等的平面、立面布置情况的图样。

② 蒸汽管系统布置图：表达车间内各蒸汽分配管与冷凝液收集系统平面、立面布置的图样。

③ 管段图：表达一个设备至另一设备（或另一管道）间的一段管道的立体图样。

④ 管架图：表达管架的零部件图样。

⑤ 管件图：表达管件的零部件图样。

（2）管路布置图的内容　管路布置图是车间安装、施工中的重要依据，是应用较多的一种图样，管路布置图一般有如下内容。

① 一组视图：按正投影原理，画一组平面、立面剖视图，表达整个车间的设备、建（构）筑物简单轮廓线以及管道、管件、阀门、控制点等的布置情况。

② 尺寸和标注：注出管道及有些管件、阀门、控制点等的平面位置尺寸和标高，对建筑物轴线编号、设备位号、管段序号、控制点代号等进行标注。

③ 分区间图：表明车间分区的简单情况。

④ 方位图：表示管道安装的方位基准。

⑤ 标题栏：注写图号、图名、设计阶段等。

3.8.7.2　管路布置图的绘制

（1）比例、图幅及分区原则　管路布置图的比例一般采用 1∶50 和 1∶100，如管道复杂也可采用 1∶20 或 1∶25 等。

图幅一般以一号图纸或二号图纸较为合适，有时也用 0 号图纸，过大，不便于管理和绘读。如果车间较小，管道比较简单，可以车间为单位绘制车间管路布置图。如果车间范围过大，为了清楚表达各工序的管路布置情况，需要进行分区绘制管路布置图，它可与设备布置图一样，先画首页图，划分区域。然后分区绘图。但也有按工序为单位分区绘制的，这样，可以内墙或建筑定位轴线作为分区界线，不必用粗双点划线绘制和标注界线坐标，而是用细点划线画出分区简图，用细斜线表示该区所在位置，注明各分区图号，画在管路布置图底层平面图的图纸上。

（2）视图的配置　管路布置图，根据表达需要可采用平面图、剖视图、向视图和局部放大图等。

平面图的配置：管路布置图一般以平面图为主，对多层建筑应按楼层标高平面分层绘制，且与设备布置图的平面图一致。各层平面图是假想将上层楼板揭去，将楼板以下的建筑物、构筑物、设备、管路等全部画出。若平面上还有局部平面或操作台，应单独绘制局部管道平面布置图。如果当某一层的管道上下重叠过多，一张平面图上不易表示清楚时，最好分上、下两层分别绘制。

立视剖视图的配置：当管道布置在平面图上不能全面表达管道的走向和分布时，可采用立面剖视图或向视图补充表示。剖视图应尽可能与剖切平面所在的管路布置平面图画在一张图纸上，也可集中在另一张图纸上画出。

管路布置图的平面图、立面图、向视图，应与设备布置图一样，在图形下方注写如："±0.00 平面"、"A—A 剖面"等字样。

（3）视图的表示方法

① 建筑物、构筑物　用细实线画出建筑物、构筑物的外形，有关内容与设备布置图相同，与管道安装无关的内容，可以简化。

② 设备　在管道布置图中，由于设备不是表达的主要内容，因此在图上用细实线画出所有设备的简单外形，设备图形可与设备布置图一样，有些可适当简化。但设备上接管管口及方位均需按实际情况全部画出。有预留安装位置的设备，用双点划线画出，设备中线需一

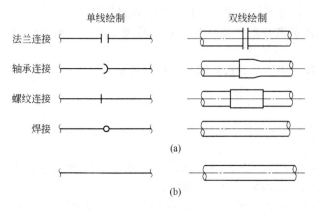

图 3.28 管子的连接表示方法

律画出。

③ 管道

a. 管子连接 一般在管道布置图中不表示管道连接形式，如图 3.28(b) 所示。如需要表示管子的连接形式时，可采用如图 3.28(a) 的表示方法，在管子中断处，应画上断裂符号。

b. 管子转折 管子转折的表示方法，如图 3.29 所示。向下 90°角转折的管子画法，如图 3.29(a) 表示，单线绘制的管道，在投影有重影处画一细圆（有些图样则画成带缺口的细线圆），在另一视图上画出转折的小圆角（也有画直角者）。向上转折 90°角的管子画法，如图 3.29(b) 表示，也可用图 3.29(c) 表示。大于 90°角转折的管子，表示方法如图 3.29(d) 所示。

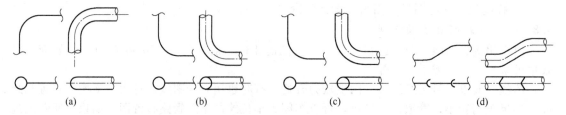

图 3.29 管子转折的表示方法

c. 管子交叉 当管子交叉，投影相重叠时，其画法可将下面被遮盖部分的投影断开，如图 3.30(a) 所示，也可将上面管道的投影断裂表示，如图 3.30(b) 所示。

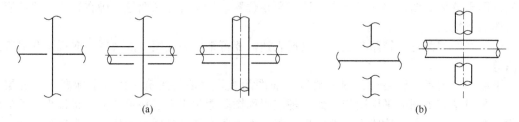

图 3.30 管子交叉的表示方法

d. 管子重叠 管道投影重叠时，将上面管道的投影断裂表示，下面管子的投影则画至重影处稍留间隙断开，如图 3.31(a) 所示。当多根管道的投影重叠时，可如图 3.31(b) 表

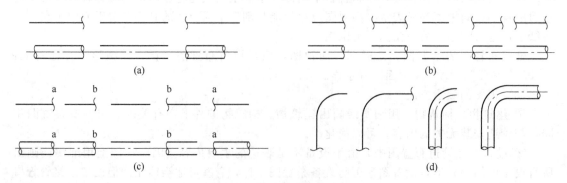

图 3.31 管子重叠的表示方法

示，图中单线绘制的最上一条管道画以"双重断裂"符号。但有时可在管道投影断开处注上 aa 和 bb 等小写字母，或者分别注出管道代号以便辨认。有时图样则不一定画出"双重断裂"等符号，如图 3.31(c) 所示。管道转折后投影发生重叠时，则下面画至重影处稍予间断表示，如图 3.31(d)。

e. 管道分叉　管道有三通等引出叉管时，画法如图 3.32 所示。

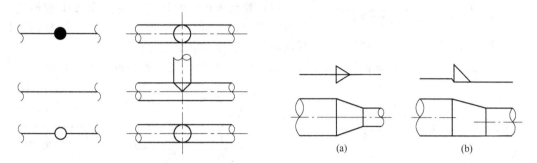

图 3.32　管子交叉的表示方法　　　　图 3.33　异径管连接的表示方法

f. 异径管　同心异径管连接的表示方法如图 3.33(a) 所示，偏心异径管连接的表示方法如图 3.33（b）所示。

g. 管道内物料流向　管道内物料流向必须在图上表明，表示方法如图 3.34 所示。

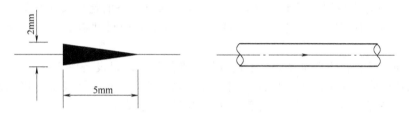

图 3.34　管道内物料流向的表示方法

④ 管件、阀门　管件与阀门一般按规定符号用细线画出。规定符号可参考表 3.42。阀的手轮安装方位一般在有关视图给予表示，如图 3.35 所示。其中图 3.35(d) 是图 3.35(c) 的另一种表示方法，也很常用。当手轮在正上方，其俯视图上不画出手轮图形也可以，如图 3.35(e) 所示。

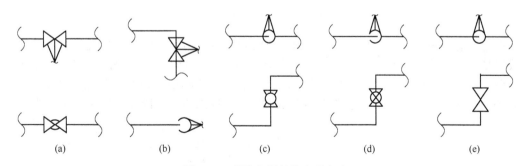

图 3.35　管件与阀门的表示方法

主阀所带旁路阀一般均应画出，如图 3.36 所示。

⑤ 管架　是用各种形式的架固定在建筑物、构筑物上的，这些管架的位置，在管路布置图上应按实际位置表示出来。管架位置一般在平面图上用符号表示。固定与非固定的管架符号，如图 3.37 所示。非标准管架应另提供管架图。

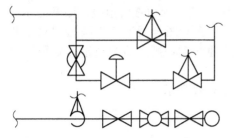

图 3.36　主阀所带旁路阀的表示方法

⑥ 仪表盘、电器盘　用细实线在管路布置图上画出仪表盘、电器盘的位置及简单外形。

⑦ 方位图　在底层平面图图纸的右上角或图形右上方画出与设备布置图方位基准一致的方位标。

（4）管路布置图的标注　管路布置图的标注内容有：管径、物料代号、定位尺寸、安装标高、物料流向、管道坡度及管架代号等。

① 定位基准　在管路布置图中，常以建筑物、构筑物的定位轴线或墙面、地面等作为

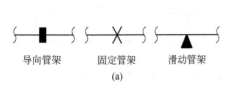

(a)

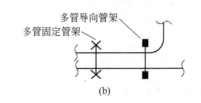

(b)

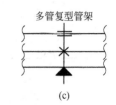

(c)

图 3.37　管架的表示方法

管道的定位尺寸基准。另外，设备中心线和接管口法兰也常作为管道定位尺寸基准。因此，在管路布置图中，要标注建筑物的定位轴线编号和设备位号，标注方式同设备布置图。

② 管路　管路布置图应以平面图为主，标注出所有管路的定位尺寸及安装标高。绘制立面剖视图，则所有安装标高应在立面剖视图上表示。定位尺寸以 mm 为单位，标高以 m 为单位。

根据不同情况，管路定位尺寸以上述定位基准标注，即以设备中心线、设备管口法兰、建筑定位轴线或墙面为基准进行标注。同一管路的基准应一致。与设备管口相连的直线管段，因可用设备管口确定该管路的位置，故不需标注定位尺寸。

管路安装标高均以室内地面 0.00m 为基准。一般管路按管底外表面标注安装高度，如"0.60"［图 3.38(a)］。按管中心标注时，标注方式为"5.00（Z）"［图 3.38(b)］。也有加注标高符号者，如"▽4.50（Z）"［图 3.38(c)］等，如图 3.38 所示。

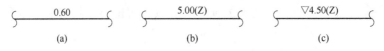

(a)　　　　　　　　　　(b)　　　　　　　　　　(c)

图 3.38　管路安装标高

图上所有管路都应标注与工艺流程图一致的管段编号内容，即：公称直径、物料代号、管段序号。管段编号一般注在管线上方或左方，如图 3.39(a) 所示。写不下时，可用引线至空白处标注，也可几条管线一起引出标注。管路与相应标注都要用数字分别进行编号，如图 3.39(b) 所示。指引线如需转折或有分线时，在分线处画一小圆点，以免与尺寸线混淆，

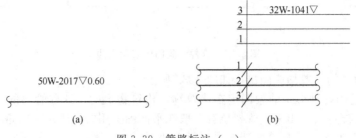

(a)　　　　　　　　　　　　　　(b)

图 3.39　管路标注（一）

如图 3.40 所示。平面图上管路标高可注在管段编号的后面，如图 3.40 所示。

管路上的伴管或套管，其直径可以标注在主管径后面，并加线隔开。如主管直径为 100mm，伴管直径为 50mm，则其标注式为：$D_g 100/50$。

对安装坡度有严格要求的管路，应在上方画出细线箭头，指坡向，并写上坡度数字，如图 3.41 所示。

③ 管件、阀门　图中的管件、阀门所在位置按规定符号画出后，除须按严格规定尺寸安装外，一般不再标注定位尺寸，竖管上的阀门有时在立面剖视图中标注标高。

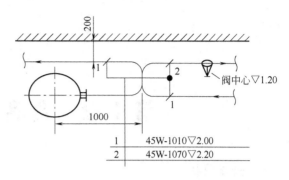

图 3.40　管路标注（二）

图 3.41　有安装坡度的管路的标注

（5）管路布置图的绘制步骤

① 确定表达方案、视图的数量和各视图的比例（以工艺流程图和设备布置图为依据）。

② 确定图纸幅面的安排和图纸张数。

③ 绘制视图。

a. 先在平面图上画出楼面简图、柱子、操作平台及设备外形，再按投影关系画出剖视图上的楼板、柱子、操作平台及设备外形等。

b. 按流程次序和布置原则，逐条画出管路在平面、立面剖视图上的布置位置。

c. 在设计所要的部位画出管路上的管件、阀门、管架等符号。

d. 标注尺寸、编号及代号等。

e. 绘制方位图、附表及注写说明。

f. 校核与审定。

复习思考题

1. 食品工厂工艺设计包括哪些内容？

2. 制订产品方案有何意义？有哪些原则和要求？

3. 物料计算包括什么项目？

4. 食品工厂生产车间设备选型的原则是什么？

5. 碳酸饮料生产用水的计算如何进行？

6. 为什么在水汽用量计算时要选定计算基准？

7. 如何解决管道布置中的管道死角问题？

第4章 食品质量安全准入

教学目标

(1) 从工厂设计角度，掌握肉制品、罐头食品、乳制品、饮料、冷冻饮品、方便面、饼干等生产企业必备的条件，审查方法及要求；

(2) 重点掌握食品质量安全准入制度基本内容和食品工厂设计的关系。

为贯彻落实党中央、国务院提出的要以"三个代表"重要思想为指导，有效地解决当前食品质量安全问题的要求，国家质检总局经过一年多的研究、探索和实践，按照适应市场经济规律、符合世贸规则、借鉴国外成功经验、结合我国国情的原则，研究建立了一整套事先保证和事后监督相结合、政府监管和企业自律相结合、充分发挥市场机制作用的食品质量安全市场准入制度。这项制度主要包括三项基本内容。

第一，食品生产企业必备条件审查制度。在国内加工销售食品的企业，必须具备保证产品质量的必备条件，并按规定程序取得食品生产许可证后方可生产食品。

第二，强制检验制度。食品生产企业必须履行法律义务，产品经检验合格后方可出厂销售。

第三，食品质量安全标志制度。即检验合格出厂销售的食品必须在其包装上加印（贴）食品质量安全市场准入标志，即"QS"标志。

本章从食品工厂设计的角度，就肉、罐头、粮油及饮料等的市场准入要求做简单介绍。

4.1 肉制品生产企业必备条件审查方法及要求

实施食品生产许可证管理的肉制品包括所有以动物肉类为原料加工制作的包装肉类加工产品。肉制品的申证单元包括腌腊肉制品、酱卤肉制品、熏烧烤肉制品和熏煮香肠火腿制品。腌腊肉制品包括咸肉类、腊肉类、中国腊肠类和中国火腿类等；酱卤肉制品包括白煮肉类、酱卤肉类、肉松类和肉干类等；熏烧烤肉制品包括熏烤肉类、烧烤肉类和肉脯类等；熏煮香肠火腿制品包括熏煮肠类和熏煮火腿类等。

在生产许可证上应注明获证产品名称及申证单元名称（腌腊肉制品、酱卤肉制品、熏烧烤肉制品、熏煮香肠火腿制品）。肉制品生产许可证有效期为3年，其产品类别编号为0401。

对企业进行审查时，应根据企业生产加工使用原料和成品的特点及工艺要求，主要查看企业的有关生产场所、设备和设施是否具备生产出合格产品的条件，能否保证质量安全。肉类制品品种多样，生产加工工艺千差万别，生产技术随着科技进步不断发展，推陈出新，生产设备也不尽相同，尤其是一些地域性的传统产品，工艺设备均有独到之处，现场审查时应重点考核其加工工艺所要求的设备和设施是否齐全，是否符合细则的要求。如企业使用鲜肉为原料，就可不要求具备原料冷库，但要审查其相应的保证能力。

4.1.1　生产场所

肉类制品生产企业除应具备《食品企业生产许可证审查通则》的要求外，其生产场所、厂房设计应当符合从原料到成品出厂的生产工艺流程要求。车间布局合理，避免生熟交叉，防止食品污染。

本部分内容的现场审查，以现场查看为主要方式。

4.1.1.1　腌腊肉制品申证单元

（1）原料冷库。冷库应有足够的容量，与生产量相适应。温度能达到使原料冻结的要求，墙面、地面清洁，原料码放整齐，离墙离地。

（2）辅料库。辅料库应防水防潮，无鼠及蝇虫，墙面和地面干燥清洁，辅料码放整齐，离墙离地。

（3）原料解冻、选料修整、配料、腌制和包装车间。可分别设置，也可在一个车间。车间光照应充足，便于加工操作，墙面和地面易于清洗消毒，地面应有适当的坡度，易于排水，排水系统应有防鼠装置，易于清洗消毒。

（4）晾晒车间。应干燥清洁，防鼠防蝇。

（5）成品库。应干燥清洁，防鼠防蝇，温度应符合产品储存要求，产品码放整齐，离墙离地。生产中国腊肠类的企业，还应具有烘烤车间。生产中国火腿类的企业，还应具有发酵车间。

4.1.1.2　酱卤肉制品、熏烧烤肉制品和熏煮香肠火腿制品申证单元

（1）原料冷库。冷库应有足够的容量，与生产量相适应。温度能达到使原料冻结的要求，墙面、地面清洁，原料码放整齐，离墙离地。

（2）辅料库。辅料库应防水防潮，无鼠及蝇虫，墙面和地面干燥清洁，辅料码放整齐，离墙离地。

（3）生料加工车间和热加工车间。应具有原料解冻、选料修整、配料场所。可分别设置，也可在一个车间。车间光照应充足，便于加工操作，墙面、地面易于清洗消毒，地面应有适当的坡度，易于排水，排水系统应有防鼠装置，易于清洗消毒。热加工车间应分设。

（4）冷却和包装车间。可分别设置，也可在一个车间。车间光照应充足，便于加工操作，墙面和地面易于清洗消毒，地面应有适当的坡度，易于排水，排水系统应有防鼠装置，易于清洗消毒。冷却和包装车间应直通成品库，物料与加工人员不得进入生料加工区。

（5）成品库。应干燥清洁，防鼠防蝇，温度应符合产品储存要求，产品码放整齐，离墙离地。

生产熏煮香肠火腿制品的企业，还应具有滚揉、腌制和充填车间，可分别设置，也可设在生料加工车间。但滚揉和腌制场所应有温度控制，一般为 0～10℃。

4.1.2　必备的生产设备

厂房应有温度控制设施，能满足不同工序的要求。直接用于生产加工的设备、设施及用具均应采用无毒、无害、耐腐蚀、不生锈、易清洗消毒、微生物不易滋生的材料制成。应具备与生产能力相适应的冷藏车运送成品。

本部分内容的现场审查，以现场查看和查阅设备台账为主要方式。

（1）腌腊肉制品申证单元　应具有选料修整（刀具、案板及容器等）、配料（计量器具、容器等）、腌制（容器等）和包装（封口机或真空包装机等）等设备或设施。

生产腊肉类还应具有晾晒（晾晒架等）及烘烤（燃料、电热或太阳能等）设备或设施。

生产中国腊肠类还应具有充填（灌肠机或充填机等）、晾晒（晾晒架等）及烘烤（燃料、电热或太阳能等）设备或设施。

生产中国火腿类还应具有发酵（腿床或腿架等）及晾晒（晾晒架等）设备或设施。

（2）酱卤肉制品申证单元　应具有选料修整（刀具、案板及容器等）、配料（计量器具、容器等）、煮制（煮锅或夹层锅等）和包装（封口机或真空包装机等）等设备或设施。

生产肉松类还应具有炒松（炒松机等）设备或设施。

生产肉干类还应具有烘烤（燃料、电热或太阳能等）设备或设施。

（3）熏烧烤肉制品申证单元　应具有选料修整（YJ具、案板及容器等）、配料（计量器具、容器等）、熏烤（烤炉或烤房等）和包装（封口机或真空包装机等）等设备或设施。

（4）熏煮香肠火腿制品申证单元　应具有选料修整（刀具、案板及容器等）、配料（计量器具、容器等）、搅拌（搅拌机）或滚揉（滚揉机）、腌制（容器或滚揉机）、绞肉（绞肉机或斩拌机）、充填（灌肠机或充填机）、蒸煮（煮锅、夹层锅或蒸煮炉）、熏烤（熏烤炉）、冷却（水冷或气冷）和包装（封口机或真空包装机等）等设备或设施。

产品有需要腌制、滚揉工艺的企业，其腌制、滚揉车间应具备制冷设施。

4.1.3　产品相关标准

企业生产的肉类制品应符合国家标准、行业标准及企业标准的规定。企业应具有与申报的申证单元相对应产品的国家标准和行业标准现行文本。

本部分内容的现场审查，以查阅文件为主要方式。

4.1.3.1　腌腊肉制品申证单元

（1）咸肉类　GB 2732—1988《板鸭（咸鸭）卫生标准》。SB/T 10294—1998《腌猪肉》和企业标准（产品执行 SB/T 10294 的可不制定企业标准）。

（2）腊肉类　GB 2730—1981《广式腊肉卫生标准》和企业标准。

（3）中国腊肠类　GB 10147—1988《香肠（腊肠）、香肚卫生标准》。SB/T 10003—1992《广式腊肠》、SB/T 10278—1997《中式香肠》和企业标准（产品执行 SB/T 10003 或 SB/T 10278 的可不制定企业标准）。

（4）中国火腿类　GB 2731—1988《火腿卫生标准》。SB/T 10004—1992《中国火腿》和企业标准（产品执行 SB/T 10004 的可不制定企业标准）。

属宣威火腿和金华火腿原产地域产品保护范围的应分别具有 GB 18357—2001《宣威火腿》和 GB 19088—2003《原产地域产品　金华火腿》。

4.1.3.2　酱卤肉制品申证单元

（1）白煮肉类、酱卤肉类　GB 2726—1996《酱卤肉类卫生标准》和企业标准。生产肴肉的应具有 GB 2728—1981《肴肉卫生标准》。

（2）肉松类　GB 2729—1994《肉松卫生标准》。SB/T 10281—1997《肉松》和企业标准（产品执行 SB/T 10281 的可不制定企业标准）。

（3）肉干类　GB 16327—1996《肉干、肉脯卫生标准》。SB/T 10282—1997《肉干》和企业标准（产品执行 SB/T 10282 的可不制定企业标准）。

4.1.3.3　熏烧烤肉制品申证单元

（1）熏烤肉类和烧烤肉类　GB 2727—1994《烧烤肉卫生标准》和企业标准。

（2）肉脯类　GB 16327—1996《肉干、肉脯卫生标准》。SB/T 10283—1997《肉脯》和企业标准（产品执行 SB/T 10283 的可不制定企业标准）。

4.1.3.4　熏煮香肠火腿制品申证单元

（1）熏煮香肠类　GB 2725.1—1994《肉灌肠卫生标准》。SB/T 10279—1997《熏煮香

肠》和企业标准（产品执行 SB/T 10279 的可不制定企业标准）。生产火腿肠（高温蒸煮肠）的应具有 SB 10251—2000《火腿肠（高温蒸煮肠）》。

（2）熏煮火腿类等　GB 13101—1991《西式蒸煮、烟熏火腿卫生标准》。SB/T 10280—1997《熏煮火腿》和企业标准（产品执行 SB/T 10280 的可不制定企业标准）。

4.1.4　必备的出厂检验设备

完成出厂检验项目的必备检验设备见表 4.1。

表 4.1　肉制品出厂检验的主要仪器

检 验 项 目	主 要 仪 器
菌落总数	天平、灭菌设备、微生物培养箱、无菌室或超净工作台、显微镜
大肠菌群	天平、灭菌设备、微生物培养箱、无菌室或超净工作台、显微镜
水分	分析天平、烘箱
盐分	分析天平
三甲胺氮	分析天平、分光光度计
挥发性盐基氮	分析天平
酸价	分析天平、烘箱
过氧化值	分析天平
亚硝酸钠	分析天平、分光光度计
瘦肉比率	计量器具
净含量	计量器具

对具备产品出厂检验能力的企业，本部分内容的现场审查以现场查看和查阅仪器设备台账为主要方式。如果企业没有按标准的检验方法检验，而自己建立了新的检验方法，只要方法可行可靠，不必按所列仪器一一对应检查。

不具备产品出厂检验能力的企业，或部分出厂检验项目尚不能自检的企业，应委托具有法定资格的检验机构，按生产批逐批进行出厂检验。对不具备产品出厂检验能力的企业，本部分内容的现场审查，以查阅委托检验合同及检验报告为主要方式。

4.2　罐头生产企业必备条件审查方法及要求

实施食品生产许可证管理的罐头食品是指将符合要求的原料经处理、分选、修整、烹调（或不经烹调）、装罐（包括马口铁罐、玻璃罐、复合薄膜袋或其他包装材料）、密封、杀菌、冷却或无菌包装而制成的所有食品。罐头食品的申证单元包括畜禽水产罐头、果蔬罐头和其他罐头。

在生产许可证上应当注明获证产品名称及申证单元名称（畜禽水产罐头、果蔬罐头、其他罐头）。罐头食品生产许可证有效期为 3 年，其产品类别编号为 0901。

4.2.1　生产场所

（1）罐头食品生产企业必须按照 GB 8950—1988《罐头厂卫生规范》的要求进行布局。

（2）生产企业必须设有原辅料库房、成品仓库、罐头加工车间、罐头包装车间、杀菌及冷却场所。

（3）特殊工艺流程要求的罐头，相应要有与之配套的厂房与设施。

（4）另外根据原料的特殊储藏要求，企业应当设置有冷库、保温库和解冻间。

对生产场所这部分的审查可通过现场查看、与企业员工座谈、询问等方式进行。

4.2.2 必备的生产设备

企业必须具备下列罐头食品生产工艺要求的必备的生产设备。

4.2.2.1 畜禽水产罐头和其他罐头

(1) 原料处理设备（如刀、清洗、盐渍、油炸开口锅等工具）。

(2) 配料及调味设备（如调味锅、过滤器等设施）。

(3) 装罐设备（人工或机械装罐装置）。

(4) 排气及密封设备（封口机）。

(5) 杀菌及冷却设备（杀菌釜或杀菌锅，储水罐）。

4.2.2.2 果蔬罐头

(1) 原料处理设备〔如清洗、去皮、预煮机或漂洗（槽）桶等〕。

(2) 分选设备（如去核、切块、修整等工具）。

(3) 装罐设备（人工或机械装罐装置）。

(4) 排气及密封设备（封口机）。

(5) 杀菌及冷却设备（杀菌釜装置，储水罐）。

4.2.2.3 必备的生产设备介绍

(1) 原料处理设备　以水产罐头为例，一般有清洗、刀、盐渍、脱水（油炸）等工具。水产原料验收和处理后，必须进行清洗，目的是洗净附着于原料外表的泥沙、黏液、杂质等污物。清洗方法按原材料种类而异。鱼类一般用机器或人工清洗或刷洗，洗涤用水宜用清洁流畅的冷水。需经油炸的鱼，洗后要充分沥干水分，最好能将鱼体表面吹干，可减少鱼在油炸时起泡或鱼皮破损。冻结的水产原料，需先解冻，必须有固定的解冻设备和场所。清洗完后，进行去头、去鳍、去内脏处理，需用的工具有刀等。蒸煮或油炸脱水前，大部分鱼原料需经清洁盐水浸泡或盐腌处理，盐渍使用的盐水浓度及浸泡时间，需根据鱼种类、肥瘦、鲜度、大小鱼（块）及加工产品的要求而定。经过盐渍处理的鱼，在以后调味时，根据成品含盐量要求，减少加盐或不加盐。蒸煮加热是利用脱水机以蒸汽加热脱水。脱水温度与时间应根据鱼的种类、大小及设备条件而异，一般采用 98～100℃加热，必要时也可用100℃以上温度脱水。鲜炸、五香鱼罐头均采用油炸脱水，油炸方法有采用油炸锅或连续油炸机的，油炸温度一般为170～200℃，时间依原料的组织、块状、大小及产品要求而定，一般为 3～10min。

(2) 配料及调味设备　原料及调味一般在调味锅中进行，配方根据不同品种的工艺要求而定，必要时，配料溶解后再过滤使用。需使用的设备有调味锅、过滤设备。以水产类罐头为例，按规定配料量，将香辛料与水一同在锅内加热煮沸，并保持微沸 30～60min，用开水调整至规定总量，过滤备用。香料水每次配制不宜过量，宜随配随用，防止积压，并防止与铁制器具接触。将香料水倒入夹层锅，然后加入酱油、糖、盐、味精等配料溶解，再与混合好的植物油（使用前加热至180℃保持 5min）充分混合均匀，加热至90℃备用。

(3) 分选设备　以青刀豆为例，切端机切端后的青刀豆通过输送带检查挑选。拣去老豆、切端不良、畸形、病虫害等不合格豆，并除去夹杂物。刀豆组织嫩，硬度适宜，无皱缩，色青绿或微黄绿。条装长度 70～110mm，段装长 35～60mm，同一罐中刀豆大小、色泽大致均匀。需使用的设备有切端机、输送带上人工挑选或机械拣选等工具。

(4) 装罐设备　分为人工和机械装罐装置二种。主要有液态物料装罐设备、粒状（块状）物料装罐填充设备、液态和固形物组合装罐设备。

① 液态物料装罐设备　整机由进罐转盘、出罐转盘、定量装罐、装料阀门和传动装置

等部分组成。空罐进入连续旋转的进罐转盘后，沿轨道进入间歇运动的装罐转盘。在装罐转盘上装有星形轮，使空罐能准确定位。出料阀由曲柄连杆机构控制与定量活塞往复运动互相配合进行开阀，把活塞缸内的料液灌入空罐内，然后罐体沿轨道通过连续转动的出罐转盘送出。

② 粒状（块状）物料装罐填充设备　典型设备是 GT7A18 午餐肉装罐机。设备的加料斗内安装有进料刮板和进料螺旋，两者做旋向相反的间歇转动，以使加料斗内的物料均匀进入料斗下面的转换阀和定量装置。当转换阀的阀芯转位使缺口向下时，定量筒灌装阀接通，此时定量活塞向右移动，定量筒内的物料通过转换阀进入灌装阀，向空罐内灌装。

③ 液态和固形物组合装罐设备　本机为回转式容积定量装罐和重力式液体灌装的组合设备，适用于需先在罐内定量加入颗粒状物料，再灌装盐水、糖水等低黏度液体的生产场合。

（5）排气及密封设备　密封前根据罐型及品种不同，选择适宜的罐内中心温度或抽真空程度，防止成品真空度过高或过低。水产类罐头，特别是油浸类罐头，以采取预封后抽真空密封为宜。

排气及密封设备按操作方式和自动化程度分以下三类。

① 手扳式封罐机：进罐、加盖和卷封过程由人工操作，生产率低，劳动强度高，主要应用于实验室或小型工厂。

② 半自动封罐机：进出罐与加盖由人工操作，卷封过程机械化完成，产量约 30～40 罐/min。

③ 全自动封罐机：进出盖和配送盖以及卷封过程全部自动化。

（6）杀菌及冷却设备　一般由杀菌锅、储水冷却装置组成。按不同杀菌对象，可分为常压杀菌（以水为加热介质，杀菌温度≤100℃）；加压杀菌（以蒸汽或水为加热介质，杀菌温度为 112～135℃）。典型的设备有以下三种。

① 立式杀菌锅　本机为静置间歇式蒸汽杀菌设备，适合于多品种、小批量的中小型罐头食品厂使用，也是目前国内使用较广的杀菌设备。其特点是设备结构简单，操作维护方便，价格低廉。

② 卧式杀菌锅　其容量较立式杀菌锅大，是目前国内大中型罐头厂使用最广泛的一种杀菌锅。杀菌过程可分升温、杀菌和冷却三个阶段。

③ 静置浸水式软罐头杀菌机　本机是专为复合薄膜包装的软罐头或结扎肠衣食品的杀菌而设计。其杀菌机具有两个压力容器：一为杀菌锅，一为储水锅，用于过热水的加热及回收储存。袋装软罐头放在杀菌锅内的金属托盘上，托盘之间留有一定间隙作为热水水流通道。软罐头食品，可从包装形态上分为袋装食品、盘装或罐装食品、结扎食品三类。包装材料主要有铝箔复合薄膜、聚偏二氯乙烯薄膜。

4.2.3　罐头食品相关标准

罐头食品生产相关的标准包括产品标准、原辅材料标准、包装容器标准、检验方法标准。在罐头食品生产许可证审查时，根据《食品质量安全市场准入审查细则》的具体规定查阅企业是否具备相关标准。

4.2.4　原辅材料及包装容器的有关要求

罐头食品的原辅材料品种很多，原料主要有猪肉、牛肉、羊肉、鸡、鸭、鹅、凤尾鱼、鳗鱼、鲅鱼、鲅鱼、鲭鱼、海螺、柑橘、菠萝、荔枝、龙眼、梨、苹果、桃、枇杷、杏、草莓、青豆、青刀豆、番茄、蘑菇、笋等原料；辅料有砂糖、糖浆、食盐、酱油、味精、植物油、猪油、牛油、羊油、柠檬酸、豆豉、黄酒、葱、姜、胡椒、咖喱粉、八角、桂皮、淀粉等辅料，其选购均要满足 QB 616—1976《罐头原辅材料》要求。企业生产罐头所使用的畜禽肉等主要原料应经兽医卫生检验检疫，并有合格证明，猪肉应选用政府定点屠宰企业的产品。进口原料肉必须提供出入境检验检疫部门的合格证明材料，不得使用非经屠宰死亡的畜禽肉。如使用的原辅材料为实施生产许可证管理的产品，必须选用获得生产许可证企业生产的产品。

罐头食品的包装容器主要分为马口铁罐等硬包装、铝箔复合薄膜软包装两大类，其包装容器应符合国家有关标准的要求。

在原辅材料、包装容器的审查中，应注意生产企业对采购的材料是否实行了质量检验，或按采购文件和进货验收规定进行质量验证，应查阅生产企业的采购记录以及原辅材料、包装容器的有关检验报告。

4.2.5 必备的出厂检验设备

生产企业必须具备的出厂检验设备：分析天平、圆筛（应符合相应要求）、干燥箱、折光计（仪）（仅适用于果蔬类、其他类罐头）、酸度计（pH 计）（仅适用于果蔬类、其他类罐头）、真空干燥箱（仅适用于八宝粥罐头）、无菌室（或超净工作台）、培养箱、显微镜、灭菌锅。

以上 10 种出厂检验设备是为了完成以下 8 个出厂检验项目。

（1）感官　感官要求包括罐头食品的色泽、滋味、气味、组织形态，一般有优级品、一级品、合格品等级别。凭检验人员的视觉、感觉器官进行观察、尝试。需要罐头的开罐工具，盛装观察用的玻璃器皿。

（2）净含量　净含量（净重）应符合对应的罐头产品的标准要求，对应的检测方法为 QB/T 1007—1990。每批产品平均净重应不低于标注净含量。其需要使用的检验设备为天平，一般使用常规的天平或架盘天平、台秤等计量器具，精度要求一般为 0.1g。肉、禽及水产类罐头需将罐头加热，使凝冻熔化后开罐。果蔬类罐头不经加热，直接开罐。

（3）固形物　固形物（含量）的检测方法为 QB/T 1007—1990，需要的检验设备为圆筛、天平。

① 水果、蔬菜类罐头　开罐后，将内容物倾倒在预先称重的圆筛上，不搅动产品，倾斜筛子，沥干 2min 后，称重。

② 肉类及水产类罐头　须将罐头在 50℃±5℃水浴中加热 10~20min，使凝冻的汤汁熔化，开罐后将内容物倒在预先称重的圆筛上，圆筛下方配接漏斗，架于容量合适的量筒上，不搅动产品，倾斜圆筛，沥干 3min，称重。

③ 其他类罐头　如八宝粥罐头的干燥物含量检验设备用真空干燥箱、天平。

（4）氯化钠含量　氯化钠项目检测方法为 GB/T 12457—1990。需要的检验设备包括分析天平、烘箱，另外还需要配制硝酸银标准溶液、试剂、滴定管等化学耗材。

（5）糖水浓度（可溶性固形物）　糖水浓度（可溶性固形物）检测按 GB/T 10788—1989 执行，使用的检测设备为折光计（仪）。当然还要有组织捣碎机等工具配套使用。用折光计法测定的可溶性固形物含量，在规定的制备条件和温度下（一般为 20℃），水溶液中蔗糖的浓度和所分析的样品有相同的折射率，浓度以质量百分数表示（查表对照）。

（6）总酸度（pH 值）　总酸度（pH 值）项目的检测方法按 GB/T 12456—1990 执行，需要的检测设备为分析天平、烘箱、酸度计。另外还需配制氢氧化钠标准溶液、试剂、滴定管等化学耗材，必要时还需组织捣碎机等工具。

（7）总糖量　总糖量为果酱罐头的常规项目，检测方法按 GB/T 5009.8—1985 执行，需要的检测设备为分析天平、烘箱。另外还需配制碱性酒石酸铜甲、乙液，试剂，滴定管等化学耗材。

（8）**商业无菌** 罐头食品的商业无菌项目的检测按 GB/T 4789.26—1994 执行。罐头食品经过适度的热杀菌后，不会有致病的微生物，也不含有在通常温度下能在其中繁殖的非致病性微生物，这种状态称为商业无菌。需要的检测设备为无菌室（或超净工作台）、培养箱、显微镜、灭菌锅，另外还需冰箱、酒精灯、灭菌试管、培养基和试剂等。

对于必备的出厂检验设备的审查，可通过现场查看，查阅台账等方式进行，若企业无出厂检验能力，可委托有法定资格的检验机构进行出厂检验，但必须签有正式的委托检验合同，审查中必须查看委托合同证明。

4.3　方便面生产企业必备条件审查方法及要求

实施食品生产许可证管理的方便面产品包括以小麦粉、荞麦粉、绿豆粉、米粉等为主要原料，添加食盐或面质改良剂，加适量水调制、压延、成型、汽蒸，经油炸或干燥处理，达到一定熟度的方便食品。包括油炸方便面（简称油炸面）、热风干燥方便面（简称风干面）等。申证单元为 1 个，即方便面。

在生产许可证上应当注明获证产品名称即方便面。方便面生产许可证有效期为 3 年，其产品类别编号为 0701。

除对食品生产加工企业的共性要求外，方便面生产企业还具有特殊的必备条件。

4.3.1　生产资源提供

4.3.1.1　生产场所

方便面生产企业除具备必备的生产环境外，还应当有与企业生产相适应的原辅料库、生产车间、成品库。

厂房应按工艺流程合理布局。须设有与产品种类、产量相适应的原辅料处理、生产加工、成品包装等生产车间及原辅料库、成品库。建筑物、设备布局与工艺流程三者衔接合理，建筑结构完善，并能满足生产工艺和质量卫生要求。原料与半成品和成品、生原料与熟食品均应杜绝交叉污染。

现场审查组可以通过现场查验，考察企业的原辅料库、生产车间、成品库是否和其生产规模相符；建筑物、设备布局与工艺流程三者衔接是否合理；原料与半成品和成品、生原料与熟食品是否有交叉污染。

4.3.1.2　必备的生产设备

根据生产工艺，方便面生产企业必须具备下列生产设备。

（1）配粉设备，如调粉机（和面机）等设备。

（2）成型设备，如压片机（或压片机组）等设备。

（3）熟制设备，如煮面机、炸面机（或热风干燥机）等设备。

（4）包装设备，如包装机等设备。

每个企业生产方便面的设备不尽相同，生产能力、自动化程度存在差异，但企业具有的设备必须与其生产的方便面产品相适应，并能保证生产安全的产品。

4.3.2　技术文件管理

企业必须具备方便面的相关标准：GB 17400—1998《方便面卫生标准》，LS/T 3211—1995《方便面》。

4.3.3 采购质量控制

企业生产方便面的原辅料必须符合国家标准和有关规定。

按照 LS/T 3211—1995《方便面》的要求，方便面生产使用的原辅料必须符合下列标准要求：

GB 1355—1986《小麦粉》

GB 5461—2000《食用盐》

GB 7102.1—1994《食用植物油煎炸过程中的卫生标准》

采购小麦粉、食用油等纳入食品生产许可证管理的原料时，应当选择获得生产许可证企业生产的产品。

对调料包等如有外购情况的，应对调料包等进行进货验证，方式可以是检验，也可以是向供货方索要检验报告或产品检验合格证。

采购的原辅料是否符合要求，可以通过现场查看企业采购记录或查看原辅料库中原辅料包装上标注的标准。对于外购的夹心类产品的心料要查看企业的记录。

审查组在查看原辅料库时，要特别注意企业是否使用非食用性原料。

4.3.4 产品质量检验

生产方便面的企业应具备下列出厂检验设备：分析天平、干燥箱、恒温水浴锅、分光光度计、灭菌锅、无菌室、微生物培养箱和显微镜。

其中，水分、酸价、过氧化值、氯化钠用检验设备为分析天平和干燥箱。碘呈色度用检验设备为分析天平、恒温水浴锅和分光光度计。微生物学指标用检验设备为灭菌锅、无菌室（或超净工作台）、微生物培养箱、显微镜。但审查组在审查企业是否具备自检能力时，不能只查看设备台账，重点是现场查看企业具有的检验设备是否能满足检验的要求。除上述的检验设备，企业是否具备开展检验的消耗材料，如相应的化学试剂、玻璃器皿等，检验人员数量与检验的工作量是否适合等。同时可以采取现场提问检验人员一些关于产品检验的基础知识，考察企业检验人员是否具备产品检验的能力，如所检验项目的检验方法及标准、检验用仪器设备的操作规程等。审查组只有综合的考察，才能判定出企业是否真正的具备自检能力。

4.4 饼干生产企业必备条件审查方法及要求

实施食品生产许可证管理的饼干产品包括以小麦粉、糖、油脂等为主要原料，加入疏松剂和其他辅料，按照一定工艺加工制成的各种饼干，如酥性饼干、韧性饼干、发酵饼干、薄脆饼干、曲奇饼干、夹心饼干、威化饼干、蛋圆饼干、蛋卷、黏花饼干、水泡饼干。饼干的申证单元为 1 个。

在生产许可证上应当注明获证产品名称即饼干。饼干生产许可证有效期为 3 年，其产品类别编号为 0801。除对食品生产加工企业的共性要求外，饼干生产企业具有特殊的必备条件。

4.4.1 生产资源提供

4.4.1.1 生产场所

饼干生产企业除必须具备必备的生产环境外，还应当有与企业生产相适应的原辅料库、生产车间、成品库。

厂房应按工艺流程合理布局。须设有与产品种类、产量相适应的原辅料处理、生产加工、成品包装等生产车间及原料库、成品库。建筑物、设备布局与工艺流程三者衔接合理，建筑结构完善，并能满足生产工艺和质量卫生要求。原料与半成品和成品、生原料与熟食品均应杜绝交叉污染。

现场审查组可以通过现场查验，考察企业的原辅料库、生产车间、成品库是否和其生产规模相符；建筑物、设备布局与工艺流程三者衔接是否合理；原料与半成品和成品、生原料与熟食品是否有交叉污染。

4.4.1.2 必备的生产设备

根据生产工艺，饼干生产企业必须具备下列生产设备：

① 配粉设备，如和面机；

② 成型设备，如压延机等；

③ 烤炉；

④ 包装机。

企业生产能力和规模的差异，配粉设备的形式差异比较大，如大型企业可能使用自动的配粉和面设备，而小型企业可能采用手工配粉和面。不论采取哪种形式，企业必须具备与其生产能力相符合的配粉和面设备，并能够保证生产安全的产品。

由于企业生产的品种不同，生产设备中成型设备差异比较大，现场审查组应该根据企业生产饼干的品种，现场查验成型设备是否与企业生产的品种相符合。举例如下。

酥性饼干：主要成型设备有辊印成型机等。

韧性饼干：主要成型设备有叠层机、辊切成型机等。

发酵饼干：主要成型设备有叠层机、辊印成型机等。

薄脆饼干：主要成型设备有辊印或辊切成型机等。

曲奇饼干：主要成型设备有叠层机、辊印或辊切成型机等。

夹心饼干：主要成型设备有除具备相应饼干成型设备以外，还应具备夹心机。

威化饼干：主要成型设备有制浆设施、叠层机、切割机等。

蛋圆饼干：主要成型设备有制浆设施、辊印成型机等。

蛋卷：主要成型设备有制浆设施、浇注设备、烘烤卷制成型机等。

黏花饼干：主要成型设备有辊印或辊切成型机等。

水泡饼干：主要成型设备有辊印或辊切成型机等。

同样，企业具备的烤炉可以是用电、用油或红外的，但应和其生产能力相符合，并能保证生产安全的产品。

4.4.2 技术文件管理

企业必须具备生产饼干品种的相关标准：

QB/T 1433.1—1992《饼干　酥性饼干》

QB/T 1433.2—1992《饼干　韧性饼干》

QB/T 1433.3—1992《饼干　发酵饼干》

QB/T 1433.4—1992《饼干　薄脆饼干》

QB/T 1433.5—1992《饼干　曲奇饼干》

QB/T 1433.6—1992《饼干　夹心饼干》

QB/T 1433.7—1992《饼干　威化饼干》

QB/T 1433.8—1992《饼干　蛋圆饼干》

QB/T 1433.9—1992《饼干　蛋卷》

QB/T 1433.10—1992《饼干　粘花饼干》

QB/T 1433.11—1992《饼干　水泡饼干》

同时企业必须具备：

GB 7100—1986《糕点、饼干、面包卫生标准》

QB/T 1253—1991《饼干通用技术条件》

如果生产企业执行企业标准，此标准必须是经过备案，卫生指标必须符合 GB 7100—1986《糕点、饼干、面包卫生标准》，否则不予通过。

具备出厂检验能力的企业，还应具备出厂检验项目的检验标准：

GB/T 4789.24—1994《食品卫生微生物学检验　糖果、糕点、果脯检验》

GB/T 5009.3—1985《食品中水分的测定方法》

QB/T 1254—1992《饼干试验方法》

审查组通过查看、查阅标准，查看证明判定企业是否符合要求。

4.4.3　采购质量控制

企业生产饼干的原辅料必须符合国家标准和有关规定。

按照 QB/T 1253—1991《饼干通用技术条件》的要求，饼干生产使用的原料必须符合下列标准要求：

GB 317—1998《白砂糖》

GB 1355—1986《小麦粉》

GB 1445—2000《绵白糖》

GB 2716—1988《食用植物油卫生标准》

GB 2720—1996《味精卫生标准》

GB 2721—1996《食盐卫生标准》

GB 2748—1996《鲜鸡蛋卫生标准》

GB 2749—1996《鸡制品卫生标准》

GB 5410—1999《全脂乳粉、脱脂乳粉、全脂加糖乳粉和调味乳粉》

GB 5415—1999《奶油》

GB/T 8883—1988《食用小麦淀粉》

GB/T 8885—1988《食用玉米淀粉》

GB 10146—1988《猪油卫生标准》

QB/T 1501—1992《面包酵母》

采购小麦粉、白砂糖、食用油等纳入食品生产许可证管理的原料时，应当选择获得生产许可证企业生产的产品。

对夹心类产品的心料等如有外购情况的，应进行进货验证，方式可以是检验，也可以是向供货方索要检验报告或产品检验合格证。

采购的原料是否符合要求，可以通过现场查看企业采购记录或查看原辅料库中原料包装上标注的标准。对于外购的夹心类产品的心料要查看企业的记录。

审查组在查看原辅料库时，要特别注意企业是否使用非食用性原料。

4.4.4　产品质量检验

生产饼干的企业应具备下列所有出厂检验设备：分析天平、干燥箱、灭菌锅、无菌室（或超净工作台）、微生物培养箱、显微镜。

其中，水分检验用检验设备为：分析天平和干燥箱。细菌总数、大肠菌群、霉菌计数用检验设备为：灭菌锅、无菌室（或超净工作台）、微生物培养箱和显微镜。

审查组在审查企业是否具备自检能力时，不能只查看设备台账，重点是现场查看企业具有的检验设备是否能满足检验的要求。除上述的检验设备，企业是否具备开展检验的消耗材料，如相应的化学试剂、玻璃器皿等，检验人员数量与检验的工作量是否适合等；同时可以采取现场提问检验人员一些关于产品检验的基础知识，考察企业检验人员是否具备产品检验的能力，如所检验项目的检验方法及标准、检验用仪器设备的操作规程等。审查组只有综合考察，才能判定出企业是否具备自检能力。

4.5 乳制品生产企业必备条件审查方法及要求

实施食品生产许可证管理的乳制品包括巴氏杀菌乳、灭菌乳、酸牛乳、乳粉、炼乳、奶油、干酪。乳制品的申证单元为 3 个：液体乳（包括巴氏杀菌乳、灭菌乳、酸牛乳）、乳粉（包括全脂乳粉、脱脂乳粉、全脂加糖乳粉、调味乳粉）和其他乳制品（包括炼乳、奶油、硬质干酪）。

在生产许可证上应当注明获证产品名称即乳制品及申证单元名称和产品品种。乳制品生产许可证有效期为 3 年，其产品类别编号为 0501。

4.5.1 必备设备

4.5.1.1 必备生产设备

从液体乳产品及乳粉产品的生产工序来看，其所用设备前处理阶段有很多工艺步骤比较接近，如配料、杀菌、均质等。但也有少数工序所用设备不同，如包装设备、喷雾干燥设备、超高温灭菌设备等，下面对必备的主要生产设备作一简单介绍。

（1）配料设备　乳制品的配料和混合设备一般采用带机械搅拌器的单层立式不锈钢桶，俗称配料缸。配料缸主要由桶身、搅拌装置、加热装置及排料旋塞等组成。桶体由 2～3mm 不锈钢板卷焊制成，内、外表面抛光，桶底与水平成倾斜角度，便于洗涤和排放物料。加热蒸汽经过滤器直接加入物料内，为便于操作，桶口高度一般离地面不超过 1.2m。

（2）净乳设备　一般的净乳设备大多采用离心式净乳机。在离心净乳机中，牛乳在碟片组的外侧边缘进入分离通道并快速流过通向转轴的通道，从上部出口排出，流经碟片组的途中固体杂质被分离出来并沿着碟片的下侧被甩回到净化钵的周围，从而将非常小的颗粒分离。

（3）均质设备　均质设备使混合料液在高压作用下，通过非常狭窄的间隙，液流受到缝隙的强大剪切作用；液流中的脂肪球或其他大粒子与机体发生高速撞击，受到巨大的撞击作用；高速液流在通过缝隙时产生空穴作用。在以上三者的共同作用下，大粒子迅速破碎裂成微粒，使料液均质化。均质给牛乳的物理性质带来很多的优点：如脂肪球变小不会导致形成奶油层；颜色更白，更易引起食欲；降低了脂肪氧化的敏感性；更强的整体风味，更好的口感；发酵乳制品具更好的稳定性。

（4）杀菌设备　杀菌设备有各种不同的形式和结构，当今广泛应用的有板式热交换器和管式热交换器。

① 板式热交换器　乳制品的热处理大多在板式热交换器中进行。板式热交换器常常缩写成 PHE，由夹在框架中的一组不锈钢板组成。该框架可以包括几个独立的板组而建立不同的处理阶段，如预热、杀菌、冷却等均可在此进行。根据产品要求的出口温度，热介质是热水，冷介质可以是冷水、冰水。

② 管式热交换器　管式热交换器（缩写成 THE）多用于乳制品的巴氏杀菌或超高温处

理。管式热交换器不同于板式热交换器，它在产品通道上没有接触点，这样它就可以处理含有一定颗粒的产品。颗粒的最大直径取决于管子的直径，在 UHT 处理中，管式热交换器比板式热交换器运行的时间要长。

（5）浓缩设备 浓缩设备是生产乳粉的必备设备，种类较多。降膜蒸发器是乳品工业最常用的一种类型。在降膜蒸发器中，牛乳从顶部进入，沿加热表面垂直向下流，形成薄膜，加热面由不锈钢管或不锈钢板片组成，这些板片叠加在一起形成一个组件，板的一侧是产品，另一侧是蒸汽，从而将水分蒸发。在乳品工业中，蒸发是将溶液中的水汽化。为了达到这一目的，热能是必不可少的。被蒸发的产品，通常具有热敏性，容易通过加热被破坏。为了减少热的影响，通常蒸发是在真空条件下进行的，有时温度甚至低于 40℃，同时，设计蒸发工艺时应考虑让其在尽量短的时间内完成。

乳粉生产中杀菌与浓缩可同时在降膜蒸发器中完成。

（6）喷雾干燥设备 最简单的生产奶粉的设备是一个具风力传送系统的喷雾干燥器。这一系统建立在一级干燥原理上，即从将浓缩液中的水分脱除至要求的最终湿度的过程全部在喷雾干燥塔室内完成。相应风力传送系统收集奶粉和奶粉末，一起离开喷雾塔室进入到主旋风分离器与废空气分离，通过最后一个分离器冷却奶粉，并送入袋装漏斗。

（7）灌装和包装设备 液体乳制品的灌装、包装设备多为一体的能够连续生产的设备。包装设备因包装材料的不同而有差别，现在多为复合塑料膜包装设备及纸质包装设备。乳粉类产品的包装设备与液体乳制品灌装、包装设备相比，可以通过人工灌装、热封口包装设备完成，也可通过自动包装机完成。

（8）干法生产混合设备 干法生产的混合设备要求设备混合到一定的均匀度。设备制造材料应为不锈钢，内外表面抛光处理，没有可残留物料的死角。混合机内部螺旋系统设计合理，焊接处光滑。

对于必备的生产设备这部分的审查可采取现场查看，查阅设备台账、保养维修记录等方式进行，检查生产企业是否配备了必需的生产设备，以满足生产的需要。一般来说，乳制品加工企业一条生产线能加工多种产品，生产线中的生产设备较多。对于不同的产品而言，由于前处理部分生产设备基本相同，只是个别关键设备不同，所以，审查时，企业如果申请某类乳制品取证，工厂生产线中有审查细则所列必备设备，应视为符合必备的生产设备要求，没必要要求再有一条专门的生产线。

4.5.1.2　必备的检验设备

乳制品营养丰富，成分较多，所以检验项目较多。菌落总数、大肠菌群是衡量食品受污染程度的指标，也是涉及人体健康的重要指标之一。消费者食用微生物超标严重的产品后，很容易患痢疾等肠道疾病，出现腹泻、呕吐等，严重的可能造成中毒性细菌感染。

在乳制品强制性卫生标准中微生物指标较多，如菌落总数、大肠菌群、致病菌、硝酸盐、亚硝酸盐等。从各级政府历年对乳制品的抽查来看，菌落总数、大肠菌群超标的现象极为普遍，究其原因还是这些厂家的质量管理不完善。具体表现在生产管理松懈，消毒不严或不彻底，生产设备落后，设备不干净或存在死角，包装不严密，手工操作较多而导致污染。生产乳制品的原料很多，工艺较为复杂，感染上细菌的机会也很多，因此，在产品出厂前严格控制微生物指标就显得尤其重要。乳制品出厂检验所需要的主要设备见表 4.2。

对于必备的出厂检验设备的审查，可通过现场查看、查阅台账等方式进行。若企业无出厂检验能力，可委托有法定资格的检验机构进行出厂检验，但必须签有正式的委托检验合同，审查中必须查看委托合同证明。

表 4.2　乳制品出厂检验所需要的主要设备

序　号	检　验　项　目	所　需　检　验　仪　器
1	蛋白质	天平、蛋白质测定装置
2	脂肪	天平、专用离心机
3	蔗糖	天平
4	复原乳酸度	天平
5	水分	天平、干燥箱
6	不溶度指数	天平、不溶度指数搅拌器、离心机
7	杂质度	天平、杂质度过滤机
8	硝酸盐	天平、分光光度计
9	亚硝酸盐	天平、分光光度计
10	霉菌和酵母	天平、微生物培养箱、显微镜、无菌操作室(或超净工作台)
11	菌落总数	天平、微生物培养箱、无菌操作室(或超净工作台)
12	大肠菌群	天平、微生物培养箱、显微镜、无菌操作室(或超净工作台)

4.5.2　审核要点

4.5.2.1　生产工艺过程中关键工序的审核

（1）审核生产工艺中是否明确关键工序，关键工序是否有相应的工艺规程或操作指导书。

（2）查验关键生产监控情况中操作指导书的工艺参数是否与实际生产中的控制参数一致。

以下为乳制品行业生产过程中常见的几种工艺过程及主要的审查内容。

① 预处理　主要查原料乳的净化和标准化是否符合工艺要求。

② 预热杀菌　主要查使用何种预热方式、杀菌方法，温度和保持时间是否满足工艺要求。

③ 浓缩　浓缩设备操作是否执行开车前的准备、正常运转、停车、清洗等工艺规程，尤其要注意设备的清洗是否符合工艺卫生要求。

④ 喷雾干燥　主要查喷雾干燥是否明确工艺流程，并严格按工艺规程进行操作，查其工艺参数是否符合要求。

⑤ 干混合操作　主要查使用干混合设备的方法，称量、倒粉等每个步骤是否符合操作的工艺规程。干混合设备运转前的准备、运转、停止运行、清洗的工艺规程，应注意设备的消毒方法是否符合工艺卫生要求。

⑥ 包装工序　主要查包装设备、运输管道的密闭性，包装设备等能否符合工艺的要求。

4.5.2.2　生产环境卫生审核

按 GB 12693—1990《乳品厂卫生规范》规定对生产环境进行检查，是否将 GB 12693 标准的要求纳入过程控制程序文件，并规定了实施方法。应对以下环境条件进行重点审核。

（1）工厂所在地的周边卫生环境是否符合 GB 12693《乳品厂卫生规范》的要求。

（2）建筑物的设计与构造是否符合卫生要求。

（3）设备的构造和性能是否易于清洗和达到无死角要求的效果。

（4）建筑物、设备的管理是否达到卫生标准要求。

（5）工厂排水、粪便及垃圾的处理是否畅通和无污染。

（6）对原辅材料和产品的管理是否严格。

（7）工人的健康卫生状况是否适合乳粉的生产要求。

（8）工厂是否制定卫生制度和卫生标准。

（9）生产车间环境检查。车间的天花板应为光滑、浅色、不吸水、无毒的建筑材料，墙壁为瓷砖。地面、墙壁材料合理，平坦不滑、无裂缝，易于清洗消毒。车间应有充足的自然照明或人工照明，室内应有通风装置。

（10）关键卫生区的审核。主要查在卫生区内员工的服装、个人卫生、温湿度、气压的要求，空气的质量要求及定期对空间的消毒记录。是否对关键工序操作人员进行了卫生知识培训，审查培训记录。

4.5.2.3　配套系统的审核

（1）供水系统　生产用水应符合 GB 5749《生活饮用水卫生标准》的规定。厂内储水有防污染措施。非生产（饮用）水及用于制冷、消防等非饮用水，必须用单独管道输送，不能与生产（饮用）水交叉连接，管道应有明显的颜色区别。

（2）环保设施　废水、废气处理系统应畅通，确保良好的生产环境，废水排放应符合 GB 8978《污水综合排放标准》。

4.5.2.4　检验和试验

乳制品生产检验流程见图 4.1。

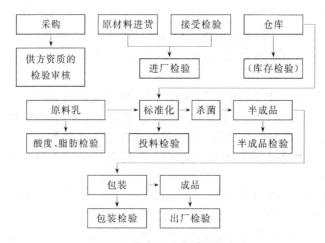

图 4.1　乳制品生产检验流程

（1）依检验流程查各检验点检验记录或验证记录。

（2）牛乳的进厂化验单。

（3）查每批产品检验记录。

（4）查每批乳粉是否存留有供保质期检验用样品。

（5）产品应符合国家全脂乳粉、脱脂乳粉、调味乳粉标准或已经备案的企业标准的要求。

4.5.2.5　包装、搬运、储存和防护

应将 GB 12693《乳品厂卫生规范》标准中对原材料、成品的搬运、储存、包装、防护要求纳入程序文件中，并重点审核以下内容。

（1）包装、搬运

① 用于包装原辅料的材料必须清洁、无毒。

② 包装标志要满足 GB 7718—1994《食品标签通用标准》的要求。

③ 运输工具必须清洁、干燥，原辅料、成品不得与有毒、有害、有异味的物品混装、混运。

④ 特别要注意查原料乳的输送用奶桶、槽车，是否有足够的刚性，内壁是否光滑，所用材料是否对牛乳有影响，桶盖与桶体是否严密配合，是否按工艺规定进行清洗。

（2）储存、防护

① 原辅料库地面、墙壁应采用水泥或其他不透水材料建造，库内必须通风良好，干燥、清洁，具有防蚊虫、防鼠、防热、防潮设施，原辅材料应按不同品种，离墙、离地分类堆放。

② 原料牛乳应储存在温度为 4～7℃、避光干净的奶罐中。查储奶罐的材质是否满足储存牛乳要求，是否有清洗设备。

③ 乳制品成品包装后，应放在专用库房中保藏，查库房条件是否符合标准规定要求，查堆放是否符合要求。

4.5.2.6 原辅材料的有关要求

生产乳制品所用的原料、辅料应符合相应的国家标准或行业标准的规定。牛乳应当符合 GB/T 6914 的规定。全脂乳粉、脱脂乳粉应当符合 GB 5410 的规定。食品添加剂和食品营养强化剂应当选用 GB 2760 和 GB 14880 中允许使用的品种，并应符合相应的国家标准或行业标准的规定。

4.6 冷冻饮品生产企业必备条件的审查方法及要求

实施食品生产许可证管理的冷冻饮品包括以饮用水、乳品、甜味料、果品、豆品、食用油脂等为主要原料，添加适量的香料、着色剂、稳定剂、乳化剂等，经配料、灭菌、凝冻、包装等工序制成的产品。冷冻饮品的申证单元为 1 个。

在生产许可证上应当注明获证产品名称即冷冻饮品，并注明生产的产品品种（冰淇淋、雪糕、雪泥、冰棍、食用冰、甜味冰）。冷冻饮品生产许可证有效期为 3 年，其产品类别编号为 1001。

4.6.1 生产场所

（1）冷冻饮品厂应建在无有害气体、烟尘、灰尘、粉尘、放射性物质及其他扩散性污染源的地区，厂区内不得尘土飞扬，不得有痰迹、烟蒂与纸屑。

（2）生产车间应根据工艺流程的要求安装生产设备，做到既能操作方便，又有利于设备的维修与清洗。车间内不得有苍蝇、蚊子与其他害虫，不得乱扔杂物。

（3）车间应有洗手池、更衣间、消毒池，并应定期更换消毒水。

（4）车间地面、墙面、地下明沟要经常打扫，用水冲洗干净，不得有杂物及油污。

（5）冷冻饮品厂必须有专用冷冻库，并定期清扫、定期消毒，保持干净。

对生产场所这部分的审查可通过现场观察，与企业员工交流的方式进行，审查生产企业的生产场所是否达到规定要求。

4.6.2 必备的生产设备

从冰淇淋、雪糕、冰棍的生产工序来看，其所用设备比较接近，如配料、杀菌、均质等。但也有少数工序所用设备不同，如冰淇淋、膨化雪糕需用凝冻设备，而棒冰需用冻结设备，下面将对必备的主要生产设备作一介绍。

4.6.2.1 配料设备

冷冻饮品的配料和混合设备一般采用带机械搅拌器的单层立式不锈钢桶，俗称配料缸。

配料缸主要由桶身、搅拌装置、加热装置及排料旋塞等组成。桶体由 2～3mm 不锈钢板卷焊制成，内、外表面抛光，桶底与水平成倾斜角度，便于洗涤和排放物料。加热蒸汽经过滤器直接加入物料内，为便于操作，桶口高度一般离地面不超过 1.2m。

近年来，从国外引进了一种较先进的型号为 TPM 的混合设备，它适用于液体料与干料、液体料与糊状料及液体料内加入固体等的混合，能处理不同的产品成分和含量，最高的固体含量能达80%。

4.6.2.2 杀菌设备

杀菌设备有各种不同的形式和结构，一般分为间歇式和连续式两大类。

（1）间歇式杀菌器 该设备为三层圆筒形相叠的开启式容器，内层用不锈钢卷焊成型，表面抛光。内层与中层组成的夹套内为加热蒸汽、热水或冷却水通道，使物料加热、保温或冷却。中间层圆筒也采用不锈钢卷焊而成，夹套内有螺旋导流装置以提高传热效果。冷热介质都从设备下进上出。内筒底与水平面呈 4°倾斜，便于排尽物料。外层圆筒亦为不锈钢卷焊，并抛光成鱼鳞纹状。中层与外层间构成保温层，充填硅酸铝保温棉或聚氨酯泡沫塑料。

（2）连续式杀菌器 目前用得较普遍的连续式杀菌器是由若干片板式换热片叠合而成的板式换热器。它是一种新型、高效、节能的热交换器。它的主体部分是由许多具有花纹的热交换片依次重叠在框架上压紧而成。主要工作部件有板式换热器、温度调节系统、温度保持器、自动记录仪、离心泵、热水泵等。

4.6.2.3 均质设备

均质机是一种特殊的高压泵，它使混合料液在高压作用下通过非常狭窄的间隙（一般不超过 0.1mm），料液在间隙中的流速高达 $150 \sim 200 \text{m/s}$，液流受到缝隙的强大剪切作用；液流中的脂肪球或其他大粒子与机体发生高速撞击，受到巨大的撞击作用；高速液流在通过缝隙时产生空穴作用。在以上三者的共同作用下，大粒子迅速破碎裂为 $2 \mu \text{m}$ 左右的微粒，使料液均质化。

均质机按构造分类有高压均质机、离心均质机、超声波均质机及高剪切均质机数种。在冰淇淋制造过程中常用高压柱塞式均质机。

4.6.2.4 冷却老化设备

经过杀菌、均质的混合料，必须迅速冷却到老化温度（$2 \sim 4 \text{℃}$），并储存一段时间，以便脂肪凝结物、蛋白质和稳定剂发生水合作用，提高混合料的黏度和凝冻时的膨胀率。这个过程俗称成熟或老化，亦即物理上的成熟阶段。

老化设备目前都采用有载冷剂冷却、带搅拌器的间歇式老化缸，以适应冷饮生产物料数量大、老化时间长的特点。

4.6.2.5 凝冻设备

在冰淇淋生产中，凝冻是很重要的工序之一，它是将经配料、杀菌、均质、老化后的混合料在冷冻的同时，均匀地混入空气，使物料体积逐渐膨胀，逐步凝冻成半固体状。

凝冻机是冰淇淋整个工艺装备中最复杂，也是最关键的设备，按结构形式不同可分为间歇式凝冻机与连续式凝冻机，按冷却介质不同可分为盐水凝冻机、氨液凝冻机及氟里昂凝冻机，按凝冻筒的安装形式不同又可分为立式凝冻机与卧式凝冻机。

4.6.2.6 成型、灌装、包装设备

（1）冰砖灌装机 一般大、中冰砖是采用定量灌装机将冰淇淋装入包装纸盒内的。

（2）冰淇淋自动切块机 随着冷饮工业的发展，冰淇淋无论是从成分还是形状上来说，都越来越趋向于多品种、多规格。由两台连续式冰淇淋凝冻机生产出来的两种不同色泽或风味的冰淇淋，经压制模具切割成一定厚度，经自动插棒后置于托盘上，再经速冻库速冻，经包装后即成成品送入冷藏库保存。

（3）纸杯灌装机 纸杯或塑料杯冰淇淋是采用纸杯灌装机进行分装的。纸杯灌装机由料斗、定量筒、传送链带、机座以及传动变速装置等组成。

（4）枕式自动包装机 包装机与被包件相接触的表面及机器的所有外表面均是使用铝

合金或不锈钢材料制成的，以保证产品符合卫生标准。

对于必备的生产设备这部分的审查可采取现场查看，查阅设备台账、保养维修记录等方式进行，检查生产企业是否配备了必需的生产设备，以满足生产的需要。

4.6.3 产品相关标准

与冷冻饮品生产相关的标准包括：产品标准、原辅材料标准、检验方法标准，在冷冻饮品生产许可证审查细则中规定企业必须持有国家强制性标准 GB 2759.1—1996《冷冻饮品卫生标准》，同时，还应根据生产的产品品种，具备相应的产品标准。

此部分的审查是查阅企业是否有相关的文件、标准资料。

4.6.4 原辅材料的有关要求

用于冷冻饮品生产的原料品种很多，除了饮用水、乳与乳制品、蛋与蛋制品、甜味料、食用油脂外，还有香料、着色剂、增稠剂、乳化剂等食品添加剂。另外，有的冷冻饮品中还加入鲜果、干果、豆类等辅助材料。原料品质的优劣直接影响到产品质量，因此，选用优质的原料非常重要。

在冷冻饮品生产许可证审查细则中规定，企业生产冷冻饮品所用的原辅材料必须符合相关的国家标准或行业标准的规定，如饮用水必须符合 GB 5749—1985《生活饮用水卫生标准》的规定，乳及乳制品必须符合强制性国家标准 GB 5408.1—1999《巴氏杀菌乳》，GB 5410—1999《全脂乳粉、脱脂乳粉、全脂加糖乳粉和调味乳粉》的规定，甜味剂、着色剂、增稠剂、乳化剂等食品添加剂必须符合强制性国家标准 GB 2760—1996《食品添加剂使用卫生标准》的规定。

冷冻饮品厂采购原料是根据冷冻饮品的生产产量、品种、质量要求以及开发新品种的需要，原料验收是生产的第一道关，如果没有好的原料，就不能生产出好的产品。同时，在冷冻饮品生产许可证审查细则中也规定，如使用的原辅料为实施生产许可证管理的产品，必须选用获得生产许可证企业生产的产品。

在原辅材料的审查中，应注意生产企业对采购的原辅材料是否进行质量检验，或按采购文件和进货验收规定进行质量验证，应查阅生产企业的采购记录以及原辅材料的有关检验报告。

4.6.5 必备的出厂检验设备

菌落总数、大肠菌群是衡量食品受污染程度的指标，也是涉及人体健康的重要指标之一，体现着生产企业管理水平的高低。消费者食用这类微生物超标严重的产品后，很容易患痢疾等肠道疾病，出现腹泻、呕吐等，严重的可能造成中毒性细菌感染。

在冷冻饮品强制性卫生标准中微生物指标有菌落总数、大肠菌群和致病菌3项，从各级政府历年对冷冻饮品的抽查来看，菌落总数、大肠菌群超标的现象极为普遍，究其原因还是这些厂家的质量管理工作不善、卫生状况差。具体表现在生产管理松懈，消毒不严或不彻底，生产设备落后，设备清洗不干净或存在卫生死角，包装不严密，手工操作较多而导致污染。生产冷冻饮品的原料很多，感染上细菌的机会也很多，因此，在产品出厂前严格控制微生物指标就显得尤其重要。

冰淇淋、雪泥、雪糕、冰棍、食用冰、甜味冰六大类冷冻饮品，其相对应的六个推荐性行业标准中均规定产品出厂检验项目为感官、净含量、菌落总数、大肠菌群。要完成出厂检验项目的检测，必备的出厂检验设备应有天平、电热压力蒸汽消毒器、微生物培养箱、显微镜和无菌室（或超净工作台）。

对于必备的出厂检验设备的审查，可通过现场查看、查阅台账等方式进行，若企业无出厂检验能力，可委托有法定资格的检验机构进行出厂检验，但必须签有正式的委托检验合同，审查中必须查看委托合同证明。

4.7 饮料生产企业必备条件的审查方法及要求

实施食品生产许可证管理的饮料产品是指不含酒精的各种软饮料产品。根据软饮料的分类标准 GB 10789—1996，软饮料包括碳酸饮料、瓶装饮用水、茶饮料、果汁及果汁饮料、蔬菜汁及蔬菜汁饮料、含乳饮料、植物蛋白饮料、特殊用途饮料、固体饮料及其他饮料等 10 大类。

实施食品生产许可证管理的饮料产品共分为 6 个申证单元，即瓶装饮用水、碳酸饮料、茶饮料、果（蔬）汁及其饮料、含乳饮料和植物蛋白饮料、固体饮料。

在生产许可证上应当注明产品名称即饮料及申证单元〔瓶装饮用水类产品、碳酸饮料类产品、茶饮料类产品、果（蔬）汁及其饮料类产品、含乳饮料和植物蛋白饮料类产品、固体饮料类产品〕。饮料产品生产许可证有效期为 3 年，其产品类别编号为 0601。

4.7.1 瓶装饮用水

根据软饮料的分类标准 GB 10789—1996，瓶装饮用水包括饮用天然矿泉水、饮用纯净水以及其他饮用水。饮用天然矿泉水指从地下深处自然涌出的或经人工开采的、未经污染的地下水，含有一定量的矿物盐、微量元素或二氧化碳气体，在通常情况下，其化学成分、流量、水温等动态在天然波动范围内相对稳定。天然饮用矿泉水的加工过程中允许添加二氧化碳气，除此以外不允许向水中添加任何其他物质。饮用纯净水指以符合生活饮用水卫生标准的水为水源，采用蒸馏法、电渗析法、离子交换法、反渗透法及其他适当的加工方法，除去水中的矿物质、有机成分、有害物质及微生物等加工制成的水。其他饮用水指以符合生活饮用水卫生标准的采自地下形成流至地表的泉水或高于自然水位的天然蓄水层喷出的泉水或深井水等为水源加工制得的水。

实施食品生产许可证管理的瓶装饮用水是指密封于塑料瓶（桶）、玻璃瓶或其他容器中不含任何添加剂可直接饮用的水，包括饮用天然矿泉水、饮用纯净水以及饮用天然（泉）水产品，其申证单元为一个，即瓶装饮用水。在食品生产许可证上应当注明获证产品的名称，即饮用天然矿泉水、饮用纯净水以及饮用天然（泉）水。

该申证单元中不包括软饮料分类标准 GB 10789—1996 所指的其他饮料类中的其他水饮料，即通常所称的矿化水等产品。之所以如此确定和划分发证瓶装饮用水产品的范围和申证单元，主要考虑的是其产量和市场占有率情况、是否有所依据的国家标准或行业标准。根据目前的市场状况，瓶装饮用水的主流产品主要是饮用天然矿泉水、饮用纯净水以及饮用天然（泉）水产品，矿化水仅是一小部分，且矿化水也没有可以依据的国家标准或行业标准，因此未将其纳入发证瓶装饮用水产品范围。另外由于纳入发证瓶装饮用水产品范围的饮用天然矿泉水、饮用纯净水以及饮用天然（泉）水产品的生产工艺及设备等均相似，因此将其归为一个申证单元。

4.7.1.1 瓶装饮用水的生产加工工艺及容易出现的质量安全问题

（1）饮用天然矿泉水及饮用天然（泉）水的生产工艺　饮用天然矿泉水及饮用天然（泉）水的生产工艺如图 4.2 所示。

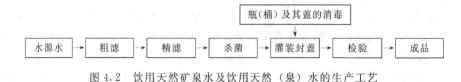

图 4.2　饮用天然矿泉水及饮用天然（泉）水的生产工艺

（2）饮用纯净水的生产工艺　饮用纯净水的生产工艺如图 4.3 所示。

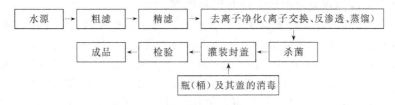

图 4.3　饮用纯净水的生产工艺

在软饮料的分类标准 GB 10789—1996 中可见，关于饮用纯净水的定义中提到了电渗析法去离子净化工艺，在这里我们未将其写入，主要是从节约水资源的角度考虑，提高水的利用率，目前大部分企业已不使用该技术。在有些地方如北京等甚至限制了该技术的使用，各地应根据当地的规定和要求进行审查。

（3）瓶装饮用水生产加工过程中容易出现的质量安全问题

① 水源、管道及设备等的污染造成卫生指标等不合格。

② 瓶（桶）及其盖的清洗消毒不到位造成微生物指标不合格。

③ 杀菌设施失控造成微生物指标不合格。

④ 瓶（桶）及其盖清洗消毒车间、灌装车间环境卫生不符合要求造成微生物指标不合格。

⑤ 封盖不严造成微生物指标不合格。

⑥ 不符合食品卫生要求的包装瓶（桶）及盖造成污染。

⑦ 消毒剂选择、使用不当造成微生物不合格或化学污染等。

4.7.1.2　瓶装饮用水生产企业必备条件和审查方法

（1）生产瓶装饮用水的企业应具备原辅材料及包装材料仓库、成品仓库、水处理车间、瓶（桶）及盖清洗消毒车间、灌装封盖车间、包装车间等生产场所。

（2）各生产场所的卫生环境应采取控制措施，并能保证其在连续受控状态。尤其是灌装封盖车间内的空气应采用各种消毒设施以保持其洁净度符合要求。现场进行检查核实是否有紫外灯、空气过滤装置，或是否采取消毒剂喷洒熏蒸消毒措施，抽查企业有关车间环境卫生管理制度的文件和日常操作检查记录。

（3）桶装水生产企业，其回收桶不得露天存放，以免受到污染。

（4）生产瓶装饮用水的企业应具备粗滤设备、精滤设备、杀菌设备、瓶（桶）及其盖的清洗消毒设施、管道设备清洗消毒设施、车间空气净化设施、自动灌装封盖设备、灯检设施、生产日期和批号标注设施、去离子净化设备（适用于瓶装饮用纯净水，如离子交换、反渗透或蒸馏装置等）等必备的生产设备。

（5）生产瓶装饮用水的企业应具备下列相应标准：GB 8537—1995《饮用天然矿泉水》、GB 17323—1998《瓶装饮用纯净水》、GB 17324—1998《瓶装饮用纯净水卫生标准》、现行有效的天然（泉）水地方标准、经备案的现行有效的企业标准。检查核实存档的文件及有关标准。

（6）不得使用以回收废旧塑料为原料制成的瓶、桶和盖；所用的消毒剂应是食品级，符合国家相应标准的规定，并有监管部门的批准文号；所用其他原辅材料和包装材料应分别符合 GB/T 10791—1989《软饮料原辅材料的要求》和 GB/T 10790—1989《软饮料的检验规则、标志、包装、运输、贮存》的规定。

（7）水源水应进行定期水质检验监控。对于饮用天然矿泉水，其水源应有相关管理部门的鉴定和批准开采的文件。

（8）水源应按标准的要求进行防护，管道、设备应进行清洗消毒和定期维护。

（9）应建立人员健康卫生控制管理制度和档案。

（10）出厂产品进行自检的瓶装饮用水企业应具备下列检验设备：无菌室或超净工作台、杀菌锅、培养箱、干燥箱、显微镜、分析天平、计量容器、pH 计、浊度仪、电导仪（适用于瓶装饮用纯净水）。其中无菌室或超净工作台、杀菌锅、培养箱、干燥箱、显微镜用于菌落总数、大肠菌群等微生物项目的检验；计量容器、pH 计、浊度仪、电导仪分别用于净含量、pH 值、浊度和电导率的测定；分析天平作为辅助分析测定设备。

4.7.2　碳酸饮料

根据软饮料的分类标准 GB 10789—1996，碳酸饮料是指在一定条件下充二氧化碳气的制品，不包括由发酵法自身产生的二氧化碳气的饮料。其成品中二氧化碳气的含量（20℃时体积倍数）不低于 2.0 倍。实施食品生产许可证管理的碳酸饮料产品包括碳酸饮料、充气运动饮料产品。其申证单元为一个，即碳酸饮料。在食品生产许可证上应当注明获证产品的名称，即碳酸饮料、充气运动饮料。

该申证单元中的充气运动饮料属于软饮料的分类标准 GB 10789—1996 中特殊用途饮料类中运动饮料的一类。之所以如此确定和划分发证碳酸饮料产品的范围和申证单元，主要考虑的是充气运动饮料与碳酸饮料产品的生产工艺及设备相似，充气运动饮料生产厂家较少，并有国家标准，因此将其归为一个申证单元。

4.7.2.1　碳酸饮料的生产加工工艺及容易出现的质量安全问题

（1）碳酸饮料的生产加工工艺　碳酸饮料的生产加工工艺如图 4.4 所示。

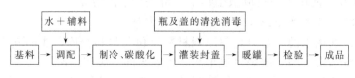

图 4.4　碳酸饮料的生产加工工艺

（2）碳酸饮料生产加工过程中容易出现的质量安全问题

① 制冷充气工序及包装材料密封性等问题造成二氧化碳气容量不达标，失去抑菌作用。

② 不了解标准、配方设计和配料计量等问题造成食品添加剂超范围和超量使用。

③ 瓶及盖的清洗消毒、管道设备的清洗消毒、水处理工序的控制等问题造成微生物指标不合格。

4.7.2.2　碳酸饮料生产企业必备条件和审查方法

（1）生产碳酸饮料的企业应具备原辅材料及包装材料仓库、成品仓库、水处理车间、配料车间、包装瓶（罐）及盖清洗消毒车间、冷却充气车间、自动灌装封盖车间、包装车间等生产场所。

（2）各生产场所的卫生环境应采取控制措施，并能保证其在连续受控状态。尤其是配料车间、灌装封盖车间内的空气应采用各种消毒设施以保持其洁净度符合要求。

（3）生产碳酸饮料的企业应具备水处理设备、配料罐、过滤器、混合机、瓶及盖的清洗消毒设施、自动灌装封盖设备、生产日期和批号标注设施、管道设备清洗消毒设施等。

（4）生产碳酸饮料的企业应具备下列相应的标准：GB/T 10792—1995《碳酸饮料（汽水）》、GB 2759.2—1996《碳酸饮料卫生标准》、GB 15266—2000《运动饮料》、经备案现行有效的企业明示标准。

（5）所用其他原辅材料和包装材料应分别符合 GB/T 10791—1989《软饮料原辅材料的

要求》和 GB/T 10790—1989《软饮料的检验规则、标志、包装、运输、贮存》的规定。

（6）管道、设备应进行清洗消毒和定期维护。

（7）应建立人员健康卫生控制管理制度和档案。

（8）出厂产品进行自检的碳酸饮料企业应具备下列检验设备：无菌室或超净工作台、杀菌锅、培养箱、干燥箱、显微镜、二氧化碳测定装置、分析天平、计量容器、折光仪。其中无菌室或超净工作台、杀菌锅、培养箱、干燥箱、显微镜用于菌落总数、大肠菌群等微生物项目的检验；二氧化碳测定装置、计量容器、折光仪分别用于二氧化碳气容量、净含量、可溶性固形物的测定；分析天平作为辅助分析测定设备。

复习思考题

1. 什么是市场准入制度，它包括哪些方面的内容？

2. 市场准入制度对肉、粮油、饮料等制品的要求是怎样的？

3. 简述食品质量安全准入和工厂设计的关系。

第5章 辅助部门

教学目标

(1) 掌握各种原料接受站的特点；

(2) 重点掌握研发中心与品控中心的任务；

(3) 熟悉仓库对土建的要求；

(4) 了解工厂运输和机修车间的内容。

工厂设计时，除生产车间（物料加工所在的场所）以外的其他部门或设施，都可称之为辅助部门，就其所占的空间大小来说，它们往往占整个工厂的大部分。食品工厂只有生产车间无法进行生产，还必须有足够的辅助设施。这些辅助设施可分为生产性辅助设施、动力性辅助设施和生活性辅助设施三大类。

(1) 生产性辅助设施主要包括原材料的接收和暂存，原料、半成品和成品的检验，产品、工艺条件的研究和新产品的试制，机械设备和电气仪器的维修，车间内外和厂内外的运输，原辅材料及包装材料的储存，成品的包装和储存等（一般食品成品包装应列入生产车间范围，但罐头成品因目前还需要进行长达 5d、7d 的保温以后才能包装，大大拉长了生产周期，故习惯上把保温包装工序列于生产车间范围之外。不过按今后的技术发展趋势来看，保温将取消，那时则应把罐头成品的包装列入生产车间的范围）。

(2) 动力性辅助设施主要包括给水排水，锅炉房或供热站，供电和仪表自控，采暖、空调及通风，制冷站，废水处理站等。

(3) 生活性辅助设施主要包括办公楼，食堂，更衣室，厕所，浴室，医务室，托儿所（哺乳室），绿化园地和职工活动室及单身宿舍等。

以上三大部分属于工厂设计中需要考虑的基本内容。此外，尚有职工家属宿舍、子弟学校、技校、职工医院等，一般作为社会文化福利设施，可不在食品工厂设计这一范畴内，但亦可考虑在食品工厂设计中。以上三大类辅助部门的设计，由它们的工程性质和工作量大小来决定专业分工。通常第一类辅助设施主要由工艺设计人员考虑，第二类辅助设施则分别由相应的专业设计各自承担，第三类辅助设施主要由土建设计人员考虑。因此，本章作为工艺设计的继续，着重叙述生产性辅助设施。

5.1 原料接受站

原料接受站是食品工厂生产的第一个环节，这一环节的生产质量如何，将直接影响后面的生产工序。

大多数原料接受站设在厂内，也有的设在厂外，或者直接设在产地。不论厂内厂外，原料接受站都需要有一个适宜的卸货、验收、计量、及时处理、车辆回转和容器堆放的场地，并配备相应的计量装置（如地磅、电子秤）、容器和及时处理的配套设备（如制冷系统）。

5.1.1 罐藏原料的接受站

罐藏原料不同，对接受站的要求也不同。现举一些代表性的产品分述如下。

5.1.1.1 肉类原料接受站

食品加工生产使用的肉类原料，大多来源于屠宰厂经专门检验合格的原料，很少使用不正规屠宰的原料。因此，不论是冻肉或新鲜肉，来厂后经地磅计量校核，即可直接进库储藏。

5.1.1.2 水产原料接受站

水产品容易腐败，其新鲜度对加工品的质量影响很大。为了保证成品质量，水产品原料接受站应对原料及时采取冷却保鲜措施。水产品的冻结点一般在 $-2 \sim -0.6\,^\circ\!C$ 之间，新鲜鱼进厂后必须及时采取冷却保鲜措施将鱼体温度控制在冻结点以上，即 $0 \sim 5\,^\circ\!C$。常用的有加冰保鲜法，或散装，或箱装，其用冰量一般为鱼重的 $40\% \sim 80\%$，保鲜期 $3 \sim 7d$，冬天还可延长。此法的实施，一是要有非露天的场地，二是要配备碎冰设备。冷却海水保鲜法适用于肉质鲜嫩的鱼虾、蟹类的保鲜，其保鲜效果远比加冰保鲜法好。此法的实施需设置保鲜池和制冷机，使池内海水的温度保持在 $-1.5 \sim -1\,^\circ\!C$。保鲜池的大小按鱼水比例 7:3、容积系数 0.7 考虑。水产品的保鲜期较短，原料接受完毕以后，应尽快进行加工。

5.1.1.3 果蔬原料接受站

对新鲜度要求较高的浆果类水果，如杨梅、葡萄、草莓等，原料接受站应具备避免果实日晒雨淋、保鲜、进出货方便的条件。而且使原料尽可能减少停留时间，尽快进入下一道生产工序。

对一些进厂后不要求立即加工的水果（如苹果、柑橘、桃、梨、菠萝等），以及一些需要经过后熟，以改善质构和风味的水果（如洋梨），在原料接受站验收完毕后，经适当的挑选和分级，或进常温仓库暂时储存，或进冷风库作较长期储藏。

蔬菜原料因其品种、性状相差悬殊，进厂后，除需进行常规验收，计量以外，还应采取不同的措施。如蘑菇采后要求立即护色，接受站一般设于厂外，蘑菇的漂洗要设置足够数量的漂洗池。芦笋采收进厂后应一直保持其避光和湿润状态。如不能及时进车间加工，应将其迅速冷却至 $4 \sim 8\,^\circ\!C$，并保证从采收到冷却的时间不超过 4h，以此来考虑其原料接受站的地理位置。青豆（或刀豆）要求及时进入车间或冷风库，或在阴凉的常温库内薄层散堆，当天用完。番茄原料由于季节性强，到货集中，生产量大，需要有较大的堆放场地。若条件不许可，也可在厂区指定地点或路边设垛，上覆油布以防雨淋日晒。

5.1.2 乳制品原料接受站

乳品工厂的原料接受站（收奶站）一般设在奶源比较集中的地方，也可设在厂内。收奶站必须配备制冷和牛奶冷却设备，使原料冷却至 $5\,^\circ\!C$ 左右。奶源距离以 10km 以内为好，新收的原料乳应在 12h 内运送到厂，如果收奶站设在厂内，原料乳应迅速冷却，及时加工。收奶站以每日收两次奶，日收奶量 20t 以下为宜。

5.1.3 粮食原料接受站

对入仓粮食应按照各项标准严格检验。对不符合验收标准的，如水分含量大、杂质含量高等，要整理达标后再接受入仓。对发生过发热、霉变、发芽的粮食不能接受入仓或分开存放。

入仓粮食要按不同种类、不同水分、新陈、有虫无虫分开储存，有条件的应分等储存。

除此之外，对于种用粮食要单独储存。

5.2　研发中心

食品厂设置研发中心的目的，是为了常盛不衰地保持工厂生产的活力，从而获取较佳的经济效果。研发中心的功能相当于小型研究所，但它能更紧密结合本厂的生产实际，所起的作用更为明显。

5.2.1　研发中心的任务

5.2.1.1　供加工用的原料品种的研究

同一名称的果蔬原料，不一定所有品种都能加工罐头，如柑橘、桃子、番茄这些人们常见的果蔬。有的品种只宜鲜吃，不宜加工；有的虽可加工，但品质不佳；有的品种虽佳，但经种植多年后，品质退化，这都需要对原有品种进行定向改良或培育出新型品种。定向改良和培育新品种的工作，要与农业部门协作进行，厂方着重进行产品加工性状的研究，如成分的分析测定和加工试验等，目的在于鉴别改良后的效果，并指出改良的方向。

5.2.1.2　制订符合本厂实际的生产工艺

食品的生产过程是一个多工序组合的复杂过程。每一个工序又涉及若干工艺条件。为找到最适合于本厂实际的生产工艺，往往要进行反复的试验摸索。凡本厂未批量投产和制订定型工艺的产品，在投入车间生产之前，都需先经过小样试制，而不能完全照搬外厂的工艺直接投产。这是因为同一种原料，产地不同，它的性状和加工特性往往差异较大。再者，各厂的设备条件，工人的熟练程度、操作习惯等也不尽相同。就罐头而言，它的产品花色繁多，按部颁标准编号的就有六七百种之多。每个厂一年中生产的品种都是有限的，为了适应市场需求情况的变化和原料构成情况的变化，需不断更换产品品种。因此，对这些即将投产的品种，先通过小样试验，制订出一套符合本厂实际的工艺，是非常必要的。

5.2.1.3　开发新产品

近年来，新的食品门类不断涌现，如婴儿食品、老年食品、运动食品、疗效食品、保健食品等，这些新兴的食品门类，现在还不够充实，需要做大量艰苦的开发工作。

5.2.1.4　其他

研发中心的任务还包括原辅材料综合利用的研究，新型包装材料的试用研究，某些辅助材料的自制，"三废"治理工艺的研究等。此外，为了赶超国内、国际先进水平，研发中心还应发挥情报机构的作用，随时掌握国内外的技术发展动态，搜集整理先进的技术情报，并综合本厂实际加以推广应用。

5.2.2　研发中心的装备

研发中心一般由研究工作室、分析室、保温间、细菌检验室、样品间、资料室及中试车间等组成。罐头厂的研发中心在仪器方面，除配备一定数量的常用仪器外，最好能配备一套罐头中心温度测试仪和自动模拟杀菌装置。在设备方面，可配备一些小型设备，如小型夹层锅、手扳封罐机、小型压力杀菌锅以及电冰箱、真空泵、空压机等。动力装接容量大体为 D_g50 的水管、D_g40 的蒸汽管、20kW 左右的电源，并需事先留有若干电源插座。研发中心在厂区中的位置原则上应在生产区内，或单独、或毗邻生产车间，或合并在由楼房组成的群体建筑内均可。总之，要与生产联系密切，并使水、电和汽供应方便。

5.3 品控中心

人们习惯上称食品厂的检验部门为品控中心。它的职能是对产品和有关原材料进行卫生监督和质量检查，确保这些原材料和最终产品符合国家食品卫生法律、法规和有关部门颁发的质量标准或质量要求。

5.3.1 品控中心的任务

品控中心的任务可按检验对象和项目来划分。其检验对象一般有原料检验、半成品检验、成品检验、镀锡薄板及涂料的检验、其他包装材料检验、各种添加剂检验、水质检验及环境监测等。其检验项目一般有感官检验、理化检验及微生物检验等。

并不是每一种对象都做上述检验，检查项目根据需要而定。一般对成品的检查比较全面，是检查的重点。另外，有的检查项目很容易，几分钟就能得出结果，但有的却需要几小时、甚至几天才能得出结果。

如糖厂对奶糖（成品）的检验指标如下。

理化指标：还原糖、水分、脂肪、总糖（以蔗糖计）、糖蛋白、酸价、过氧化值、砷（As）、铅（Pb）、铜（Cu）。

卫生指标：每克中细菌总数、每百克中大肠菌群近似值、致病菌数。

又如乳品厂对原料乳的检验指标如下。

感官指标：色泽呈乳白色或稍带微黄色，具有新鲜牛乳固有香味，无其他异味，呈均匀的胶体状态，无沉淀、无凝块、无杂质和无异物等。

理化指标：每毫升原料乳中的细菌总数Ⅱ级生乳不应超过 100 万个，Ⅲ级生乳不应超过 200 万个，Ⅳ级生乳不应超过 400 万个。

5.3.2 品控中心的组成

品控中心的组成一般是按检验项目来划分的，它分为感官检验室（可兼作日常办公室）、物理检验室、化学检验室、空罐检验室、精密仪器室、细菌检验室（包括预备室，即消毒清洗间、无菌室、细菌培养室、镜检室等）及储藏室等。

5.3.3 品控中心的装备

品控中心配备的大型用具主要有双面化验台、单面化验台、药品橱、支承台、通风橱等（参阅表 5.1）。

表 5.1 所列仪器供选用时参考。此外，有条件的还可购置组织捣碎机、气相色谱仪、高效液相色谱仪、气相色谱-质谱联用仪、紫外-可见分光光度计、荧光分光光度计、洛氏硬度计、空调和紫外线灯等。

5.3.4 品控中心对建筑的要求

品控中心可为单体建筑，也可合并在技术管理部门。它的建筑要求是据所在食品厂的实际情况而提出的。

5.3.4.1 建筑位置

品控中心的位置最好选择在距离生产车间、锅炉房、交通要道稍远一些的地方，并应在车间的下风或楼房的高层。这是为了不受烟囱和来往车辆灰尘的干扰以及避免车辆、机器震动精密分析仪器。另外，品控中心里有时有有害气体排出，在下风向或高层楼位置，有害气

表 5.1　品控中心常用仪器与设备

名　称	型　号	主　要　规　格
普通天平	TG601	最大称量 1000g,感量 5mg
分析天平	TG602	最大称量 200g,感量 1mg
精密天平	TG328A	最大称量 200g,感量 0.1mg
微量天平	WT2A	最大称量 20g,感量 0.01mg
水分快速测定仪	SC69-02	最大称量 10g,感量 5mg
精密扭力天平	JN-A-500	最大称量 500g,感量 1mg
液体比重(相对密度)天平	P2-A-5	测定相对密度范围 0~2,误差±0.0005
电热鼓风干燥箱	101-1	工作室 350mm×450mm×450mm,温度:10~300℃
电热恒温干燥箱		工作室 350mm×450mm×450mm,温度:室温~300℃
电热真空干燥箱	DT-402	工作室 350mm×400mm,温度:室温＋10~200℃
超级恒温器	DL-501	温度范围低于 95℃
霉菌试验箱	MJ-50	温度 29℃±1℃,湿度 97％＋2％
离子交换软水器	PL-2	树脂容量 31kg,流量 1m³/h
去湿机	JHS-0.2	除水量 0.2kg/h
自动电位滴定计	ZD-1	测量范围 0~14pH,0~±1400mV
火焰光度计	630-C	钠 10ppm;钾 10ppm
晶体管光电比色计	JGB-1	有效光密度范围 0.1~0.7
携带式酸度计	PHS-301	测量范围 2~12pH
酸度计	HSD-2	测量范围 0~14pH
生物显微镜	L-3301	总放大 30~1500 倍
中量程真空计	ZL-3 型	交流便携式
箱式电炉	SRJX-4	功率 4kW,工作温度 950℃
高温管式电阻炉	SRJX-12	功率 3kW,工作温度 1200℃
马福炉	RJM-2.8-10A	功率 2.8kW,工作温度 1000℃
电冰箱	LD-30-120	温度-30~-10℃
电动搅拌器	立式	功率 25W,200~3200r/min
高压蒸汽消毒器		内径 φ600mm×900mm,自动压力控制 32℃
标准生物显微镜	2X	放大倍数 40~1500 倍
分光光度计		波长范围 420~700nm
光电比色计	581-G	滤光片 420nm,510nm,650nm
阿贝折射仪	37W	测量范围 ND:1.3~1.7
手持糖度计	TZ-62	测量范围 0~50％;50％~80％
旋光仪	WXG-4	旋光测量范围±180°
小型电动离心机	F-430	转速 2500~5000r/min
手持离心转速表	LZ-30	转速测量范围 30~12000r/min
旋片式真空泵	2X	
旋片式真空泵	2X-3	
蛋白质快速测定仪		
测汞仪		
投影仪		

体不至于严重污染食品和影响工人的健康。如果所设品控中心主要是检查半成品,也可设在低层楼或平房。

　　总之,品控中心位置选择要根据需要和可能灵活机动,根据本厂的具体情况来决定。

5.3.4.2　建筑结构

　　房屋结构要做到防震、防火、隔热、空气流通、光线充足。准备间、无菌室、精密仪器室、工作间要合理设置。通风排气橱最好在建筑房屋时一起建在适当位置的墙壁上,墙壁要用瓷砖镶好,并装上排气扇。设置水盆的墙壁也要预先装好瓷砖。

5.3.4.3　上、下水管

　　品控中心上、下水管的设置一定要合理、通畅。自来水的水龙头要适当多安装几个,除一般洗涤外，大量的蒸馏、冷凝实验也需要占用专用水龙头（小口径，便于套皮管）。除墙壁角落应设置适当数量水龙头外，实验操作台两头和中间也应设置水管。品控中心水管应有自己的总水闸，必要时各分水管处还要设分水闸，以便于冬天开关防冻，或平时修理时开关方便，并不影响其他部门的工作用水。

为了方便洗涤和饮水，有条件的厂还可以设置热水管，洗刷仪器用热水比用冷水效果更好，用热水浴时换水也方便，同时节省时间和用电。

下水管应设置在地板下和低层楼的天花板中间，应为暗管式。下水道口采用活塞式堵头，以防发生水管堵死现象时可很方便打开疏通管道。下水管的平面段，倾斜角度要大些，以保证管内不存积水和不受腐蚀性液体的腐蚀。

5.3.4.4　室内光线

品控中心内应光线充足，窗户要大些。最好用双层窗户，以防尘和防止冬天试剂冻结。光源以日光灯为好，便于观察颜色变化。品控中心内除装有共用光源外，操作台上方还应安装工作灯，以利于夜间和特殊情况下操作。

5.3.4.5　操作台面的保护

实验操作台面最好涂以防酸、防碱的油漆，或铺上塑料板或黑色橡胶板。橡胶板比较适用一些，即可防腐，玻璃仪器倒了也不易破碎。

5.3.4.6　其他

天平室要求安静、防振、干燥、避光、整齐、清洁。

精密仪器室要求不受阳光直射，与机械传动、跳动、摇动等震动大的仪器分开，避免各种干扰。

药品储藏室最好为不向阳的房间，室内要干燥、通风。

无菌室要求比较特殊，一般需要设立二道缓冲走道，在走道内设紫外灯消毒。为防止高温季节工作室闷热，可安装窗式空调器。由于用电仪器较多，在四周墙壁上应多设电源插座。

清洗消毒及培养基制备等小间应考虑机械排气方便，一般置于下风向。

5.4　仓库

食品工厂是物料流量较高的企业，仅原辅材料、包装材料和成品这三种物料，其总量就约等于成品净重的3～5倍，而这些物料在工厂的停留时间往往以星期或月为单位计算。因此，食品厂的仓库在全厂建筑面积中往往占有比生产车间更大的比例。作为工艺设计人员，对仓库问题要有足够的重视，如果考虑不当，工厂建成投产后再找地方扩建仓库，就很可能造成总体布局紊乱，以至流程交叉或颠倒，一些老厂之所以觉得布局较乱，问题就出在仓库与生产车间的关系处理不好。所以在设计新厂时，务必对仓库问题给予全面考虑。在食品工厂设计中，仓库容量和在总平面中的位置一般由工艺人员考虑，然后提供给土建专业。

5.4.1　食品工厂仓库设置的特点

（1）负荷的不均衡性　特别是以果蔬产品为主的罐头厂，由于产品的季节性强，生产旺季各种物料高度集中，仓库出现超负荷，生产淡季时，仓库又显得空余，其负荷曲线呈剧烈起伏状态。

（2）储藏条件要求高　食品厂储藏条件要确保食品卫生，防蝇、防鼠、防尘、防潮，有的还要求低温或恒温环境。

（3）决定库存期长短的因素复杂　如生产出口产品为主的罐头厂，成品库存期的长短常常不决定于生产部门的愿望，而决定于外贸部门在国际市场上的销售渠道是否畅通。另外，还有马口铁半年用量一次到货的情况，印制好的包装容器因生产计划临时改变而被迫存放至第二年的情况等，这些都需要在安排仓库的容量时予以考虑。

5.4.2　仓库的类别

食品工厂仓库的名目繁多，主要有原料仓库（包括常温库、冷风库和冷藏库等）、辅助材料库（存放糖、油、盐及其他辅料）、保温库（包括常温库和37℃恒温库）、成品库（包括常温库和冷风库）、马口铁仓库（存放马口铁）、空罐仓库（存放空罐成品和底、盖）、包装材料库（存放纸箱、纸板、塑料袋和商标纸等）、五金库（存放金属材料及五金器件）、设备工具库（存放某些设备及工具）。此外，还有玻璃瓶及箱格堆场、危险品仓库等。

5.4.3　仓库容量的确定

对某一仓库的容量，可按下式确定：

$$V = WT$$

式中　V——仓库应该容纳的物料量，t；

　　　W——单位时间（日或月）的物料量；

　　　T——存放时间（日或月）。

这里，单位时间的物料量应包括同一时期内，存放于同一仓库内的各种物料的总量。罐头厂的生产是不均衡的，所以，W 的计算一般以旺季为基准，可通过物料衡算求取，而存放时间 T 则需要根据具体情况合理地选择确定。现以几个主要仓库为例，加以说明。

（1）原料仓库的容量。单从生产周期的角度考虑，只要有两三天的储备量即可，但食品原料，特别是罐头原料多来源于初级农产品，农产品有很强的季节性，有的采收期很短，原料进厂高度集中，这就要求仓库能有较大的容量，但究竟要确定多大的容量，还得根据原料本身的储藏特性和维持储藏条件所需的费用，以及是否考虑增大班产规模等作综合分析比较后确定，不能一概而论。

（2）一些容易老化的蔬菜原料如芦笋、蘑菇、刀豆和青豆类，它们在常温下耐储藏的时间是很短暂的，对这类原料库存时间 T 只能取 1～2d，即使使用冷风库储藏（其中蘑菇不宜冷藏）。储藏期也只有 3～5d。对这类罐头产品，一般采用增大生产线的生产能力和增开班次来解决。

（3）另一些果蔬原料比较耐储藏，存放时间 T 可取较大值。如苹果、柑橘、梨及番茄类，在常温条件下，可存放几天至十几天，如果设置冷风库，在进库前拣选处理得好，可存放 2～3 月。然而，存放时间越长，损耗就越大，动力消耗也越多，在经济上是否合算，要进行比较，以便决定一个合理的存放时间。

（4）储存冷冻好的肉禽和水产原料的冷藏库，其存放时间可取 30～45d。冷藏库的容量也可根据实践经验，直接按年生产规模的 20%～25% 确定。但需注意的是，以果蔬为主的罐头厂，在确定冷风库的容量时，要仔细衡算其利用率，因为果蔬原料储藏期短，季节性又强，库房在一年中很大一部分时间可能是空闲的。一种补救办法是按高低温两用库设计，在果蔬淡季时改放肉禽原料，另一种补救办法是吸收社会上的储存货源（如蛋及鲜果之类），以提高库房的利用率。

（5）包装材料的存放时间一般可按 3 个月的需要考虑，并以包装材料的进货是否方便来增减，如建在远离海港或铁路地区的罐头厂或乳品厂。马口铁仓库或其他包装材料的进货次数最少应考虑半年的存放量，以保证生产的正常进行。此外，如前所述，由于生产计划的临时改变,事先印制好的包装容器可能积压下来,一直要放到明年。在确定包装材料的容量时,对这种情况也要做适当的考虑。

(6)成品库的存放时间与成品本身是否适宜久藏及销售半径长短有关,如乳品厂的瓶装消毒牛奶,在成品库中仅停留几个小时,而奶粉则可按15~30d考虑。饮料可考虑7~10d。至于罐头成品,从生产周期来说,有一个月的存放期就够了,但因受销售情况等外界因素的影响,宜按2~3个月的量,或全年产量的1/4考虑。

(7)罐头保温库的存放时间,可按保温时间的长短再加上抽验和包装时间加以确定。果蔬类罐头25℃保温5d,肉禽水产罐头37℃保温7d。抽样检验和揸听、贴标、装箱的时间约2~3d。

5.4.4 仓库面积的确定

仓库容量确定以后,仓库的建筑面积可按下式确定:

$$F = F_1 + F_2 = \frac{V}{dK} + F_2 \text{(m}^2)$$

式中 F——仓库的建筑面积,m^2;

　　F_1——仓库库房的建筑面积,m^2;

　　F_2——仓库的辅助用房建筑面积(如楼梯间、电梯间、生活间等),m^2;

　　d——单位库房面积可堆放的物料净重,kg/m^2;

　　V——仓库应该容纳的物料量,t;

　　K——库房面积利用系数,一般取0.6~0.65。

关于d值的求取,进一步说明如下。

首先,单位库房面积储放的物料量系指物料的净重,没有计包装材料质量。同样的物料,同样的净重,因其包装形式不同,占的空间亦随之不同;比如某一果蔬原料箱装或箩筐装,其所占的空间就不一样。即使同样是箱装,箱子的形状和充满度也有关系,所以,在计算时,要根据实际情况而定。

其次,货物的堆放高度与楼板承重能力及堆放方法有关,楼板承重能力也给货物堆放的高度以相应的限制。这里顺便指出,在确定楼板负荷时,决不能只算物料的净重,而应按毛重计。在楼板承重能力许可情况下,机械堆装要比人工堆装装得更高。如铲车托盘,可使物料堆高至3.0~3.5m,人工则只能堆到2.0~2.5m。

总之,单位库房面积可堆放的物料净重决定于物料的包装方式、堆放方法以及楼板的承重能力,最好不要依靠纯理论计算,需要依靠实测数据。

现将一些产品和原材料的存放标准列于表5.2和表5.3中。

表5.2   产品存放标准

产 品	存 放 时 间/d	存 放 方 式	面积利用系数	储存量/(t/m²)
炼乳	30	铁听放入木箱	0.75	1.4
奶粉	30	铁听放入木箱	0.75	0.71
罐头	30~60	铁听放入木箱	0.70	0.9

表5.3   部分原料仓库平均堆放标准

原料名称	堆 放 方 法	平均堆放量/(t/m²)	原料名称	堆 放 方 法	平均堆放量/(t/m²)
橘子	15kg/箱,堆高6箱	0.35	青豆	散堆,堆高0.1m	0.04
菠萝	20kg/箩,堆高6箩	0.45	食盐	袋装,堆高1.5m	1.3
番茄	15kg/箱,堆高5箱	0.30			

5.4.5 食品工厂仓库对土建的要求

5.4.5.1 果蔬原料库

果蔬原料如系短期储藏，一般用常温库，可采用简易平房，仓库门应方便车辆的进出。如果是较长时间的储藏，则采用冷风库。冷风库的温度视物料对象而定，耐藏性好的可以在冰点以上附近，库内的相对湿度以 85%～90% 为宜（有条件的厂，对果蔬原料还可以采用气调储藏、辐射保鲜和真空冷却保鲜等）。由于果蔬原料比较娇嫩，装卸时应轻拿轻放。果蔬原料的储存期短，进出库频繁，故冷风库一般建成单层，或设在多层冷库的底层为宜。

5.4.5.2 肉禽原料库

肉禽原料的冷藏库温度为 -15～-18℃，相对湿度为 95%～100%，库内采用排管制冷，避免使用冷风机，以防物料干缩。

5.4.5.3 罐头保温库

罐头的保温库一般采用小间形式，以便按不同的班次、不同规格分开堆放，保温库的外墙应按保温墙考虑，不宜开窗，小间的门应能密闭，空间不必太高，2.8～3.0m 即可，每个单独小间应配设温度自控装置，以自动保持恒温。

5.4.5.4 成品库

成品库要考虑进出货方便，地坪或楼板要结实，每平方米要求能承受 1.5～2.0t 的荷载，为提高机械化程度，可使用铲车。托盘堆放时，需考虑附加荷载。

5.4.5.5 马口铁仓库

马口铁仓库因其负荷太大，只能设在多层楼房底层，最好是单独的平房。地坪的承载能力宜按 10～12t/m² 考虑。为防止地坪下陷，影响房屋开裂，在地坪与墙柱之间应设沉降缝。如考虑堆高超过千箱时，则库内应装设电动单梁起重机，此时层高应满足起重机运行和起吊高度等要求。

5.4.5.6 空罐及其他包装材料仓库

空罐及其他包装材料仓库要求防潮、去湿、避晒，窗户宜小不宜大。库房楼板的设计荷载能力随物料容重而定。物料容重大的，如罐头成品库之类，宜按 1.5～2t/m² 考虑；容重小的如空罐仓库，可按 0.8～1t/m² 考虑；介于这两者之间的按 1.0～1.5t/m² 考虑。如果在楼层使用机动叉车，还得提请土建设计人员加以核定。

5.4.6 仓库在总平面布置中的位置

仓库在全厂建筑面积中占了相当大的比重，在总平面中的位置要经过仔细考虑。生产车间是全厂的核心，仓库的位置只能是紧紧围绕这个核心合理安排。作为生产的主体流程，原料仓库、包装材料库及成品仓库也属于总体流程的有机部分。工艺设计人员在考虑工艺布局的合理性和流畅性时，不能只考虑生产车间内部，应把着眼点扩大到全厂总体上来。如果只求局部合理，而在总体上不合理，所造成的矛盾或增加运输的往返，或影响到厂容，或阻碍了工厂的远期发展。因此，在进行工艺布局时，一定要通盘全局考虑。考虑的原则按第 2 章 2.2 为准。但在实地进行工厂设计时，往往还必须按具体情况对待。比如，原料仓库在厂前区好还是相反，还得看人流、货流挤压在一起是否太杂，原料的进厂和卸货是否会影响到厂容卫生和厂前区的宁静等。

5.5 工厂运输

将工厂运输列入设计范围，是因为运输设备的选型与全厂总平面布局、建筑物的结构形式、工艺布置及劳动生产率均有密切关系。工厂运输是生产机械化、自动化的重要环节。食品厂的货运量大小可以通过物料计算求取，在计算运输量时，不要忽略包装材料的质量。比如罐头成品的吨位和瓶装饮料的吨位都是以净重计算的，它们的毛重要比净重大得多，前者约等于净重的 1.35～1.40 倍，后者（以 250mL 汽水为例）约等于净重的 2.3～2.5 倍。下面简单介绍一下常用的运输设备，供选择。

5.5.1 厂外运输

进出厂的货物，大多通过公路或水路，公路运输视物料情况，一般采用载重汽车，而冷冻物品要采用保温车或冷藏车，鲜奶原料最好使用奶槽车。水路运输一般是利用社会的运输力量，但工厂需配备码头装卸机械，一般采用简易起重机。

5.5.2 厂内运输

厂内运输主要是指车间外厂区的各种运输。由于厂区道路较窄小，转弯多，许多货物有时还直接进出车间，这就要求运输设备轻巧、灵活，装卸方便。常用的有电瓶叉车、电瓶平板车、内燃叉车以及各类平板手推车和升降式手推车等。

5.5.3 车间运输

车间内运输与生产流程往往融为一体，工艺性很强，如输送设备选择得当，将有助于生产流程更加完美。下面按输送类别并结合物料特性介绍一些输送设备的选型原则。

（1）垂直输送　随着生产车间采用多层楼房的形式日益增加，物料的垂直运输量也就越来越大。垂直运输设备最常见的是电梯，它的载重量大，常用的有 1t、1.5t、2t，轿厢尺寸可任意选用 2m×2.5m、2.5m×3m、3m×3.5m 等，可容纳大尺寸的货物甚至整部轻便车辆，这是其他输送设备所不及的。但电梯也有局限性，要求物料用容器盛装，输送是间歇的，不能实现连续化；它的位置受到限制，进出电梯往往还得设有较长的输送走廊。因此，在设置电梯的同时，还可选用斗式提升机、罐头磁性升降机、真空提升装置和物料泵等。

（2）水平输送　车间内的物料流动大部分呈水平流动，最常用的是带式输送机。输送带的材料要符合食品卫生要求，用得较多的是胶带或不锈钢带，塑料链板或不锈钢链板，而很少用帆布带。干燥粉状物料可使用螺旋输送机。包装好的成件物品常采用滚筒输送机，笨重的大件可采用低起升电瓶铲车或普通铲车。此外，一些新的输送方式也在兴起，输送距离远，且可避免物料的平面交叉，如空罐的架空缆绳输送，送罐机动自如。

（3）起重设备　车间内的起重设备常用的有电动葫芦、手拉葫芦、手动或电动单梁起重机等。

工厂常见的运输设备见表 5.4、表 5.5 和表 5.6。

表 5.4　食品工厂厂外运输常用设备

类　　别	设　备　名　称	主　要　规　格
码头	简易起重机	JD₃ 型，起重量 3t，工作幅度 5.8m，4.5kW
	少先吊	起重量 0.5t，回转半径 2.9m，2.2kW
		起重量 1t，回转半径 2.5m，5kW
公路	解放牌汽车	载重 4t
	北京牌汽车	载重 2.5t

表 5.5　食品工厂厂内运输常用设备

类　别	设　备　名　称	主　要　规　格
内燃机	内燃铲车	CPQ-0.5 型,载重 0.5t,起升高度 3.5m,11kW
		QC-1 型,载重 1t,起升高度 3m,16kW
		2CB 型,载重 2t,起升高度 3m,29kW
人力车	升降式手推车	SQ-25 型,载重 250kg,升高 50mm
	升降式手推车	SQ-50 型,载重 500kg,升高 40mm
	升降式手推车	SQ-100 型,载重 1000kg,升高 50mm
电动车	电瓶搬运车	2DB 型,载重 2t,拖挂牵引量 4t,25kW
	电瓶铲车	DC-I 型,载重 1t,起升高度 2m,4kW
		FX-2 型,载重 1.5t,起升高度 0.5m,5kW
		2DC 型,载重 2t,起升高度 4m,4kW

表 5.6　食品工厂车间运输常用设备

类　别	设备名称	主　要　规　格
胶带式输送机	通用固定式胶带运输机	TD-72 型,胶带宽度 650mm、800mm、1000mm, 胶带速度 1.25~3.15m/s
	携带式胶带运输机	胶带宽 400mm,线速 1.25m/s,输送能力 30m³/h, 输送长度 5~10m,1.1~1.5kW
	移动式胶带输送机	T45-10 型,输送长度 10m,胶带宽 500mm, 线速 1~1.6m/s,2.8kW
刮板式输送机	埋刮板式输送机	SMS 型,线速 0.2m/s,输送量 9~27m³/h, 功率 0.8~4kW
螺旋输送机	CX 型螺旋输送机	公称直径 ϕ150mm、200mm、250mm、300mm、400mm, 输送量 3.1~108m³/h
斗式提升机	D 型斗式提升机	输送能力 3.1~42m³/h,料斗容量 0.65~7.8L, 斗距 300~500mm,运行速度 1.25m/s, 功率 1.5~7kW
起重设备	LQ 螺旋千斤顶	LQ-10 型,起重量 10t,起升高度 150mm
		LQ-15 型,起重量 15t,起升高度 180mm
	YQ 型液压千斤顶	YQ-3 型,起重量 3t,起升高度 130mm
		YQ8 型,起重量 8t,起升高度 160mm
	环链手拉葫芦	YQ16 型,起重量 16t,起升高度 160mm
	电动葫芦	SH 型,起重量 0.5~1.0t,起升高度 2.5~5m
		TVH0.5 型,起重量 0.5t,功率 0.7kW,起升高度 6m,12m
		TV-1 型,起重量 1t,功率 2.8kW,起升高度 6m,12m
		TVH0.5 型,起重量 0.5t,功率 0.7kW,起升高度 6m,12m
		TV-2 型,起重量 2t,功率 4.1kW,起升高度 6m,12m
		MD-1 型,起重量 0.5t,功率 1kW,起升高度 6m,12m
	手动单梁起重机	SPQ 型,起重量 1~10t,跨度 5~14m,起升高度 3~10m
	手动单梁悬挂式起重机	SPXQ 型,起重量 0.5~3t,跨度 3~12m,起升高度 2.5~10m
	手动单梁起重机	55-L 型,起重量 1~5t,跨度 4.5~17m,起升高度 6m

5.6　机修车间

5.6.1　机修车间的任务

食品工厂的设备有定型专业设备、非标准专业设备和通用设备。机修车间的任务是制造非标准专业设备和维修保养所有设备。维修工作量大的是专业设备和非标准设备的制造与维修保养。由于非标准设备制造比较粗糙，工作环境潮湿，腐蚀性大，故每年都需要彻底维修。此外，空罐及有关模具的制造、通用设备易损件的加工等，工作量也很大。所以，食品厂一般都配备一定的机修力量。

5.6.2　机修车间的组成

中小型食品厂一般只设厂一级机修，负责全厂的维修业务。大型厂可设厂部机修和车间保全两级机构。厂部机修负责非标准设备的制造和较复杂设备的维修，车间保全则负责本车间设备的日常维护。

机修车间一般由机械加工、冷作及模具锻打等几部分组成。铸件一般由外协作解决，作为附属部分，机修车间还包括木工间和五金仓库等。

5.6.3　机修车间的常用设备

机修车间的常用设备如表 5.7 所示。

表 5.7　机修车间常用设备

型　号　名　称	性　能　特　点	加工范围/mm	总功率/kW
普通车床 C6127	适于车削各种旋转表面及公英制螺纹，结构轻巧，灵活简便	工件最大直径 φ270,工件最大长度 800	1.5
普通车床 C616	适于各种不同的车削工作,本机床床身较短,结构紧凑	工件最大直径 φ320,工件最大长度 500	4.7
普通车床 C620A	精度较高,可车削 7 级精度的丝杆及多头蜗杆	工件最大长度 750～2000,工件最大直径 φ400	7.6
普通车床 CQ6140A	可进行各种不同的车削加工,并附有磨铣附件,可磨内外圆铣键槽	工件最大直径 φ400,工件最大长度 1000	6.3
普通车床 C630	属于万能型车床,能完成各种不同的车削工作	工件最大直径 φ650,工件最大长度 2800	10.1
普通车床 M6150	属精密万能车床,只许用于精车或半精车加工	工件最大直径 φ500,工件最大长度 1000	5.1
摇臂钻床 Z3025	具有广泛用途的万能型机床,可以作钻、扩、镗、铰、攻丝等	最大钻孔直径 φ25,最大跨距 900	3.1
台式钻床 ZQ4015	可作钻、扩、铰孔加工	最大钻孔直径 φ15,最大跨距 193	0.6
四柱立式钻床	属简易型万能立式钻床,易维护,体小轻便,并能钻斜孔	最大钻孔直径 φ15,最大跨距 400～600	1.0
单柱坐标镗床 T4132	可加工孔距相互位置要求极高的零件,并可作轻微的铣削工作	最大加工孔径 φ60	3.2
卧式镗床 T616	适用于中小型零件的水平面、垂直画、倾斜面及成型面等	最大刨削长度 500	4.0
牛头刨床 B665	适用于中小型零件的水平面、垂直画、倾斜面及成型面等	最大刨削长度 650	3.0
弓锯床 G72	适用于各种断面的金属材料切断	棒料最大直径 φ200	1.5
插床 B5020	用于加工各种平面、成型面及键槽等	工件最大加工尺寸,长 480×高 200	3.0
万能外圆磨床 M120W	适用于磨削圆柱形或圆锥形工件的外圆、内孔端面及肩侧面等	最大磨削直径 φ200,最大磨削长度 500	4.3

型 号 名 称	性 能 特 点	加工范围/mm	总功率/kW
万能升降台铣床 57-3	可用圆片铣刀和角度成型、端面等铣刀加工	工作台面尺寸 240×210	2.3
万能工具铣床 X8126	适于加工刀具、夹具、冲模、压模以及其他复杂小型零件	工作台面尺寸 210×700	2.9
万能刀具磨床 MQ6025	用于刀具切割工具、小型工件以及小平面的磨削	最大直径 $\phi250$,最大长度 580	0.7
卧轴矩台磨床 M7120A	用于磨削工件的平面、端面和垂直面	磨削工件量大尺寸 630×200×320	4.2
轻便龙门刨床 BQ2010	用于加工垂直面、水平面、倾斜面以及各式导轨和 T 形槽等	最大刨削宽度 1000,最大刨削长度 3000	6.1
落地砂轮机 S_3SL-350	磨削刀刃具之用及对小零件进行磨削去毛刺等	砂轮直径 $\phi350$	1.5
焊接变压器 BX_1-330	焊接 1～8mm 低碳钢板	电流调节范围 160～450A	21.0
焊接发电机 AX-320-1	使用 $\phi3$～7mm 光焊条可焊接或堆焊各种全属结构及薄板	电流调节范围 45～320A	12.0

5.6.4 机修车间对土建的要求

机修车间对土建的要求比较一般。如果设备较多且较笨重,则厂房应考虑安装行车。机修车间在厂区的位置应与生产车间保持适当的距离,使它们既不互相影响而又互相联系方便。锻打设备则应安置在厂区的偏僻角落为宜。

复习思考题

1. 简述各种原料接受站的特点。
2. 简述研发中心与品控中心的任务。
3. 简述仓库对土建的要求。

第6章 工厂卫生及生活设施

教学目标

通过本章的学习，读者应掌握工厂卫生所涉及的主要内容及基本要求；熟悉全厂性生活设施所包括的内容；了解全厂性生活设施的基本要求。

6.1 工厂卫生

食品卫生是涉及人民健康的大问题，也是一个关系到外贸产品出口创汇和工厂经济效益的重要问题。为防止食品在生产加工过程中的污染，在工厂设计时，一定要在厂址选择、总平面布局、车间布置及相应的辅助设施等方面，严格按照卫生标准和有关规定的要求，进行周密的考虑。如果在设计时考虑不周，造成先天不足，建厂后再行改造就更麻烦了。许多老的食品厂在卫生设施方面跟不上日益严格的卫生要求，正面临着改造的繁重任务。因此，在进行新的食品工厂设计时，一定要严格按照国家颁发的卫生规范执行，不能马虎迁就，否则就要走弯路。

根据《中华人民共和国出口卫生管理办法（试行）》的规定：凡出口食品厂、库，必须按照《出口食品厂、库注册细则》的规定，向所在省、自治区、直辖市商检机构申请注册，凡申请注册的出口食品厂、库必须符合《出口食品厂、库最低卫生要求》；向国外注册的，还要符合有关进口国家卫生当局规定的兽医卫生要求。

下面从食品厂设计的角度，介绍有关卫生的要求、规定和常用的消毒方法。

6.1.1 出口食品厂、库最低卫生要求

6.1.1.1 厂、库环境卫生

（1）出口食品厂、库不得建在有碍食品卫生的区域，厂区内不得兼营、生产、存放有碍食品卫生的其他产品。

（2）厂区路面平整、无积水，厂区应当绿化。

（3）厂区卫生间应设有冲水、洗手、防蝇、防虫、防鼠设施，墙裙以浅色、平滑、不透水、耐腐蚀的材料修建，并保持清洁。

（4）生产中产生的废水、废料的排放或者处理应当符合国家有关规定。

（5）厂区应当建有与生产能力相适应的符合卫生要求的原料、包装物料储存等辅助设施。

（6）生产区和生活区应当隔离。

6.1.1.2 厂、库设施卫生

（1）食品加工专用车间必须符合的条件

① 车间的面积与生产适应，布局合理，排水畅通；车间地面用防滑、坚固、不透水、耐腐蚀的材料修建，平坦、无积水、并保持清洁；车间出口及与外部相连的排水、通风处装

有防鼠、防蝇、防虫设施。

② 车间内墙壁和天花板使用无毒、浅色、防水、防霉、不脱落、易于清洗的材料修建。墙角、地角、顶角应当具有弧度。

③ 车间窗户有内窗台的，必须与墙面成约 45°夹角；车间门窗应当用浅色、平滑、易清洗、不透水、耐腐蚀的坚固材料制作。

④ 车间内位于食品生产线上方的照明设施应当装有防护罩，工作场所以及检验台的照度应当符合生产、检验的要求，以不改变加工物的本色为宜。

⑤ 车间温度应当按照产品工艺要求控制在规定的范围内，并保持良好通风。

⑥ 车间供电、供汽、供水应当满足生产所需。

⑦ 应当在适当的地点设足够数量的洗手、消毒、烘干设备或用品，水龙头应当为非手动开关。

⑧ 根据产品加工需要，车间入口处应当设有鞋、靴和车轮消毒设施。

⑨ 应当设有与车间相连接的卫生间和淋浴室。

⑩ 车间内的操作台、传送带、运输车、工器具应当用无毒、耐腐蚀、不生锈、易清洗消毒、坚固的材料制作。

（2）冷冻食品厂还必须符合的条件

① 肉类分割车间须设有降温设备，温度不高于 20℃。

② 设有与车间相连接的相应的预冷间、速冻间、冷藏库。

预冷间温度为 0～4℃。

速冻间温度在 −25℃以下，使冷冻制品中心温度（肉类在 48h 内，禽肉在 24h 内，水产品在 14h 内）下降到 −15℃以下能出库。

冷藏库温度在 −18℃以下，冻制品中心温度保持在 −15℃以下。冷藏库应有温度自动记录装置和水银温度计。

（3）罐头加工还必须符合的要求

① 原料前处理与后工序应隔离开，不得交叉污染。

② 装罐前空罐必须用 82℃以上热水或蒸汽清洗消毒。

③ 杀菌须符合工艺要求，杀菌锅必须热分布均匀，并设有自动记温记时装置。

④ 杀菌冷却水应加氯处理，保证冷却排放水的游离氯含量不低于 0.5×10^{-6}。

⑤ 必须严格按规定进行保（常）温处理，库温要均匀一致。保（常）温温度应设有自动记录装置。

6.1.2 食品工厂设计中一些比较通行的具体做法

6.1.2.1 厂址

厂区周围应有良好的卫生环境，厂区附近（300m 内）不得有有害气体、放射性源、粉尘和其他扩散性的污染源。厂址不应设在受污染河流的下游和传染病医院近旁。

6.1.2.2 厂区总平面布局

（1）总平面的功能分区要明确，生产区（包括生产辅助区）不能和生活区互相穿插。如果生产区中包含有职工宿舍，两区之间要设围墙隔开。

（2）原料仓库、加工车间、包装间及成品库等的位置须符合操作流程，不应迂回运输。原料和成品、生料和熟料不得相互交叉污染。

（3）污水处理站应与生产区和生活区有一定距离，并设在下风向。废弃化制间应距生产区和生活区 100m 以外的下风向。锅炉房应距主要生产车间 50m 以外的下风向，锅炉烟囱应配有消烟除尘装置。

（4）厂区应分别设人员进出、成品出厂、原料进厂和废弃物出厂的大门，也可将人员进出门与成品出厂门设在同一位置，隔开使用，但垃圾和下脚料等废弃物出厂不得与成品出厂同一个门。

6.1.2.3 厂区公共卫生

（1）厂里排水要有完整的、不渗水的，并与生产规模相适应的下水系统。下水系统要保持畅通，不得采用开口明沟排水。厂区地面不能有污水积存。

（2）车间内厕所一般采用槽式，便于水冲，不易堵塞，女厕所可考虑少量座式。厕所内要求有不用手开关的洗手消毒设备，厕所应设于走廊的较隐蔽处，厕所门不得对着生产工作场所。

（3）更衣室应设合乎卫生标准要求的更衣柜，每人一个，鞋帽与工作服要分格存放（更衣柜大小可按 500mm×400mm×1800mm 设计）。

（4）厂内应设有密闭的粪便发酵池和污水无害处理设施。

6.1.2.4 车间卫生

（1）车间的前处理、加工及杀菌三个工段应明确加以分隔，并确保整理装罐工段的严格卫生。

（2）与物料相接触的机器、输送带、工作台面、工器具等，均应采用不锈钢材料制作，车间内应设有对这些设备及工器具进行消毒的措施。冻肉的解冻吊架（道轨和滑车）亦宜采用不锈钢材料制造。

（3）人员和物料进口处均应采取防虫、防蝇措施，结合具体情况可分别采用灭虫灯、暗道、风幕、水幕或缓冲间等。车间应配备热水及温水系统供设备或人员卫生清洗用。

（4）实罐车间的窗户应是双层窗（常温车间一玻一纱，空调房间为双层玻璃），窗柜材料宜采用标准钢窗，以保证关闭严密。车间大门最好采用透明坚韧的塑料门。

（5）车间天花板的粉刷层应耐潮，不应因吸潮而脱落。

（6）楼地面坡度 1.5%～2%，不管地坪还是楼面均应做排水明沟，沟断面以宽×深＝300mm×150mm 为好，以便排水通畅，并易于清扫，楼板结构应保证绝对不漏水，明沟排水至室外处应做水封式排出口。

（7）车间的电梯井道应防止进水，电梯坑宜设集水坑排水，各消毒池亦应设排水漏斗。

（8）产生强烈振动的车间应有防止振动传播的措施。

（9）噪声与振动强度较大的生产设备应安装在单层厂房或多层厂房的底层；对振幅、功率大的设备应设计减振基础。

（10）具有脉冲噪声作业地点的噪声声级卫生限值不应超过表 6.1 的规定。

表 6.1　工作地点脉冲噪声声级的卫生限值

工作日接触脉冲次数	峰值/dB
100	140
1000	130
10000	120

表 6.2　工作地点噪声声级的卫生限值

日接触噪声时间/h	卫生限值/dB（A）	日接触噪声时间/h	卫生限值/dB（A）
8	85	1/2	97
4	88	1/4	100
2	91	1/8	103
1	94		

注：最高限值不得超过 115dB（A）。

（11）工作场所操作人员每天连续接触噪声 8h，噪声声级卫生限值为 85dB（A）。对于操作人员每天接触噪声不足 8h 的场合，可根据实际接触噪声的时间，按接触时间减半，噪声声级卫生限值增加 3dB（A）的原则，确定其噪声声级限值（表 6.2）。但最高限值不得超过 115dB（A）。

6.2 生活设施

此处所指的全厂性生活设施包括办公室、更衣室、食堂、浴室、厕所、托儿所、医务室等，不包括单身宿舍、职工家属宿舍及其他社会性福利设施。

6.2.1 办公楼

6.2.1.1 办公楼用房组成

办公楼应布置在靠近人流出入口处，其面积与管理人员数及机构的设置情况有关。车间办公室宜靠近厂房布置，应满足采光、通风、隔声等要求。

行政及技术管理的机构按工厂规模，根据需要设置。

6.2.1.2 办公楼建筑面积估算

办公楼建筑面积的估算可采用下式：

$$F = \frac{GK_1A}{K_2} + B$$

式中　F——办公楼建筑面积，m^2；

　　　G——全厂职工总人数，人；

　　　K_1——全厂办公人数比，一般取 8%～12%；

　　　K_2——建筑系数，65%～69%；

　　　A——每个办公人员使用面积，5～7m^2/人；

　　　B——辅助用房面积，根据需要决定。

6.2.2 食堂

食堂在厂区的位置，应靠近工人出入口处或人流集中处。它的服务距离以不超过 600m 为宜。不能与有危害因素的工作场所相邻设置，不能受有害因素的影响。食堂内应设洗手、洗碗、热饭设备。厨房的布置应防止生熟食品的交叉污染，并应有良好的通风、排气装置和防尘、防蝇、防鼠措施。

6.2.2.1 食堂座位数的确定

$$N = \frac{M \times 0.85}{CK}$$

式中　N——座位数；

　　　M——全厂最大班人数；

　　　C——进餐批数；

　　　K——座位轮换系数，一、二班制为 1.2。

6.2.2.2 食堂建筑面积的计算

$$F = \frac{N(D_1 + D_2)}{K}$$

式中　F——食堂建筑面积，m^2；

　　　N——座位数；

　　　D_1——每座餐厅使用面积，0.85～1.0m^2；

136

D_2——每座厨房及其他面积，$0.55\sim0.7m^2$；

K——建筑系数，$82\%\sim89\%$。

6.2.3 更衣室与浴室

6.2.3.1 更衣室

为适应卫生要求，食品工厂的更衣室宜分散，附设在各生产车间或部门内靠近人员进出口处。更衣室内应设个人单独使用的三层更衣柜，衣柜尺寸 $500mm\times400mm\times1800mm$，以分别存放工作服、便服等，更衣室使用面积按固定工人数每人 $0.5\sim0.6m^2$ 计。湿度大的作业如冷库，应设工作服干燥室，对特殊工种应设除尘、消毒室。

6.2.3.2 浴室

从食品卫生角度看，从事直接生产食品的工人淋浴应是上班前洗澡。浴室多应设在生产车间内，与更衣室、厕所等形成一体。特别是生产肉类产品、乳制品、冷饮品等车间的浴室，应与车间的人员进口处相邻。此外，还有其他车间或部门的人员淋浴，厂区需设置浴室。浴室内应采取防水、防潮、排水和排气措施，且不宜直接设在办公室的上层或下层。浴室淋浴器的数量按各浴室使用最大班人数的 $6\%\sim9\%$ 计，浴室建筑面积按每个淋浴器 $5\sim6m^2$ 估算。

6.2.4 厕所

食品工厂内较大型的车间，特别是生产车间的楼房，应考虑在车间内附近设厕所，以利生产工人的卫生。厕所设施的卫生标准应符合《出口食品厂、库最低卫生要求》。应有排臭、防蝇措施。车间内的厕所，一般为水冲式，同时应设洗污池。厕所便池蹲位数量应按最大班人数计，男每 $40\sim50$ 人设一个，女每 $30\sim35$ 人设一个。厕所建筑面积按 $2.5\sim3.0m^2$/蹲位估算。

6.2.5 医务室

工厂医务室的组成和面积见表 6.3。

表 6.3 工厂医务室的组成及面积

职工人数/人 部门名称	300～1000	1000～2000	2000 以上
候诊室	1 间	2 间	2 间
医疗室	1 间	3 间	4～5 间
其他	1 间	1～2 间	2～3 间
使用面积	30～40m²	60～90m²	80～130m²

复习思考题

1. 食品厂中所说的全厂性生活设施指的是什么？
2. 食品工厂卫生包括哪几个方面？

第7章 公用系统

教学目标

(1) 掌握食品厂五项公用系统工程设计的主要内容及基本要求，包括给排水、供电及仪表、供汽、采暖与空调、制冷等；

(2) 了解食品厂不同用水的水源和水质要求，根据不同的要求采取合适的给水处理方法，掌握食品厂给排水系统的组成及全厂各种用水量和排水量的计算方法；

(3) 掌握食品厂电力负荷的计算以及供电、变配电系统组成及设备；

(4) 根据冷库设计要求及耗冷量的计算方法，为满足食品厂不同生产实际需要选择合适的制冷系统和压缩机；

(5) 熟悉食品厂对通风、空调和采暖的一般规定及空调设计和热负荷的简要计算方法；

(6) 根据食品厂的实际需要选择合适的锅炉容量和型号，了解锅炉房位置和内部布置要求。

所谓公用系统，是指与食品工厂的各部门、车间、工段有着密切关系，并为这些部门所共有的一类动力辅助设施的总称。它与食品工厂的生产相辅相成、密切相关，是食品厂正常生产不可缺少的重要环节。公用设施一般包括给排水、供电及仪表、供汽、采暖与通风、制冷等五项工程。一般说来，给水排水、供电和仪表、供汽这三者不管工厂规模大小都得具备，因各地的气候各异，所以制冷和通风两项不一定同时具备。公用系统的设计应根据食品工厂的规模、产品的类型以及本单位经济状况而定。公用工程的专业性较强，各有其内在深度，因此应分别由五个专业工种的设计人员承担。食品工厂的公用系统直接与工厂的运行和生产密切相关，必须符合如下要求。

(1) 符合食品卫生要求　在食品生产中，生产用水的水质必须符合卫生部门规定的生活饮用水的卫生标准，直接用于食品生产的蒸汽应不含危害健康或污染食品的物质。制冷系统中氨制冷剂对食品卫生有不利影响，应严防泄漏。公用设施在厂区的位置是影响工厂环境卫生的重要因素，环境因素的好坏会直接影响食品的卫生。如锅炉房位置、锅炉型号、烟囱高度、运煤出灰通道、污水处理站位置、污水处理工艺等是否选择正确，与工厂环境卫生有密切关系，因此设计必须合理。

(2) 能充分满足生产负荷　食品生产的一大特点就是季节性较强，导致公用设施的负荷变化非常明显，因此要求公用设施的容量对生产负荷变化要有足够的适应性。对于不同的公用设施要采取不同的原则，如供水系统，须按高峰季节各产品生产的小时需水总量来确定它的设计能力，才能具备足够的适应性。供电和供汽设施一般采用组合式结构，即设置两台或两台以上变压器或锅炉，以适应负荷的变化。还应根据全年的季节变化画出负荷曲线，以求得最佳组合。

(3) 经济合理，安全可靠　进行设计时，要考虑到经济的合理性，应根据工厂实际和生产需要，正确收集和整理设计原始资料，进行多方案比较，处理好近期的一次性投资和长期经常性费用的关系，从而选择投资最少、经济收效最高的设计。在保证经济合理的同时，还要保证给水、配电、供汽、供暖及制冷等系统供应的数量和质量都能达到可靠而稳定的技术参数要求，以保证生产正常安全的运营。例如，在工厂的制水系统中，原水的水质随季节变化波动很大，需要根据不同情况，采取相应的措施，保证生产用水水质的稳定性。

公用系统工程的专业性较强，本章仅从有关公用工程的基本原理及基本规范角度，对公用系统工程的设计做简单的叙述。

7.1 给排水

7.1.1 给排水系统设计内容及所需的基础资料

7.1.1.1 设计内容

整体项目的给排水设计一般包括：取水及净化工程、厂区及生活区的给排水管网、车间内外给排水管网、室内卫生工程、冷却循环水系统和消防系统等。

7.1.1.2 设计所需基础资料

从整体设计的角度出发，给排水设计应该收集如下资料。

（1）各部门对用水量、水质、水温及用水时间的要求。

（2）厂区所在地和厂区周围地区的气象、水文、地质、地形资料，特别是作为水源的河、湖的详细水文资料。

（3）引水、排水路线的现状及有关的协议或拟接进厂区的市政自来水管网状况。

（4）当地环保和公安消防主管部门的有关规定。

（5）所在地管材市场供应情况。

7.1.1.3 设计注意事项

（1）所在地有城市自来水供应的，应优先考虑采用自来水。

（2）如采用自备水源时，水质应符合卫生部规定的《生活饮用水卫生标准》及本厂的特殊要求。

（3）消防、生产、生活给水管网应尽可能使用同一管路系统。

（4）生活、生产废水应达到国家规定的排放标准后才能排放。

（5）为了节约用水和减少能源消耗，冷却水应循环使用，避免不必要的浪费。

（6）消防、冷却循环等用于增压的水泵应尽可能集中布置，便于统一管理及使用。

（7）设计主厂房或车间的给排水管网时，应满足生产工艺和生活安排的需要。

7.1.2 食品工厂对水质的要求

在食品厂中，由于用途不同，对水质的要求也不相同。根据用途可将食品工厂用水分为：一般生产用水、特殊生产用水、冷却用水、生活用水和消防用水等。一般生产用水和生活用水要求符合生活饮用水水质标准。特殊生产用水是指直接进入构成产品组分的用水和锅炉用水，这些用水对水质有特殊要求，必须在符合生活饮用水水质标准的基础上，做进一步处理。现将各类用水水质标准的某些项目列于表7.1中。

对于以上特殊用水，需要经过碱滤、离子交换、电渗析和反渗透等方法处理，应根据具体情况分别选用，水处理设备一般由工厂自设一套水处理系统。

冷却用水（如制冷系统的冷却用水）和消防用水，其水质要求略低于生活饮用水水质标准，但一般仍要求无悬浮混浊物质，避免粘于传热壁上影响传热效果。在实际生产中，冷却用水一般循环使用。为了便于管理和节约投资，多数食品厂并不另设冷却供水系统。

表 7.1 各类用水水质标准

项　目	饮料用水	生活饮用水	清水类罐头用水	锅炉用水
pH 值		6.5～8.5		＞7
总硬度 （以 $CaCO_3$ 计）	＜50mg/L	＜250mg/L	＜100mg/L	＜0.1mg/L
总碱度	＜50mg/L			
铁	＜0.1mg/L	＜0.3mg/L	＜0.1mg/L	
酚类	无	＜0.05mg/L	无	
氯化物	＜80mg/L	＜250mg/L		
余氯		0.05mg/L	无	

7.1.3　水源的选择

所在地有自来水管网的，应优先考虑采用自来水，其次考虑地下水，最后才考虑地面水。采用地下水和地面水的工厂，应自设水处理系统。采用何种水源应根据工厂的具体情况，充分考虑技术经济的合理性后确定。各种水源的优缺点比较见表 7.2。

表 7.2　各种水源的优缺点比较

水源类别	优　点	缺　点
自来水	技术简单，一次性投资省，上马快，水质可靠	水价较高，经常性费用大
地下水	可就地直接取用，水质稳定，且不易受外部污染，理化指标变化小，水温低，基本终年恒定。取水构筑物简单，一次性投资不大，经常性费用低	水中往往含有多种矿物质，硬度可能过高，甚至含有某种有害物质，大量抽取地下水会影响地面沉降
地面水	水中溶解物少，经常性费用低	净水系统技术管理复杂，取水构筑物多，一次性投资大，水质、水温随季节变化大

7.1.4　全厂用水量的计算

7.1.4.1　生产用水量

生产工艺用水、锅炉用水和冷冻机房冷却用水等一般都属于生产用水。

（1）生产工艺用水量　计算见第 3 章有关章节。

（2）锅炉用水量　可按下式估算：

$$q_m = K_1 K_2 Q$$

式中　　q_m——锅炉房最大小时用水量，t/h；

　　　　K_1——蒸发量系数，一般取 1.15；

　　　　K_2——锅炉房的其他用水系数，一般取 1.25～1.35；

　　　　Q——锅炉蒸发量，t/h。

（3）冷冻机房冷却用水量　主要包括汽缸冷却用水和冷却塔循环用水。汽缸冷却用水量见冷冻机产品样本，冷却塔循环用水量 $q_{m,L}$ 可按下式计算：

$$q_{m,L} = \eta \frac{Q_1}{4.2 \times 1000(t_2 - t_1)}$$

式中　　$q_{m,L}$——冷却塔循环用水量，t/h；

　　　　η——使用系数，一般取 1.1～1.15；

　　　　Q_1——冷凝器负荷，kJ/h；

　　　　t_1——冷凝器出水温度（即冷却塔进水温度），℃；

t_2——冷凝器进水温度（即冷却塔出水温度），℃。

制冷机冷却水循环量取决于进出水温差和热负荷，一般情况下，取 $t_2 \leqslant 36℃$，$t_1 \leqslant 32℃$。

7.1.4.2　生活用水量

生活用水量的大小受工厂所在地气候、居民生活习惯以及卫生设备配备情况的影响，一般根据当地规模相近的食品企业或居民的生活用水量来确定，也可按下式进行估算：

$$q_m = \frac{KNQ}{1000t}$$

式中　q_m——最大小时生活用水量，t/h；

K——小时变化系数；

Q——用水量指数；

N——使用人数，人；

t——使用时间，h。

在一般情况下，宿舍用水 Q 取 $100 \sim 150 L/(人 \cdot d)$，$K$ 取 $2 \sim 3$；办公室用水 Q 取 $10 \sim 15 L/(人 \cdot 班)$，K 取 $2 \sim 2.5$；浴室用水 Q 取 $90 \sim 135 L/(人 \cdot 次)$，$K$ 取 $1.5 \sim 2.0$；食堂用水 Q 取 $10 \sim 25 L/(人 \cdot 餐)$，K 取 $2 \sim 2.5$。

7.1.4.3　消防用水量

食品厂的室内消防用水量为 $2 \times 2.5 L/s$，室外消防用水量为 $10 \sim 75 L/s$。食品厂的生产用水量较大，在计算全厂总用水量时，可不计入消防用水量，如发生火警，可调整生产和生活用水量加以解决。

7.1.5　给水系统及给水处理

7.1.5.1　给水系统

（1）自来水给水系统见图7.1。

（2）地下水给水系统见图7.2。

（3）地面水给水系统见图7.3。

图7.1　自来水给水系统示意图

7.1.5.2　给水处理

给水处理的目的主要是满足各种用水的水质要求，除去水中的悬浮杂质、有色物质、胶体物质、可溶性盐类、病菌及其他有害成分。给水处理的一般方法有以下几种。

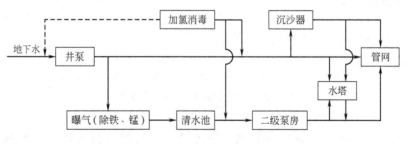

图7.2　地下水给水系统示意图

（1）自然沉淀　即用沉淀的方法除去水中较大颗粒的杂质，具体方法是使水在沉淀池中停留较长时间，以达到沉淀澄清的目的。

（2）混凝沉淀　在水中加混凝剂，使水中的胶体物质与细小的、难以沉淀的悬浮物质相互凝聚，形成较大的易沉绒体后，再在沉淀池和澄清池中沉淀和澄清，使水由混浊变澄清。常用的混凝剂为硫酸铝 $[Al_2(SO_4)_3 \cdot 8H_2O]$、硫酸亚铁（$FeSO_4 \cdot 7H_2O$）、三氯化

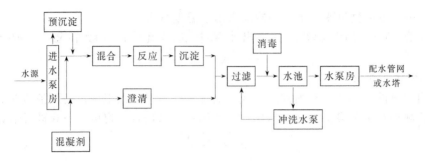

图 7.3　地面水给水系统示意图

铁（$FeCl_3 \cdot 7H_2O$）等。

（3）过滤　将水通过装有滤料的过滤池或过滤器，利用滤料与水中细微杂质间的吸附、筛滤作用，使水质得到澄清。

（4）消毒　就是通过物理或化学的方法杀死水中的致病微生物。通常用到的物理方法有：加热、紫外线、超声波和放射线等。化学方法有：氯、臭氧、高锰酸钾及重金属离子等药剂，其中氯消毒法，即在水中加适量的液氯和漂白粉，是目前普遍采用的方法。

（5）软化　软化是通过降低水中钙、镁离子的含量，进而降低水的硬度的过程。软化的方法有以下几种。

①　加热法　将水加热到100℃以上，使水中的 Ca^{2+}、Mg^{2+} 形成 $CaCO_3$、$Mg(OH)_2$ 和石膏沉淀而除去。

②　药剂法　在水中加石灰和苏打，使 Ca^{2+}、Mg^{2+} 生成 $CaCO_3$ 和 $Mg(OH)_2$ 而沉淀。

③　离子交换法　使水和离子交换剂接触，用交换剂中的 Na^+ 或 H^+ 把水中的 Ca^{2+}、Mg^{2+} 交换出来。

此外，当水中铁、锰等离子含量超过水质标准时，还需要进行除铁、锰等离子的处理。

一般情况下，以上方法并不是单独使用的，而是根据原水的不同水源和水质及生产对水质的不同要求，联合使用几种不同的给水处理工艺。

（1）以地面水（如河水、湖水等）作为生活饮用水时，一般必须经过以下工序的处理：

原水→预沉→混凝沉淀或澄清→过滤→消毒

（2）地下水的水质要优于地面水，所以若以地下水作为生活饮用水时，处理工艺较为简单，一般只经过消毒即可。

（3）无论采用何种水源作为生产和生活用水，为了减少水垢的形成，锅炉用水都必须进行软化处理，且一般用离子交换法进行软化。

（4）当被用作特殊生产用水时，水质要求较为严格，水处理工艺也较为复杂：

生活用水→机械过滤→电渗透或反渗透→阳离子交换器→

阴离子交换器→混合离子交换器→紫外线或超滤杀菌→特种用水

7.1.5.3　给水管网的布置

给水管网包括室外管网和室内管网。室外管网布置形式分为环状和树枝状两种，小型食品厂的给水系统一般采用树枝状，大中型生产车间进水管多分几路接入，为确保供水正常，多采用环状管网。室外管网一般采用铸铁管，用铅或石棉水泥接口，若采用焊接钢管和无缝钢管要进行防腐处理，用焊接接口。室内管由进口管、水表接点、干管、支管和配水设备组成，有的还配有水箱和水泵。管网布置形式有上行式、下行式和分区式三种，具体采用何种方式，由建筑物的性质、几何形状、结构类型、生产设备的布置和用水点的位置决定。

7.1.6　冷却水循环系统

在食品厂中，制冷机房、车间空调机房及真空蒸发工段等都需要大量的冷却水。通常要设置冷却水循环系统和降温的装置，以减少给水消耗，降低全厂总用水量。降温系统主要有冷却池、喷水池、自然通风冷却塔和机械通风冷却塔等。机械通风冷却塔（其代表产品有圆形玻璃钢冷却塔）具有冷却效果好、体积小、质量轻、安装使用方便的特点，可以提高生产效率，节省用地和投资，并且只需补充循环量的 5%～10% 的新鲜水，对于水源缺乏或水费较高且电费不变的地区尤为适宜，因此被广泛采用。

7.1.7　排水系统

7.1.7.1　排水系统的组成

食品工厂的排水系统由室内排水系统和室外排水系统两部分组成。室内排水系统包括卫生洁具和生产设备的受水器、水封器、支管、立管、干管、出户管、通气管等钢管。室外排水系统包括支管、干管、检查井、雨水口及小型处理构筑物等。

7.1.7.2　排水量计算

食品工厂的排水量均较大，主要包括生产废水、生活污水和雨水。

（1）根据国家《环境保护法》，生产废水和生活污水必须经过处理，达到国家排放标准后才能排放，计算公式如下：

$$q_v = Kq_{v,1}$$

式中　$q_{v,1}$——生产、生活最大小时给水量，m^3/h；

K——系数，一般取 0.85～0.9。

（2）雨水量可按下式计算：

$$q_v = q\varphi A$$

式中　q_v——雨水量，L/s；

q——暴雨强度，$L/(s \cdot m^2)$（可查阅当地有关气象、水文资料）；

φ——径流系数，食品厂一般取 0.5～0.6；

A——厂区面积，m^2。

7.1.7.3　有关排水设计要点

良好的排水设施和排水效果是食品工厂卫生面貌、产品安全的有力保障，直接影响到企业的社会效益和经济效益，应引起工艺设计人员足够的重视，在进行排水设计时，需注意以下几点。

（1）生产车间的室内排水应采用无盖板的明沟，明沟宽度为 200～300mm，深度为 150～400mm，坡度为 1%～2%，车间地坪的排水坡度取 1.5%～2.0% 较为适宜。明沟终点设排水地漏，用铸铁排水管或焊接钢管排到室外。

（2）在污水进入明沟排水管道之前，应经过格栅，以截留固形物，防止堵塞管道。为了保证排水畅通，垂直排水管道口径应比计算大 1～2 号。

（3）生产车间的对外排水口应加设防鼠装置，并采用水封窨井，而不用存水弯头，以防堵塞。

（4）生产车间内的卫生消毒池、地坑及电梯坑等均应考虑设置排水装置。

（5）生产车间的对外排水尽可能做到清浊分流，对含油脂或固体残渣较多的废水（如肉类和水产加工车间），需在车间外经沉淀池撇油和去渣后，再流入厂区排水管。室外排水亦应采用清浊分流制，以减少污水处理量。

(6) 食品厂的室外污水排放必须采用埋地暗管，必要时采用排水泵站进行排放。

(7) 厂区下水管一般采用混凝土管，其管顶埋设深度一般不小于 0.7m。食品厂废水中含有固体残渣较多，设计管道流速应大于 0.8m/s，最小管径不宜小于 150mm，避免淤塞管道。

7.1.8 消防系统

食品厂的生产性质决定其发生火警的危险性较低，建筑物耐火等级较高。食品厂的消防给水一般与生产、生活给水管合并，采用合流给水系统。室外消防给水管网应为环形，水量按 15L/s，水压应保证当消防用水量达到最大且水枪布置在任何建筑物的最高处时，水枪充实水柱仍不小于 10m。室内消火栓的配置，应保证两股水柱每股水量不小于 2.5L/s，保证同时到达室内的各个位置，管道内压力要保证水枪出口充实水柱不小于 7m。

7.2 供电及自控系统

7.2.1 供电及自控设计内容

7.2.1.1 设计内容

食品厂整体项目的供电及自控工程设计包括：全厂的变配电工程，厂区的外线供电工程，车间内设备配电系统，厂区及室内照明，生产线、工段或单机的自动控制，电器及仪表的防护与修理等，地区气象、土质有关情况等。

7.2.1.2 设计所需基础资料

(1) 全厂用电设备详细情况（包括功率、用电要求等）。

(2) 供用电协议和有关资料，包括供电电源及技术数据，供电线路进户方位和方式，量电方式及量电器材划分，厂外供电器材供应的划分，供电部门要求及供电费用等。

(3) 自控对象的系统流程图及工艺要求。

7.2.2 食品厂对供电的要求及措施

(1) 有些食品厂生产的季节性很强，像饮料厂、罐头厂、乳品厂等产品产量随季节波动较大，电负荷变化较大。因此，大中型食品厂一般设置两台变压器供电，小型食品厂采用一台变压器供电即可。

(2) 在设计时，变配电设备的容量和面积要留有一定发展余地，以适应食品厂机械化水平的不断提高。

(3) 食品厂用电设备一般属Ⅲ类负荷，可采用单电源供电，采用双电源供电是避免意外停电（供电不稳定地区）时导致的原料腐败和变质，减少不必要的浪费。

(4) 一般食品工厂的生产车间水汽大、湿度高，应对供电管线及电器采取必要防潮措施，防止发生事故。

7.2.3 负荷计算

对食品厂的用电负荷进行计算，可以合理地选择变配电设备及供电系统中各组成元件，一般采用需要系数法，计算公式如下：

$$P_j = K_x P_e$$
$$Q_j = P_j \tan\varphi$$
$$S_j = P_j / \cos\varphi = \sqrt{P_j^2 + Q_j^2}$$

式中　P_j——最大计算有功负荷，kW；

　　　K_x——用电设备的需要系数；

　　　P_e——用电设备的装接容量之和，kW；

　　　Q_j——最大计算无功负荷，kW；

　　　S_j——最大计算视在负荷，kW；

　　$\tan\varphi$——用电负荷的平均自然功率因素及其正切值。

根据全厂用电负荷，确定变压器的容量，一般选择变压器的容量为1.2倍于全厂总计算负荷。

表7.3是某食品厂的用电技术数据。

表7.3　某食品厂用电技术数据

车间或部门		需要系数 K_x	$\cos\varphi$	$\tan\varphi$
乳品车间		0.60～0.65	0.75～0.80	0.75
实罐车间		0.50～0.60	0.70	1.00
番茄酱		0.65	0.80	0.75
空罐车间	一般	0.30～0.40	0.50	1.73
	自动线	0.40～0.50		
	电热	0.90	0.95～1.00	0.33
冷冻机房		0.50～0.60	0.75～0.80	0.75～0.88
冷库		0.40	0.70	1.00
锅炉房		0.65	0.80	0.75
照明		0.80	0.60	1.33

7.2.4　供电系统

食品厂的动力与照明同用时，电源才可以满足生产要求。供电电压低压采用380/220V三相四线制，高压一般采用10kV。供电系统要和当地供电部门一起商议确定，要符合国家有关规程，安全可靠，运行方便，经济节约。

7.2.5　建筑防雷和电气安全

一般食品厂的烟囱、水塔和高层厂房的防雷等级属于第三类。这类建筑物是否需要安装防雷装置，可参考表7.4。

表7.4　建筑防雷参考高度

分　区	年雷电日数	建筑物需考虑防雷的高度
轻雷区	小于30d	高于24m
中雷区	30～75d	平原高于20m，山区高于15m
强雷区	75d 以上	平原高于16m，山区高于12m

电气设备的工作接地，保持接地和保护接零的接地电阻应不大于4Ω，三类建筑防雷的接地装置与电气设备的接地装置可以共用。自来水管路或钢筋混凝土基础亦可作为接地装置。

7.2.6　变配电设施及对土建的要求

变配电设施土建部分的设计应为企业的生产发展留有适当的空间，变压器室的面积可按放大1～2级来考虑，高低压配电间应留有备用柜屏的地位（参阅表7.5）。

表 7.5　变配电设施对土建的要求

项　目	低压配电间	变 压 器 室	高压配电间
耐火等级	三级	一级	二级
采光	自然	不需采光	自然
通风	自然	自然或机械	自然
门	允许木质	难燃材料	允许木质
窗	允许木质	难燃材料	允许木质
墙壁	抹灰刷白	刷白	抹灰刷白
地坪	水泥	抬高地坪,采用下进风	水泥
面积	留备用屏位	宜放大 1～2 级	留备用柜位
层高	>3.5m	4.2～6.3m	架空线时不小于 5m

注：1. 高压电容器原则上单间设置，数量较少时，允许装在高压配电间。
　　2. 低压电容器原则上装在低压配电间。

变配电设施应尽量避免设置独立建筑，一般可附在负荷集中的大型厂房内，但其具体位置要求设备和管线进出方便，避免剧烈振动，符合防火安全要求并应保证阴凉通风。

7.2.7　厂区外线

食品厂的厂区外线一般采用低压架空线，也可以采用低压电缆。架空线路成本低、运行灵活、易于维护。电力电缆运行可靠、供电安全、维修工作量小。线路的布置应保证路程最短，避免迂回供电，与道路和构筑物交叉最少。架空导线一般采用 LJ 形铝铰线。在建筑物密集的厂区应采用绝缘线布线。电杆一般采用水泥杆，埋深一般为 1/6 杆长，杆距 30m 左右，电杆距路边 0.5～1.0m，每杆装路灯一盏。应根据土质决定是否采用混凝土底盘。

7.2.8　车间配电

大部分食品生产车间环境湿度大，温度高，有的还有酸、碱、盐等腐蚀介质，所以，食品生产车间的电气设备和器材应按湿热带条件选择。车间总配电装置应该设在一单独小间内，分配电装置和启动控制设备要能防水汽，防腐蚀，并应尽可能集中于车间的某一场所。配电装置的保护应相互配合，车间内的启动和控制设备可按情况集中控制或分散控制，当工艺设备许可时优先选用直接启动方式。对于原料和产品经常变化的车间，还应多留供电点，以便于设备的调换或移动，机械化生产线则设专用的自动控制箱。

7.2.9　照明

车间和其他建筑物的照明电源必须与动力线分开，并应留有备用回路，主要生产车间应设值班照明。生产照明普遍采用日光灯。当车间的空间净高超过 6m 时，可采用高压汞灯或和高压钠灯混合照明，车间内还应设置灭虫灯。大型车间照明灯的开关应分批集中控制。潮湿的场所，还应采取防潮措施。路灯一般采用 80～125W 的高压汞灯或 100W 高压钠灯，且应在传达室集中控制。具有火险的车间和仓库只能选用 60W 的白炽灯。

食品厂各类车间或工段的最低照明度均有一定要求，根据我国现行能源消费水平如表 7.6 所规定。

7.2.10　仪表控制和自动调节

7.2.10.1　概述

在食品生产中，需要仪表控制和自动调节的参数或对象日益增多，主要有温度、压力、液位、流量、浓度、相对密度、称量、计数及速度调节等。随着科学的发展和技术水平的提

表 7.6　食品工厂最低照明要求

部　门　名　称		光　源	最低照度/lx
主要生产车间	一般	日光灯	100~120
	精细操作工段	日光灯	150~180
包装车间	一般	日光灯	100
	精细操作工段	日光灯	150
原料库、成品库		白炽灯或日光灯	50
冷库		防潮灯	10
其他仓库		白炽灯	10
锅炉房、水泵房		白炽灯	50
办公室		日光灯	60
生活辅助间		日光灯	30

高，食品生产中要求进行仪表自动控制和调节，如奶粉生产中的水分含量自控、浓缩物料的浓度自控、饮料生产中的自动配料以及供汽制冷系统的控制和罐头杀菌的温度自控调节等。

自控设计的主要任务是：根据生产工艺要求及加工对象的特点，正确选择检测仪表和自控系统，确定检测点、位置和安装方式，对每个仪表和调节器进行检验和参数鉴定，对整个系统按"全部手动控制→局部自动控制→全部自动控制"的步骤运行。

7.2.10.2　自控设备的选择

一个自控调节系统的功能装置主要有三个：

参数测量和变送→显示和调节→执行调节

（一次仪表）　　　（二次仪表）（执行机构）

本章节重点介绍与工艺关系密切的执行机构——调节阀的选择。

（1）气动薄膜调节阀　所谓气动薄膜调节阀是气动单元组合仪表的执行机构，在配用电气转换器后，也可作为电动单元组合仪表的执行机构。气动薄膜调节阀具有结构简单、维修方便、品种较全、动作可靠、防火防爆的优点，缺点是体积较大，比较笨重。

（2）气动薄膜隔膜调节阀　这种调节阀适于控制调节有腐蚀性、黏度高及有悬浮颗粒的介质。

（3）电动调节阀　电动调节阀是以电源为动力，接受统一信号 0~10mA 或触点开关信号，通过改变阀门的开启度，达到对压力、温度、流量等参数的控制和调节。电动调节阀与 DF-1 型和 DFD-09 型电动操作器配合，可作自动、手动间的无扰动切换。

（4）电磁阀　电磁阀是由交流电或直流电操作的二位式电动阀门，一般有二位二通、二位三通、二位四通及三位四通等。电磁阀只能用于清水、油及压缩空气、蒸汽等黏度小、无悬浮物的液体及干净气体管路中。交流电磁阀使用比较麻烦，容易烧坏，所以重要管路应用直流电磁阀，但要另配一套直流电源。

（5）各型调节阀的选择　在自控系统设计中，不管选用哪种调节阀，都必须选定阀的公称通径或流通能力"C"。

产品说明中所列的"C"值，是指阀前后压差为 9.8×10^4 Pa，介质密度为 1g/cm³ 的水，每小时流过阀门的体积（m³）。实际使用中，由于阀前后压差是可变的，所以流量也是可变的。设 C 为调节阀流通能力，Q 为液体体积流量 [cm³/s（m³/h）]，F 为调节阀接管截面积（cm²），ΔP 为阀前后压差（Pa），ρ 为液体的密度（g/cm³），则：

$$C = \frac{Q}{\sqrt{\dfrac{\Delta P}{\rho}}} \qquad 或 \qquad Q = C\sqrt{\frac{\Delta P}{\rho}}$$

由上可见，当 ΔP 和 ρ 一定时，相对于最大流量 Q_{max}，有 C_{max}；相对于 Q_{min}，有 C_{min}。根据工艺要求的最大流量 Q_{max}，选择适当的调节阀，使阀的流通能力 $C > C_{max}$，同时查调节阀的特性曲线，确定阀门在 C_{max} 和 C_{min} 时对应的开度，一般使最小开度不小于 10%，最大阀门开度不大于 90%。

调节阀除了要选定通径、流量能力及特性曲线外，还应根据工艺特性和要求，决定采用电动还是气动，气开式还是气闭式，并要满足工作压力、温度、防腐及清洗方面的要求。

气动调节阀应用范围较广，既适用于气动单元调节系统，也可用于电动单元调节系统，而电动调节阀仅适用于电动单元调节系统。

调节阀的选择，还要注意在停电、停汽等特殊情况下的安全性。如电动调节阀，当停电时，只能停在此位；而气动调节阀，在停气时，能靠弹簧恢复原位。又如气开式调节阀在无气时为关闭状态，气闭式调节阀在无气时为开启状态。因此，要根据不同的工艺管道，选择不同的阀门。如锅炉进水，只能选气闭式或电动式，而对于连续浓缩设备的蒸汽调节阀，只能选用气开式。

7.3 供汽系统

蒸汽是食品厂动力供应的重要组成部分。食品工厂用汽部门主要有生产车间（包括原料处理、配料、热加工、发酵、灭菌等）和辅助生产车间，如综合利用、罐头保温、试制室、浴室、洗衣房、食堂等，罐头保温库要求连续供热。

关于蒸汽的压力，除以蒸汽作为热源的热风干燥、真空熬糖、高温油炸等要求 0.8～1.0MPa 外，其他用汽压力大多在 0.7MPa 以下，大部分产品在生产过程中对蒸汽品质的要求是低压饱和蒸汽，因此蒸汽在使用时需经过减压装置，以确保用汽安全。

为了适应食品工厂生产的季节性变化，一般需要配备不少于两台型号相同的锅炉。

7.3.1 锅炉容量及型号的确定

7.3.1.1 锅炉容量的确定

锅炉的额定容量可按下式计算：

$$Q = 1.15(0.8Q_c + Q_s + Q_z + Q_g)$$

式中 Q——锅炉额定容量，t/h；

Q_c——全厂生产用最大蒸汽耗量，t/h；

Q_s——全厂生活用最大蒸汽耗量，t/h；

Q_z——锅炉房自用汽量，t/h（一般取 5%～8%）；

Q_g——管网热损失，t/h（一般取 5%～10%）。

7.3.1.2 锅炉的选型

锅炉的型号要根据食品厂的要求与特点和全厂及锅炉的热负荷来确定。型号必须满足负荷的需要，所用的蒸汽、工作压力和温度也应符合食品厂的要求，选用的锅炉应有较高的热效率和较低的燃料消耗、基建和管理费用，并能够经济有效地适应热负荷的变化需要。

7.3.2 锅炉房的位置及内部布置

7.3.2.1 锅炉房在厂区的位置

锅炉排出的气体中，含有大量的灰尘和煤屑，这些煤屑排入大气后，由于速度减慢而散落下来，造成环境污染。所以，锅炉房应处在食品工厂主车间全年主导风向的下风向，并有较好的朝向，以利于自然通风和采光，位置要靠近热负荷比较集中的地区，锅炉房附近要有足够的燃料和灰渣堆放场所。在总体布置上，锅炉房要选在对生产车间影响较小的地方，不宜和生产厂房或宿舍相连，也不宜布置在厂前区或主干道旁，并且需留有扩建的余地。

7.3.2.2 锅炉房的布置

（1）锅炉房附属的锅炉间、水泵间、水处理间和化验室等应建在同一建筑物内。

（2）烟囱离锅炉所在建筑物应有一定距离，避免烟囱基础下沉而影响锅炉房的基础。烟道布置应力求简单，并使每台锅炉抽力均衡。

（3）锅炉房顶部最低结构与锅炉最高操作点的距离不应小于 2m。

（4）锅炉房前墙与锅炉前端的距离不应小于 3m，对于需要在炉前操作的锅炉，其炉前区长度要比燃烧室长 2m。

（5）不需要在侧面操作的锅炉，其通道宽不小于 1m，需要在侧面操作的锅炉，如在 4t/h 以下，其通道宽不小于 2m，如在 4t/h 以上，其通道宽不小于 2.5m。锅炉侧面和后端不需要操作时，其通道不应小于 0.8m。

7.3.3 锅炉的给水处理

锅炉属于特殊的压力容器。水在锅炉中受热蒸发成蒸汽，原水中的矿物质会结成水垢留在锅炉内壁，影响锅炉的传热效果，严重时会影响锅炉的运行安全。所以，锅炉给水和炉水的水质应符合表 7.7 所列低压锅炉水质标准要求，以保证锅炉的安全运行。

表 7.7　低压锅炉水质标准

项　目	给　水			炉　水		
工作压力/MPa	$\leqslant 10 \times 10^5$	$>10 \times 10^5$ $\leqslant 16 \times 10^5$	$>16 \times 10^5$ $\leqslant 25 \times 10^5$	$\leqslant 10 \times 10^5$	$>10 \times 10^5$ $\leqslant 16 \times 10^5$	$>16 \times 10^5$ $\leqslant 25 \times 10^5$
悬浮物/(mg/L)	$\leqslant 5$	$\leqslant 5$	$\leqslant 5$			
总硬度/(mmol/L)	0.04	0.04	0.04			
pH 值(25℃)	>7	>7	>7	10～12	10～12	10～12
含油量/(mg/L)	$\leqslant 2$	$\leqslant 2$	$\leqslant 2$			
溶解氧/(mg/L)	$\leqslant 0.1$	$\leqslant 0.1$	$\leqslant 0.1$			
总碱度/(mg/L)　有过滤器				$\leqslant 20$	$\leqslant 18$	$\leqslant 14$
无过滤器					$\leqslant 14$	$\leqslant 12$
溶解固性物/(mg/L)　有过滤器				<4000	<3500	<3000
无过滤器					<3000	<2500

一般的自来水均不符合上述指标，需对水进行软化处理。处理的方法有多种，所用方法应保证锅炉产生的蒸汽符合食品卫生要求，对生产和生活无有害影响，同时又能保证锅炉的安全运行。一般蒸汽锅炉的给水应采用炉外化学处理，控制锅炉排污率在锅炉蒸发量的10%以内。炉外化学处理法中以离子交换软化法使用最广泛，对于不同的水质和不同的用水量，可以分别采用不同型号的离子交换器，常用离子交换器的主要技术参数见表 7.8 所示。

表 7.8　常用离子交换器主要技术参数

型　号	处理能力 /(t/h)	过滤面积 /m²	过滤层高 /mm	设备净重 /kg	工作压力 /MPa	直径 /mm	高度 /mm
$\phi 500$	2.0	0.196	1800	297	0.6	$\phi 500$	3000
$\phi 750$	4.5	0.441	1600	696	0.6	$\phi 752$	2977
$\phi 1000$	8.0	0.785	2000	1103	0.6	$\phi 1004$	3700
$\phi 1500$	17.5	1.770	2500	2515	0.6	$\phi 1500$	4730
$\phi 2000$	55.0	3.140	2500	3680	0.6	$\phi 2004$	5025

7.3.4 煤及灰渣的储运

煤场的存煤量可按 25～30d 的煤耗量考虑，粗略估算每 1t 煤可产 6t 蒸汽。煤场一般为露天堆场，也可建一部分干煤棚。煤场的转运设备是将运输工具上的煤卸至储煤场和将煤送至锅炉房的上煤系统的设备，可根据锅炉房的规模选用人工翻斗手推车、装载机、皮带输送机等。锅炉在两台以下时用人工手推车将渣运至渣场，多台锅炉时可用框链出渣机、刮板出渣机、耐热胶带输送机将渣运至渣场，渣场的储量一般按不少于 5d 的最大渣量考虑。

7.3.5 通风和排烟除尘

锅炉通风的目的是向炉膛内提供燃料燃烧所需要的空气，并将燃烧后的烟气及时排出炉外。通风方式有自然通风和机械通风两种。自然通风仅适于小型锅炉，是利用烟囱的抽吸力将烟气排出；机械通风利用机械方式进行，如用鼓风机将空气送入燃烧室或用引风机将烟气排出。烟囱的材料以砖砌为多，口径和高度应满足锅炉的通风要求，即烟囱的抽力应大于锅炉及烟道的总阻力，并有 20% 的余量。但若高度超过 50m 或在 7 级以上的地震区，最好采用钢筋混凝土烟囱。

燃料燃烧产生的烟尘及部分未燃尽的燃料和有害气体 SO_2 等，会使锅炉机组受热面及引风机造成磨损，还将增加环境的污染。烟尘与二氧化硫在烟囱出口处的允许排放量与烟囱的高度相关（见表 7.9）。烟尘由煤烟和飞灰组成，一般通过改进炉子设计和燃烧装置来减轻锅炉烟尘的危害，另外还可在锅炉尾部装备除尘器，使排出烟气中的含尘量符合排放标准。

表 7.9 烟囱高度与烟尘及 SO_2 的允许排放量

烟囱高度/m		30	35	40	45	50
允许排放量/(kg/h)	烟尘	16	25	35	50	100
	二氧化碳	82	100	130	170	230

7.4 采暖与通风

采暖通风的目的是改善工人的劳动条件和工作环境；满足某些产品的工艺要求或作为一种生产手段；防止建筑物发霉，改善工厂卫生。采暖与通风设计的主要内容有：车间或生活室的冬季采暖、夏季空调或降温，某些食品生产过程中的保温（罐头成品的保温库）或干燥（脱水蔬菜的烘房），某些设备或车间的排气与通风以及某些物料的风力输送等。

7.4.1 采暖的一般规定

7.4.1.1 国家标准

根据国家规定，凡日平均温度≤5℃的天数历年平均为 90d 以上的地区，应该集中供暖。食品厂的供暖也可按此标准执行，设计时应查阅全国各主要城市室外气象资料。但还应考虑到不同生产车间的特点，如有的车间热加工较多，车间温度比室外高得多，即使处于集中供暖区，也可以不考虑人工取暖。而非采暖地区某些生产或辅助车间，因使用或卫生方面的要求也需考虑采暖，如更衣室、浴室、医务室、女工卫生室、烘衣房等。

7.4.1.2 室内计算温度

根据国家有关规定，设计集中供暖时，如果生产无特殊的要求，冬季室内工作点的计算温度（通过采暖应达到的室内温度）应符合表 7.10 的要求，辅助用室的冬季室温应符合表 7.11 的要求。采暖地区非工作时间内，宜按 5℃ 设计车间值勤采暖，防止冻裂设备。当生产工艺有特殊要求时，采暖温度则应按生产工艺的不同要求而定。如肉禽罐头保温间为 37℃，果蔬罐头保温间为 25℃。

表 7.10　车间内冬季气温要求

分　　类		空气温度/℃	备　　注
轻作业	每人占用面积<50m²	≥15	食品厂环境潮湿、采暖温度宜比该表数值高 1～2℃
（能耗≤140W）	每人占用面积为 50～100m²	≥10	
重作业	每人占用面积<50m²	≥12	
（能耗 140～200W）	每人占用面积为 50～100m²	≥7	

表 7.11　辅助用室冬季室内气温要求

辅　助　用　室	室内气温/℃	辅　助　用　室	室内气温/℃
食堂	14	哺乳室	20
办公室、休息室	16～18	淋浴间	25
厕所、盥洗室	12	淋浴间换衣室	23
女工卫生室	23	烘衣房	40～60

7.4.2　采暖系统热负荷计算

精确计算采暖系统耗热量公式很复杂，在此仅介绍概略计算耗热量的公式：

$$Q = PV(T_n - T_w)$$

式中　Q——耗热量，kJ/h；

　　　P——热指标，kJ/（m²·h·K）（有通风车间 $P=1.0$，无通风车间 $P=0.8$）；

　　　V——房间体积，m³；

　　　T_n——室内计算温度，K；

　　　T_w——室外计算温度，K。

7.4.3　采暖方式

食品厂一般以蒸汽或热水作为采暖热媒。生活区常用热水，在生产车间中，如生产工艺中的用汽量远远超过采暖用汽量时，则车间采暖一般选择蒸汽作为热媒，工作压力 0.2MPa。

食品厂的采暖方式一般有热风采暖、散热器采暖和辐射采暖等几种。食品厂大多采用散热器采暖，如果夏季有空调要求的车间或车间单元体积大于 3000m³ 时，应该采用热风采暖，此时，选择工作区域风速 0.15～0.3m/s，热风温度 30～50℃ 较为适宜。

7.4.4　通风与空调的一般规定

为改善工人的劳动条件和工作环境，保证产品质量和安全，食品厂的生产车间在高温季节需设置通风或空调装置。通风和空调的一般规则如下。

（1）优先考虑自然通风　为了节约能耗和减少噪声，应优先选择自然通风。车间的方位应根据车间的主要进风和建筑形式，按夏季最有利的风向进行布置。还要考虑通风后的卫生情况。

（2）机械通风　自然通风达不到要求时，要采用机械通风。当工作点的温度大于 35℃时，应设置机械吹风，吹风方向应从工人前侧上方倾斜吹到人体的头、颈和胸部。吹风的风速在轻作业时为 2～5m/s，重作业时为 3～7m/s。在有大量蒸汽产生的区域，不论气温高低，都应使用机械排风。

（3）夏季工作地点空气温度规定　食品厂夏季工作地点的空气温度应符合表 7.12 的要求。

表 7.12　车间工作地点夏季空气温度

夏季通风室外计算温度/℃	工作地点与室外温差/℃（不得超过值）
≤22	10
23～29	相应不得超过 9、8、7、6、5、4
29～32	3
≥33	2

（4）新鲜空气量标准　每人每小时应有的新鲜空气标准如表 7.13 所示。

表 7.13　新鲜空气标准

平均每人所占车间容积/(m³/人)	应有新鲜空气量/[m³/(人·h)]
<20	≥30
20～40	≥20
>40	可由门窗渗入的空气换气

（5）有关车间的温湿度要求　食品厂车间的温湿度取决于产品性质和不同的工艺要求。一些生产车间的温湿度要求，可参考表 7.14。

表 7.14　食品工厂有关车间的温湿度要求

工 厂 类 型	车间或部门名称	温度/℃	相对湿度/%
罐头厂	鲜肉晾肉间	0～4	>90
	冻肉解冻间	冬天 12～15	>95
		夏天 15～18	>95
	分割肉间	<20	70～80
	腌制间	0～4	>90
	午餐肉车间	18～20	70～80
	一般肉禽、水产车间	22～25	70～80
	果蔬类罐头车间	25～28	70～80
乳与乳品厂	消毒奶灌装间	22～25	70～80
	炼乳装罐间	>20	>70
	奶粉包装间	22～25	<60
	麦乳精粉碎及包装间	22～25	<40～50
	冷饮包装间	22～25	>70
糖果厂	软糖成型间	25～28	<75
	软糖包装间	22～25	<65
	硬糖成型间	25～28	<65
	硬糖包装间	22～25	<60

7.4.5　空调设计的计算

空调设计的计算包括夏季冷负荷计算、夏季湿负荷计算和送风量计算。

7.4.5.1　夏季空调冷负荷计算

$$Q = Q_1 + Q_2 + Q_3 + Q_4 + Q_5 + Q_6 + Q_7 + Q_8$$

式中　Q——总耗冷量，kJ/h；

Q_1——房间围护结构耗冷量，kJ/h（主要取决于围护材料的导热系数 k）；

Q_2——渗入室内的热空气的耗冷量，kJ/h（主要取决于新鲜空气量和室内外气温差）；

Q_3——热物料在车间内的耗冷量，kJ/h；

Q_4——热设备的耗冷量，kJ/h；

Q_5——人体散热量，kJ/h；

Q_6——电动设备的散热量，kJ/h；

Q_7——人工照明的散热量，kJ/h；

Q_8——其他散热量，kJ/h。

7.4.5.2 夏季空调湿负荷计算

$$W = \frac{W_1 + W_2 + W_3}{1000}$$

式中 W——总散湿量，kg/h；

W_1——人体散湿量，kg/h；

W_2——潮湿地面散湿量，kg/h；

W_3——其他散湿量，kg/h。

7.4.5.3 送风量的确定

（1）根据总耗冷量和总散湿量计算热湿比 ε（kJ/kg）；

$$\varepsilon = \frac{Q}{W}$$

（2）确定送风参数：食品厂生产车间空调送风温差 Δt_{n-k} 一般为 $6\sim8℃$。在 $I\text{-}d$ 图上分别标出室内外状态点 N 及 W。由 N 点，根据 ε 值及 Δt_{n-k} 值，标出送风状态点 K（K 点相对湿度一般为 $90\%\sim95\%$），K 点所表示的空气参数即为送风参数。

（3）确定新风与回风的混合点 C：在 $I\text{-}d$ 图上，混合点 C 一定在室内状态点 N 与室外状态点 W 的连线上，且

$$\frac{\overline{NC}\ 线段长度}{\overline{WC}\ 线段长度} = \frac{新风量}{回风量}$$

亦即

$$\frac{\overline{NC}}{\overline{NW}} = \frac{新风量}{总风量}$$

应使比值 $\dfrac{新风量}{总风量} \geqslant 10\%$，并再校核新风量是否满足人的卫生要求 $[30\text{m}^3/(人\cdot\text{h})]$，是否满足于补偿局部排风并保持室内规定正压所需要的风量。C 点即为新风、回风的混合点，C 点表示的参数即为空气处理的初参数、连线 $\overline{CK}$ 即是空气处理过程在 $I\text{-}d$ 图上的表示。

（4）确定送风量 G：

$$G = \frac{Q}{I_n - I_k}$$

式中，I_n、I_k 分别为室内空气及空气处理终了时的焓，kJ/kg。

实际选择风机时，应考虑 $10\%\sim15\%$ 的风量附加值。

7.4.6 局部排风

食品车间的热加工工段，通常会有大量的余热和水蒸气散发出来，特别是开口加热设备，如热烫、预煮、油炸、浓缩、排气、杀菌设备等。如果不能及时将这些余热及水气排出，会使车间的温度升高，湿度增加，而且还会使建筑物内表面滴水、发霉。所以，在这些工段应采取局部排风措施，以改善车间的生产条件和卫生状况。

小范围局部排风可选用排气风扇，但在湿热条件下工作易出故障。轴流风机和离心风机

等主要用于大面积排风或温湿度加大的工段。单层厂房还可采用气楼，有些设备如烘箱、烘房、预煮机等可设专门封闭排风管排出室外，有些开口面积较大的设备如夹层锅、油炸锅等不能接封闭的风管，可设伞形排风罩接排风管。对于能造成大气污染的油烟气或化学性有害气体，应设立过滤器等处理装置，经处理后方能排入大气。

7.5 制冷

食品工厂设置制冷工程的主要作用是对原辅料及成品进行储藏保鲜。如为延长生产期，保持原辅料及成品新鲜的果蔬高温冷藏库及肉禽鱼类的低温冷藏库。食品在加工过程中的冷却、冷冻、速冻工艺，车间空气调节或降温也需要配备制冷设施。

7.5.1 冷库容量及面积的确定

7.5.1.1 冷库容量

食品厂各类冷库均属生产性冷库，不同于商业分配性冷库，其容量必须围绕生产周转、原料供应、运输条件等情况而决定。一般全厂冷库的容量可按年生产量的 10%～20% 考虑，确定各种冷库大小可参考表 7.15。

表 7.15 食品工厂各种库房的储备量

库 房 名 称	温度/℃	储藏物料	库房容量要求
高温库	0～4	水果、蔬菜、禽蛋	15～20d 需要量
低温库	−18 以下	肉禽、水产	30～40d 需要量
冰库	−10 以下	自制机冰	10～20d 的制冰能力
冻结间	−23 以下	肉禽类副产品	日处理量的 50%
腌制间	−4～0	肉料	日处理量的 4 倍
肉制品库	0～4	西式火腿、红肠	15～20d 产量

7.5.1.2 冷库建筑面积的估算

可以根据计划任务书规定的冷藏量，按下列公式估算冷库建筑面积：

$$A = \frac{m \times 1000}{a \rho h n}$$

式中 A——冷库建筑面积（不包括穿堂、电梯间等辅助建筑），m^2；

m——计划任务书规定的冷藏量，t；

a——平面系数（有效堆货面积/建筑面积），多库房的小型冷库（稻壳隔热）取 0.78～0.72，大库房的冷库（软木、泡沫塑料隔热）取 0.76～0.78；

h——冷冻食品的有效堆货高度，m；

n——冷库层数；

ρ——冷冻食品的单位平均密度，kg/m^3。

7.5.2 冷库设计要求

7.5.2.1 冷库建筑的特点

(1) 食品冷加工场所的建筑主要受到生产工艺流程和运输条件的制约。

(2) 冷库要求结构坚固，并且具有较大承载力，以满足堆放货物和各种装卸运输设备正常运转的要求。

(3) 设置合理的保温隔热层和隔汽防潮层。

(4) 冷库所用的建筑材料和构件应保证有足够的强度和抗冻能力。

7.5.2.2 冷库平面布置的基本原则

（1）根据资源量及商品的不同要求确定合理的冷藏间和间隔面积。

（2）为了减少外部的围护结构，冷库冷间的平面几何形状最好接近正方形。

（3）平面布置时应合理安排同温库房，以减少绝热层厚度。

（4）宜采用常温穿堂，而不宜设室内穿堂。

7.5.2.3 保温隔热设计

通常应选择导热系数小、体积小、质量轻、吸湿性小、不易燃烧、不生虫腐烂的材料作为保温隔热材料。

目前，冷库墙体隔热层主要有以下三种施工方式：①采用夹层墙；②采用预制隔热嵌板；③墙体上现场喷涂聚氨酯。根据实际情况合理选择。

7.5.2.4 隔汽防潮设计

（1）隔汽防潮层必须在绝热层的高温侧设置。

（2）对于低温侧比较潮湿的场所，其外墙和内墙隔热层两侧均应设防潮层。

（3）冷库内隔墙在相同温度时，可不设置隔汽层。

（4）常用隔汽防潮材料主要有两大类：石油沥青油毡和塑料薄膜防潮材料。

7.5.3 冷库耗冷量计算

冷库的耗冷量是制冷工艺设计的基础资料，库房制冷设备和机房制冷压缩机的设计和配置，都应以耗冷量作为依据。影响冷库耗冷量的因素很多，主要有冷加工食品的种类、数量、温度、冷库温度、大气温度、冷库结构等因素。冷库耗冷量计算比较繁杂，下面简要介绍耗冷量的经验数据和估算数值。

7.5.3.1 冷库总耗冷量的计算

$$Q = Q_1 + Q_2 + Q_3 + Q_4$$

式中　Q——冷库总耗冷量，kJ/h；

　　　Q_1——冷库围护结构耗冷量，kJ/h；

　　　Q_2——物料冷却、冻结耗冷量，kJ/h；

　　　Q_3——库房换气通风耗冷量，kJ/h；

　　　Q_4——冷库运行管理耗冷量，kJ/h。

7.5.3.2 冷库围护结构耗冷量 Q_1

库内外温差传热耗冷量 Q_{1a} 与太阳辐射热引起的耗冷量 Q_{1b} 两部分共同构成了冷库围护结构的耗冷量。

（1）库内外温差传热耗冷量 Q_{1a}

$$Q_{1a} = \frac{KA}{t_w - t_n}$$

式中　K——冷库围护结构的传热系数，kJ/(m²·h·℃)；

　　　A——冷库围护结构的传热面积，m²；

　　　t_w——库外计算温度，℃；

　　　t_n——库内计算温度，℃。

其中库外计算温度 t_w 可按下式计算：

$$t_w = 0.4t_p + 0.6t_m$$

式中　t_p——当地最热月的日平均温度，℃；

　　　t_m——当地极端最高温度，℃。

（2）太阳辐射热引起的耗冷量 Q_{1b}

$$Q_{1b} = KAt_d$$

式中　K——外墙和屋顶的传热系数，$kJ/(m^2 \cdot h \cdot ℃)$；

A——受太阳辐射围护结构的面积，m^2；

t_d——受太阳辐射影响的昼夜平均温度，℃。

7.5.3.3　物料冷却、冻结耗冷量 Q_2

$$Q_2 = \frac{m(h_1 - h_2)}{t} + \frac{m'(t_1 - t_2)c}{t} + \frac{m(g_1 + g_2)}{t}$$

式中　m——冷库进货量，kg；

h_1，h_2——物料冷却、冻结前后的热焓，kJ/kg；

t——冷却时间，h；

m'——包装材料质量，kg；

t_1，t_2——进、出库时包装材料的温度，℃；

c——包装材料的比热容，$kJ/(kg \cdot ℃)$；

g_1，g_2——果蔬进、出库时相应的呼吸热，$kJ/(kg \cdot h)$。

一般情况下，物料初次进入冷库的热负荷较大，计算制冷设备制冷量时应按 Q_2 的 1.3 倍计。

7.5.3.4　库房换气通风耗冷量 Q_3（需换气的冷风库才进行此项计算）

$$Q_3 = \frac{3\rho V \Delta h}{t}$$

式中　ρ——库房内空气的密度，kg/m^3；

V——库房的体积，m^3；

Δh——库内外空气的焓差，kJ/kg；

t——通风机每天工作时间，h；

3——每天更换新鲜空气的次数，一般为 1～3，此处取最大值。

7.5.3.5　库房运行管理耗冷量 Q_4

$$Q_4 = Q_{4a} + Q_{4b} + Q_{4c} + Q_{4d}$$

式中　Q_{4a}——照明的耗冷量，kJ/h，每平方米耗冷量：冷藏间 4.18kJ/h，操作间 16.7kJ/h；

Q_{4b}——电动机运转耗冷量，kJ/h，$Q_{4b}=3594N$；

N——电动机额定功率，kW；

Q_{4c}——开门耗冷量，kJ/h；

Q_{4d}——库房操作人员耗冷量，kJ/h，$Q_{4d}=1256x$；

x——库内同时操作人数，一般，$x=2～4$。

但由于冷藏间使用条件变化较大，为简便计，也可按下式估算 Q_4：

$$Q_4 = (0.1 \sim 0.4)Q_1$$

对于大型冷库取 0.1，中型冷库取 0.2～0.3，小型冷库可取 0.4。

7.5.4　制冷方法与制冷系统

制冷就是利用外界能量使热量从低温物质（或环境）转移到高温物质（或环境）的技术。目前实现制冷的方法很多，如蒸汽压缩式、吸收式、蒸汽喷射式、吸附式、热电式、膨胀式等制冷方法。其中蒸汽压缩式制冷具有性能好、效率高的优点，是目前应用最为广泛的一种制冷方法。

蒸汽压缩式制冷根据所用制冷剂的不同，可分为以下两种。

（1）氟里昂系统：系统简单、安装便捷，制冷剂无色、无味、无毒害，广泛用于食品工厂的中小型冷库上。

（2）氨制冷系统：氨具有良好的热力学性质，并且价格便宜，主要用于大中型冷库上。

根据制冷剂蒸汽被压缩的次数，又可分为以下两种。

（1）单级压缩：单级压缩制冷机，在使用中温制冷工质时，根据冷凝温度和制冷工质的不同，蒸发温度只能达 $-35℃$ 左右，如需获得更低的温度（$-70 \sim -40℃$），可采用双级压缩制冷循环系统。

（2）双级压缩和复叠式压缩制冷系统。

7.5.5 制冷压缩机的选择

7.5.5.1 各种温度的确定

（1）冷凝温度 t_k：

冷却介质为空气时， $t_k(℃) = t'_a + (10 \sim 15)$

冷却介质为水时， $t_k(℃) = t'_a + (4 \sim 6)$

其中 t'_a 为冷却介质的温度。

（2）蒸发温度 t_0：以空气为冷媒时，t_0 比空气温度低 $5 \sim 10℃$；以水或盐水为冷媒时，t_0 比介质低 $4 \sim 6℃$。

（3）过冷温度：对于小型单级压缩制冷系统，过冷温度较 t_k 低 $3 \sim 5℃$；对于大型制冷设备，过冷温度可从膨胀阀前的液体管上的温度计测得。

（4）压缩机吸气温度：氨压缩机的吸气温度，一般允许较 t_0 高 $5 \sim 8℃$，对于氟里昂制冷系统可超过 $15℃$。

（5）压缩机排气温度：对于单级压缩氨制冷系统，可根据下式估算：

$$t_p(℃) = 2.4(t_k - t_0)$$

7.5.5.2 选择计算的一般原则

（1）如果冷库设计库温为 $-4℃$ 以上，蒸发温度为 $-15℃$ 左右时，制冷系统应采用单级压缩机。

（2）当冷凝压力与蒸发压力之比 $P_k/P_0 < 8$ 时，采用单级压缩机；当 $P_k/P_0 > 8$ 时，则采用双级压缩机。

（3）双级压缩机组的配比，理论上以中间压力为 $P_m = \sqrt{P_k P_0}$，即低压级的压缩比和高压级的压缩比相等较为经济。其体积比按不同的 P_k 和 P_0，一般在 $1:2$ 与 $1:3$ 之间选用。

7.5.5.3 单级压缩氟里昂机组的选择

常见的氟里昂制冷压缩机的主要技术数据如表 7.16 所示，实际生产中可根据实际需要酌情选择。

7.5.5.4 氨压缩机的选择

氨压缩机产品出厂时都有该厂设备的制冷能力曲线图，该图可按所设定的蒸发温度 t_0 和冷凝温度 t_k 查出相应的每 $1m^3$ 理论体积制冷量 q_{vh}，然后根据计算出的机械冷负荷 Q_0 算出所需氨压缩机的理论体积 $V_h(m^3/h)$：

$$V_h = \frac{Q_0}{q_{vh}}$$

最后，查阅氨压缩机技术性能表，选择各项性能指标合适的使用。常见中小型单级氨制冷压缩机性能如表 7.17 所示。

表 7.16　氟里昂制冷压缩机主要技术性能表

型　号	8FS10	6FW10	4FV10	8FS7	6FW7	4FV7	2F6.5	6FVW7B	4FV7B	3FL5B
封闭方式	开启式	开启式	开启式	开启式	开启式	开启式	开启式	半封闭式	半封闭式	半封闭式
汽缸直径/mm	100	100	100	70	70	70	65	70	70	50
活塞行程/mm	70	70	70	55	55	55	76	55	55	44
吸入管径/mm	89	89	50	50	50	40	19	50	38	24
排出管径/mm	76	76	38	50	50	40	16	38	38	18
使用工质	R-12 R-22	R-12 R-22	R-12	R-12 R-22	R-12 R-22	R-12 R-22	R-12	R-12 R-22	R-12 R-22	R-12 R-22
标准工况制冷量/(kJ/h)	351000 351000	263000 454000	117000	134000 213000	100000 159000	67000 109000	17000	97000 154000	65000 102000	15000 24000
电机功率/kW	55 75	40 55	22	22 30	17 22	13 17	3	17 22	13 17	2.2 3

表 7.17　中小型单级氨制冷压缩机技术性能表

型　　号	汽缸直径 /mm	活塞行程 /mm	标准制冷量 /(kJ/h)	理论排气量 /(m³/h)	电机功率 /kW
2AZ10	100	70	96600	63.3	13
4AV10	100	70	195000	126.6	22
6AW10	100	70	293000	190	30
8AS10	100	70	389000	253.3	40
2AV12.5	125	100	209000	141	30
4AV12.5	125	100	417000	283	55
6AW12.5	125	100	628000	424	75
8AS12.5	125	100	837000	566	95
4AV17	170	140	924000	606	95
6AW17	170	140	1386000	825	132
8AS17	170	140	1848000	1100	190

复习思考题

1. 简述食品工厂公用系统设计的主要内容和注意事项。

2. 食品工厂对水质有何要求？有何处理办法？

3. 对某一拟建食品工厂的用水量、排水量、电负荷、热负荷以及冷库耗冷量进行设计计算。

第8章 环境保护

教学目标

（1）了解污水综合排放标准及有关规定，食品工业企业环境噪声标准及有关规定，大气质量标准及有关规定；

（2）熟悉污水、噪声及大气污染的质量控制；

（3）掌握食品工业污水的处理方法，噪声控制技术，大气污染治理技术。

8.1　污水控制

8.1.1　污水综合排放标准及有关规定

8.1.1.1　工业废水中有害物质的最高容许排放浓度

食品工厂生产过程中，各种原料预处理和设备的清洗等将会产生大量废水，对环境造成污染。所以，废水处理是食品工厂设计的主要任务之一。我国工业废水排放标准是1974年1月1日试行的，1988年修订为《污水综合排放标准》代替 GB 54—1973（废水部分），1996年再次修订为《污水综合排放标准》（GB 8978—1996），1998年1月1日开始实施。

我国工业废水排放标准规定：

（1）饮用水的水源和风景游览区的水质，严禁有任何污染；

（2）渔业与农业用水，要保证植物的生长条件，保证动植物体内有害物质的残存毒性不得超过食用标准；

（3）工业用水的水源，必须符合工业生产用水的要求。

排放标准中，对工业废水里含有有害物质的最高容许排放浓度，作出严格规定。有害物质最高容许排放浓度分为两类。

第一类：能在环境或动植物体内积蓄，对人体健康产生长远影响的有害物质。含有这类有害物质的工业废水，在废水排出口处，应符合下列排放标准才能排放（见表8.1）。

表 8.1　第一类污染物最高允许排放浓度　　　　　　　　　　单位：mg/L

序　号	污染物	最高允许排放浓度	序　号	污染物	最高允许排放浓度
1	总汞	0.05	8	总镍	1.0
2	烷基汞	不得检出	9	苯并[a]芘	0.00003
3	总镉	0.1	10	总铍	0.005
4	总铬	1.5	11	总银	0.5
5	六价铬	0.5	12	总 α 放射性	1Bq/L
6	总砷	0.5	13	总 β 放射性	10Bq/L
7	总铅	1.0			

第二类：其长远影响小于第一类有害物质，也就是说，从长远角度考虑，其毒性作用低于第一类物质的毒性，其工厂排出口处的有害物质浓度应符合表8.2中的要求，才能排放。

表 8.2　第二类污染物最高允许排放浓度（1998 年 1 月 1 日后建设的单位）　　　　单位：mg/L

序　号	污　染　物	一级标准	二级标准	三级标准
1	pH 值	6～9	6～9	6～9
2	色度(稀释倍数)	50	80	—
3	悬浮物(SS)	70	150	400
4	生化需氧量(BOD)	20	100	600
5	化学需氧量(COD)	100	300	1000
6	石油类	5	10	20
7	动植物油	10	15	100
8	挥发酚	0.5	0.5	2.0
9	总氰化合物	0.5	0.5	1.0
10	硫化物	1.0	1.0	1.0
11	氨氮	15	25	—
12	氟化物	10	10	20
13	磷酸盐(以 P 计)	0.5	1.0	—
14	甲醛	1.0	2.0	5.0
15	苯胺类	1.0	2.0	5.0
16	硝基苯类	2.0	3.0	5.0
17	阴离子表面活性剂(LAS)	5.0	10	20
18	总铜	0.5	1.0	2.0
19	总锌	2.0	5.0	5.0
20	总锰	2.0	2.0	5.0
21	元素磷	0.1	0.1	0.3
22	有机磷(以 P 计)	不得检出	0.5	0.5
23	总有机碳(TOC)	20	30	—
24	总硒	0.1	0.2	0.5

8.1.1.2　食品行业最高允许排水量

国家污水综合排放标准（GB 8978—1996）不仅规定了工业废水中有害物质的最高容许排放浓度，并且规定了部分行业最高允许排水量，表 8.3 是部分食品行业最高允许排水量。

表 8.3　部分食品行业最高允许排水量（1998 年 1 月 1 日后建设的单位）

序　号	行业类别		最高允许排水量或最低允许水重复利用率
1	制糖工业	甘蔗制糖	10.0m³/t(甘蔗)
		甜菜制糖	4.0m³/t(甜菜)
2	味精工业		600.0m³/t(味精)
3	啤酒工业(排水量不包括麦芽水部分)		16.0m³/t(啤酒)
4	酒精工业	以玉米为原料	100.0m³/t(酒精)
		以薯类为原料	80.0m³/t(酒精)
		以糖蜜为原料	70.0m³/t(酒精)

8.1.1.3　检测水质污染程度的参数

检测水质的污染程度，除上述规定的第一、二类最高容许排放浓度外，还有很多指标，概括起来可分为三类。

（1）物理方面的污染参数：如透明度、浊度、颜色、悬浮物、温度、臭味、味道、蒸发残留物和电导率等。

（2）化学方面的污染参数：如 pH 值、酸度、碱度、硬度、生化需氧量、化学需氧量、溶解氧、总有机碳、总需氧量、油含量、营养素含量和有害有毒物质含量等。

（3）生物方面的污染参数：如病毒、大肠菌数、一般细菌数、鱼毒性实验和水生物分析等。

8.1.1.4　几个主要参数的解释

（1）pH值　即废水中氢离子浓度。大部分水生生物生存的pH值范围为5～9，超过这个范围，就会使很多水生生物受到损害，以至死亡；亦会影响农作物的生长及影响人体代谢和消化系统失调等。因此，pH值是衡量水质的重要指标。

（2）生化需氧量（BOD）　许多有机物在水体中成为微生物的营养源，而被消化分解，分解过程要大量消耗水中的溶解氧。溶解氧由此而显著降低，就会给需氧的鱼类等水生生物带来危害，甚至发生缺氧死亡。同时，水中氧量不足，将引起有机物厌氧发酵，散发恶臭，污染大气，并毒害水生生物。因此，测定这些能发生生物降解的有机污染物含量是很重要的，它可用生化需氧量（废水中的有机污染物在微生物作用下氧化所消耗的氧量）作为衡量指标。

（3）化学需氧量（COD）　除去有机物外，废水中的硫化物、亚硫酸盐、亚硝酸盐等还原性无机物也会同水中的溶解氧发生反应，消耗掉水中溶解的氧。因而，仅用生化需氧量这个指标是不够全面的，还需要采用化学需氧量这个指标，以表示由于水中的污染物进行化学氧化而需要消耗的氧量。化学需氧量也可以称为化学耗氧量，通过采用强化学氧化剂氧化污染物所消耗的试剂量（折算成氧量，mg/L）来表示。但并不是所有的有机物都能被这样的氧化剂所氧化，如重铬酸钾能氧化直链脂肪族化合物，但不能分解芳香族化合物和吡啶等杂环化合物。在不同条件下，得出的耗氧量也不同，故必须严格控制反应条件。化学需氧量并不一定包括全部生物需氧量。一般说BOD/COD的比值高，表明许多可溶性有机物能被生物降解；比值低表明有抗生物氧化的有机物存在。

（4）总有机碳（TOC）　总有机碳是表示废水中所含有的全部有机碳的数量，这个指标补充测定了废水中既不易被生物降解，又不易发生化学氧化的那部分有机污染物。它的测定方法是将所有的有机物全部氧化成二氧化碳和水，然后通过所生成的二氧化碳量来求出废水中所含有的总有机碳量。对于组成较固定的废水，TOC和BOD、COD之间有下列关系：

$$\frac{1}{2}COD \leqslant TOC \leqslant 2COD$$

$$\frac{1}{2}BOD \leqslant TOC \leqslant 2BOD$$

（5）总需氧量（TOD）　水中污染杂质在催化燃烧时所消耗的氧的总量。

（6）有毒物质含量　有毒物质包括汞、砷、镉、铬、铅、锰、铜和镍等元素及其化合物，有机汞，有机磷、酚类、氰（腈）化物、农药、石油烃类等以及3,4-苯并芘、亚硝基化合物等致癌物质。其含量往往以ppm（注：1ppm＝1×10^{-6}）计（指1L废水中含有多少毫克相应的污染物）。

8.1.1.5　污水的控制

如何对水污染源进行有效的控制和处理呢？首先，要改革工艺及对污水进行综合利用，最大限度地减少废水量，防止工业废水的污染；在水源紧张地区，可将食品工厂的废水经过处理再循环使用；第二，全面规划，合理布局，充分利用水体的自净能力，减少污染，在某一地区或区域建立污水处理厂；第三，净化处理，过滤中和，最大限度地降低废水浓度，保证排放到环境中的水符合《污水综合排放标准》的规定等。

8.1.2　污水的处理方法

8.1.2.1　废水的物理处理法

物理处理方法是利用物理作用，将废水中的悬浮物、油类、可溶性盐类以及其他固体分离出来，从而保护后续处理设施能正常运行，降低其他处理设施的处理负荷。废水的物理处理方法分为两类，即隔滤（如格栅、筛网、过滤、离心等）与分离（如沉淀、上浮等），这里将主要介绍水质调节、过滤、沉淀法和离心分离法。

8.1.2.1.1　调节

此种方法最初是为了使产生的废水能够达到排放允许的标准而采用清水加以稀释的方法。此法只是使污染物质的浓度下降，但总含量不变。这种方法用于废水的预处理，为以后的各级处理提供方便。由于不同的食品加工车间生产不同产品及生产的周期不同，所排放废水的水质和水量会经常变化，为了使废水治理设备的负荷保持稳定，而不受废水的流量、浓度、酸碱度、温度等条件变化的影响，故需在废水治理装置之前设置调节池，用来调节废水的水质、水量及温度等，使之均衡地流入处理装置。如有时可将酸性废水和碱性废水在调节池内进行混合，调节 pH 值，使废水得到中和。

调节池的形式可以建成长方形，亦可建成圆形，要求废水在池中能够有一定的均衡时间，以达到调节废水的目的。同时不希望有沉淀物下沉，否则，在池底还需增加刮泥装置及设置污泥斗等，使调节池的结构复杂化。

调节池的容积大小需要根据废水的流量变化幅度，以及浓度变化规律和要求达到的调节程度，通过画出每日按时累计进水体积曲线以及日平均流量累计曲线，由图解法来确定。调节池容积一般不超过 4h 的废水排放量，但在特殊要求的情况下，也有超过 4h 以上的。

在容积比较大的调节池中，通常还设置有搅拌装置，以促进废水均匀混合，搅拌方式多采用压缩空气搅拌，亦可采用机械搅拌。

8.1.2.1.2　过滤

在水处理技术中，过滤是以具有孔隙的粒状滤料层，如石英砂等，截留水中的杂质从而使水获得澄清的工艺过程。它不仅可以进一步降低水中的悬浮物，而且通过过滤层还可将水中有机物、细菌乃至病毒随着悬浮物的降低而被大量去除。

（1）过滤原理　滤层截留悬浮颗粒的过程可以解释为机械筛选、沉淀以及接触絮凝作用等。但其最主要的过滤机理是将滤料颗粒看作接触吸附介质。水在滤层孔隙中曲折流动时，悬浮颗粒与滤料之间具有更多的接触吸附机会，滤料表面对悬浮颗粒的黏附吸着作用是滤池过滤的最基本的过程。根据这种作用原理，过滤效果主要决定于悬浮颗粒的表面性质，而无需增大悬浮颗粒的尺寸。当然，在滤池的过滤过程中，也不应完全排除筛滤和沉淀作用的存在。例如，当滤层孔隙由于悬浮颗粒黏附作用逐渐变小时，筛滤作用将是肯定存在的，特别是表层滤料，这一作用是明显存在的。

根据水中悬浮颗粒在砂滤层中的接触絮凝原理，颗粒被砂层截留的过程大体是：在悬浮颗粒与滤料颗粒接触絮凝的同时，还存在着由于水流冲刷而使被黏附的颗粒从滤料表面脱落的作用。在过滤开始阶段，滤层比较干净，孔隙较大，孔隙流速较小，水中大量的悬浮颗粒首先被表层的 5~10cm 左右厚的滤料所截留，少量的颗粒因黏附不牢而下移并被下层滤层所截留。随着过滤过程的不断进行，表层滤料孔隙率逐渐减小，孔隙流速增大，黏附表面积减小，于是表层滤料上的黏附颗粒脱落趋势增强，并向下层推移，下层滤料的截留作用也渐次得到发挥。但是，当下层滤料对悬浮颗粒的截留作用尚未得到充分发挥时，过滤过程就基本结束了。

（2）滤池的类型　滤池的形式多种多样，以石英砂作为滤料的普通快滤池使用历史最久，并在此基础上为适应滤层中杂质截留规律，以充分发挥滤层截留杂质的能力，出现了滤料粒径循水流方向减小的过滤层，其中包括双层滤料、多层滤料和上向流过滤等。双层和多层滤料滤池仅从改善滤料组成上考虑；而上向流和双向流滤池则从滤池构造和工艺操作上考虑。为了减少滤池的闸阀并便于操作管理，又发展了虹吸滤池、无阀滤池、移动冲洗罩滤池以及其他自动冲洗滤池等。所有上述各种滤池，其工作原理、工作过程都基本相似。

8.1.2.1.3　沉淀

水中悬浮颗粒的去除，可通过颗粒和水的密度差，在重力作用下进行分离。密度大于水的颗粒将下沉，小于水的则上浮。胶体不能用沉淀法去除，需经混凝处理后，使颗粒尺寸变大，才具有沉降速度。

(1) 原理　在从进沉淀池入口至出口这段时间内，能沉降到池底，必须要保证悬浮颗粒在沉淀中有一定的停留时间。即：

$$T_s = \frac{H}{u'} \qquad (8.1)$$

式中　T_s——废水在沉淀池中的停留时间，s；

H——沉淀池深度，m；

u'——颗粒的最小沉降速度，m/s。

这表明：在 u' 一定时，随着沉淀池深度 H 的减少，沉淀时间 T_s 可以缩短。但是必须保持沉淀池有一定的深度 H，才能防止已沉淀的颗粒再被水的流动所扰动，而不重新被水带出沉淀池。所以，只有在保证池底沉淀物不受水流冲击和扰动的情况下，适当减小沉淀池深度，才能提高沉淀效果。

假定废水的流量为 Q（m³/s），废水在沉淀池中的流速是 u（m/s），那么

$$Q = uBH \qquad (8.2)$$

式中，B 为沉淀池的长度，m；而废水在沉淀池中停留时间 $T > T_s$。

$$T = \frac{L}{u} \qquad (8.3)$$

式中，L 为沉淀池的宽度，m。

对于某一沉淀池，其尺寸 H、B、L 固定，污水的流速越大，则 T 越短；反之，流速越小，停留时间 T 越长。为了保证污水中悬浮颗粒的沉降时间 T_s，污水停留时间 T 至少等于颗粒的沉降时间 T_s，即 $T \geqslant T_s$。

由式（8.1）~式（8.3），解得

$$Q = Au'_s \qquad (8.4)$$

式中　A——沉淀池的底面积，m²；

u_s'——颗粒的最小沉降速度。

通常将废水流量 Q 与沉淀池平面面积 A 之比称为表面负荷，亦称为过流率，用符号 q_0 表示，单位：m³/(m²·s)，即

$$q_o = \frac{Q}{A} \text{ 或 } Q = Aq_o \qquad (8.5)$$

与式（8.4）比较可知，在同一沉淀池内，过流率的大小，与颗粒的最小沉降速度相等。过流率愈小，即最小沉降速度愈小，沉淀效果愈好。反之，则沉淀效果差。对一定流量的废水，沉淀面积愈大，则过流率愈小，沉淀效果也愈好。

实际上，由于污水在通过沉淀池的各过水断面上的流速分布是不均匀的，颗粒在沉淀池中的实际停留时间要比上面提到的停留时间 T_s 短；又由于受到水流本身的湍动影响，颗粒的实际沉降速度也要比上面提到的 u_s 小。所以沉降效果实际上要比理论效果低一些。

总之，影响废水中悬浮颗粒沉降效率的主要因素有三个方面，即①污水的流速；②悬浮颗粒的沉降速度；③沉淀池的尺寸。

在一定的污水流速度下，对一定大小的沉淀池其沉降效率主要取决于颗粒的沉降速度。

(2) 沉降设备　生产上用对污水进行沉淀处理的设备称为沉淀池，根据池内水流的方向

不同，沉淀池的形式可以分为五种：即平流式沉淀池、竖池式沉淀池、辐流式沉淀池及斜管式沉淀池和斜板式沉淀池等，现简单介绍如下。

① 平流式沉淀池　平流式沉淀池为长方形，废水的流动方向是水平流动。

废水由进水口流入池中，进口速度一般应低于 0.1m/s，进口之后，设置一个进水挡板以降低水的流速，并使池中的水流均匀地流动。排出水口为锯齿形（三角形）溢流堰，堰前设置浮渣挡板，以拦阻水面浮渣，使其不流出沉淀池。

平流式沉淀池的优点是效果好，工作性能稳定，造价低。其缺点是排泥不方便，需用刮板等排泥装置。

② 竖流式沉淀池　竖流式沉淀池一般为圆形，亦可制成方形。图 8.1 表示的是圆形的竖流式沉淀池。废水由中央进水管下部流入沉淀池内，受反射板的拦阻，向四周分布，然后沿沉淀池整个横断面缓缓上升，其中固体颗粒受重力作用，以一定沉降速度下降。当颗粒下沉到池底所需的时间小于废水在池内的停留时间，则颗粒沉于池底，分离废水由出水口流出池外。

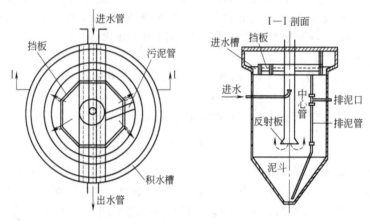

图 8.1　竖流式沉淀池

竖流式沉淀池的优点是除泥容易，不需要机械刮泥装置。缺点是造价高，废水量大时不宜采用。

③ 辐流式沉淀池　这种沉淀池结构如图 8.2，也具有竖流式沉淀池的水流上升作用，所以效果比较好。其优缺点介于平流式沉淀池与竖流式沉淀池之间。

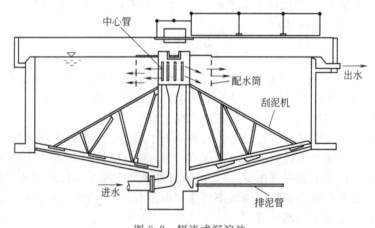

图 8.2　辐流式沉淀池

④ 斜板式或斜管式沉淀池　斜板式或斜管式沉淀池都是最近发展起来的新型沉淀池，

它们是在沉淀池中按 45°～60° 的倾斜角设置一组相互重叠平行的平板或方管。水流从平行板或管道的上端流入，下端流出。每块板之间相当于一个小的沉淀池，每根方管也相当于一个小沉淀池，它们的沉淀效果远远超过前述的三种沉淀池，斜板式沉淀池构造如图 8.3 所示。斜管式沉淀池，则是以斜管取代斜板，其余构造均与斜板式沉淀池类似。

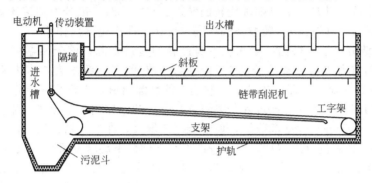

图 8.3　斜板式沉淀池

此种沉淀池投资省、效果好，占地也较少，是一种很有发展前途的高效沉淀池。

（3）沉淀池类型的选择　选择沉淀池的类型时，需从以下几方面进行综合的考虑。

① 废水量的大小及处理的要求；

② 废水中悬浮物的数量、性质及其沉降特性；

③ 废水处理场地的实际情况；

④ 投资及加工情况。

当废水量不大时，一般可采用竖流式沉淀池，沉淀池的结构简单，效果好。但含有大量的悬浮颗粒时，需采用机械刮泥装置，而不宜采用竖流式沉淀池。若废水量很大，可考虑采用平流式或辐流式沉淀池，为了提高生产能力时亦可采用斜板式或斜管式沉淀池。

8.1.2.1.4　离心分离

（1）离心分离原理　离心分离法处理废水，是利用高速旋转所产生的离心力，使废水中的悬浮颗粒进行分离，即当含有悬浮颗粒的废水进行高速旋转运动时，由于悬浮物质颗粒的质量与水的质量大小不一样，质量大的固体颗粒，在高速旋转的过程中所受到的离心力也大，质量小的，受到的离心力也较小，因而质量大的固体颗粒被甩到外圈，沿离心装置的器壁向下排出，而质量小的则留在内圈，向上运动，使废水与悬浮颗粒达到分离的目的。

在离心力场上，颗粒受到离心力为 F_c，则

$$F_c = ma_c = mr\omega^2 = m\frac{v_s^2}{r}$$

式中　F_c——受到的离心力，N；

　　　m——质量，kg；

　　　a_c——加速度，m/s^2；

　　　r——半径，m；

　　　ω——角速度，s^{-1}；

　　　v_s——颗粒的圆周切线速度，m/s。

（2）离心设备　用于水处理中的离心分离设备有离心机、水力旋流器和旋流池等。

① 离心机　离心机是依靠一个可以随传动轴旋转的圆筒（通常称做转鼓）在外界传动设备的驱动下产生高速旋转，并且由设备的旋转同时也带动需进行分离的液体一起旋转，由于在液体中不同组分的密度差所产生的力的差异从而达到分离目的的一种离心分离设备。

离心机的种类及形式很多。按分离因素 f 区分，可以有低速离心机（$f<1500$r/min）、中速离心机（$f=1500\sim3000$r/min）及高速离心机（$f>3000$r/min）；按操作过程区分，可以分为间歇式与连续式两种；按离心机的形式，则可以分为转筒式、管式、盘式和板式离心机等。

离心机的主要部件是一个可随轴旋转的转鼓。在工作时，欲分离的液体置于转鼓中（间隙式）或流过转鼓（连续式），转鼓绕轴线高速旋转，即产生分离作用。

② 水力旋流分离器　根据产生水流本身旋转的能量来源，该分离器可以分为压力式水力旋流分离器与重力式水力旋流分离器两种形式。在此仅介绍压力式水力旋流分离器，图8.4是压力式水力旋流分离器的构造图。它的上部呈圆筒形，下部呈圆锥形。进水管以逐渐收缩的形式按与圆筒相切的方向进入分离器，欲分离的液体用水泵提供的能量，以切线方向进入分离器内，由于进水管逐渐收缩，使动能逐渐增大，在进入器内时的流速可达 $6\sim10$m/s。液体在进入水力旋流分离器后，沿器壁的切线方向向下旋转（又称一次涡流），然后再向上旋转（称二次涡流）。较为粗大的固体颗粒被甩向器壁，并在其本身质量的作用下，沿器壁向下滑动，在底部的排渣口连续排出，而较清的液体则通过上部出水管排出。

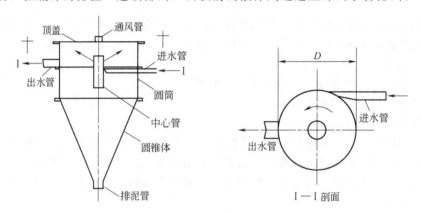

图 8.4　压力式水力旋流分离器

目前，水力旋流分离器多用于分离相对密度较大的固体颗粒，如轧钢废水。用于去除轧钢废水中的氧化铁屑其效果与沉淀池相似，但其表面负荷要比沉淀池高出 $300\sim400$ 倍。

8.1.2.2　废水的化学处理法

废水的化学处理是向废水中投加某种化学物质，利用化学反应来分离、回收废水中的某些污染物质，或使其转化为无害的物质。它的处理对象主要是水和废水中的无机或有机的（难以生物降解的）溶解物质或胶体物质。主要的方法有化学混凝、中和、化学沉淀和氧化还原法等。

8.1.2.2.1　中和

食品工业废水往往含酸或碱。酸性废水中可能含无机酸（如硫酸、盐酸、硝酸、磷酸等）或有机酸（如醋酸、草酸、柠檬酸等）。碱性废水中有苛性钠、碳酸钠、硫化钠和胺类等。根据我国工业废水和城市污水的排放标准，排放废水的 pH 值应在 $6\sim9$ 之间。凡是废水含有酸、碱而使 pH 值超出规定范围的都应加以处理。

工业废水含酸、碱的量往往差别很大。通常将酸的含量大于 $3\%\sim5\%$ 的含酸废水称为废酸液，将碱的含量大于 $1\%\sim3\%$ 的含碱废水称为废碱液。废酸液和废碱液应尽量加以回收利用。低浓度的含酸废水和含碱废水，回收的价值不大，可采用中和法处理。

（1）酸性废水中和处理

① 酸性废水和碱性废水混合　若有酸性与碱性两种废水同时均匀地排出，且两者所含的酸、碱量又能够互相平衡时，可以直接在管道内混合，不需设中和池。但是，如排水情况经常波动变化，则必须设置中和池，在中和池内进行中和反应。

② 投药中和　投药中和可处理任何性质、任何浓度的酸性废水。由于氢氧化钙对废水杂质具有凝聚作用，通常采用石灰乳法，因此它也适用于含杂质多的酸性废水。

计算的中和剂量应包括与金属离子反应的附加用量。

石灰投加方法有干投和湿投两种。干投法系将石灰直接投入废水中，此法设备简单但反应不彻底，投量大约为理论值的 1.4~1.5 倍，一般不采用，通常采用湿投法。

③ 过滤中和　一般适用于处理少量含酸浓度低（硫酸小于 2g/L，盐酸、硝酸小于 20g/L）的酸性废水。但对含有大量悬浮物、油、重金属盐类和其他有毒物质的酸性废水，不宜采用。

滤料可用石灰石或白云石。石灰石滤料反应速度较白云石快，但进水中硫酸允许浓度则较白云石滤料低。中和盐酸、硝酸废水，两者均可采用。中和含硫酸废水，采用白云石为宜。

(2) 碱性废水中和处理　对碱性废水，可以采用以下途径进行中和：

① 向碱性废水中鼓入烟道气；

② 向碱性废水中注入压缩二氧化碳气体；

③ 向碱性废水中投入酸或酸性废水等。

8.1.2.2.2　化学混凝

化学混凝所处理的对象，主要是水中的微小悬浮物和胶体杂质。在物理法中已经介绍，大颗粒的悬浮物由于受重力的作用而下沉，可以用沉淀方法除去。但是，微小粒径的悬浮物和胶体，能在水中长期保持分散悬浮状态，即使静置数十小时以上，也不会自然沉降。这是由于胶体微粒及细微悬浮颗粒具有"稳定性"。

(1) 混凝原理　化学混凝的机理至今仍未完全清楚。因为它涉及的因素很多，如水中杂质的成分和浓度、水温、水的 pH 值以及混凝剂的性质和混凝条件等。但归结起来，可以认为主要是两方面的作用。

① 压缩双电层作用　水中胶粒能维持稳定的分散悬浮状态，主要是由于胶粒的 ζ 电位。在水中投加电解质可以消除或降低胶粒的 ζ 电位，就有可能使微粒碰撞聚结，失去稳定性。例如，天然水中带负电荷的黏土胶粒，在投入铁盐或铝盐等混凝剂后，混凝剂因为胶核表面的总电位不变，增加扩散层及吸附层中的正离子浓度，就使扩散层减薄，图 8.5 的 ζ 电位降低。当大量正离子涌入吸附层以致扩散层完全消失时，ζ 电位为零，称为等电状态。在等电状态下，胶粒间静电斥力消失，胶粒最易发生聚结。实际上，ζ 电位只要降至某一程度而使胶粒间排斥的能量小于胶粒布朗运动的动能时，胶粒就开始产生明显的聚结，这时的 ζ 电位称为临界电位。胶粒因 ζ 电位降低或消除以致失去稳定性的过程，称为胶粒脱稳。脱稳的胶粒相互聚结，称为凝聚。压缩双电层作用是阐明胶体凝聚的一个重要的理论，它特别适用于无机盐混凝剂所提供的简单离子的情况。但是，如仅用双电层作用原理来解释水中的混凝现象，也会产生一些矛盾。

② 吸附架桥作用　三价铝盐或铁盐以及其他高分子混凝剂溶于水后，经水解和缩聚反应形成高分子聚合物，具有线形结构。这类高分子物质可被胶体微粒所强烈吸附。因其线形长度较大，当它的一端吸附某一胶粒

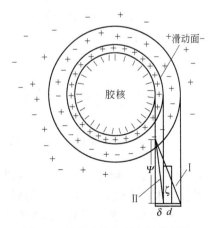

图 8.5　胶体结构和双电层示意图

后，另一端又吸附另一胶粒，在相距较远的两胶粒间进行吸附架桥，使颗粒逐渐结大，形成肉眼可见的粗大絮凝体。这种由高分子物质吸附架桥作用而使微粒相互黏结的过程，称为絮凝。上述两种作用产生的微粒凝结现象——凝聚和絮凝总称为混凝。

压缩双电层作用和吸附架桥作用，对于不同类型的混凝剂，所起的作用程度并不相同。对高分子混凝剂特别是有机高分子混凝剂，吸附架桥可能起主要作用。对硫酸铝等无机混凝剂，压缩双电层作用和吸附架桥作用具有重要作用。

（2）影响混凝效果的主要因素　影响混凝效果的因素较复杂，主要有水温、水质和水力条件，以及混凝剂的种类和用量等。

① 水温　水温对混凝效果有明显的影响。无机盐类混凝剂的水解是吸热反应，水温低时，水解困难，特别是硫酸铝，当水温低于5℃时，水解速度非常缓慢。而且，水温低，黏度大，不利于脱稳胶粒相互絮凝，影响絮凝体的结大，影响后续沉淀处理的效果。改善的办法是投加高分子助凝剂或是用气浮法代替沉淀法作为后续处理。

② pH值　不同的混凝剂，只适用于一定的pH值范围。如采用硫酸铝为混凝剂，它在pH值为5.7～7.8范围内使用，效果较好；而pH值高于8.2时，则因为$Al(OH)_3$要被溶解而生成AlO_2^-，它对废水中的含有带负电荷的胶粒物，不再发生吸引力，而失去处理水的混凝作用。

③ 水力条件　混凝过程中的水力条件对絮凝体的形成影响极大。整个混凝过程可分为混合和反应两个阶段，这两个阶段在水力条件上的配合非常重要。

混合阶段的要求是使药剂迅速均匀地扩散到全部水中以创造良好的水解和聚合条件，使胶体脱稳并借颗粒的布朗运动和紊动水流进行凝聚。混合要求快速和剧烈搅拌，在几秒钟或1min内完成。对于高分子混凝剂，由于它们在水中的形态不像无机盐混凝剂那样受时间的影响，混合的作用主要是使药在水中均匀分散，对"快速"和"剧烈"的要求并不重要。

④ 混凝剂的种类和用量　对于废水中所含有的一些悬浮物或胶体微粒能否采用混凝沉淀法使之与废水分离，首先决定于能否找到适宜的混凝剂。一般废水中所含有汞、镉、铅、六价铬化合物，以及硫、氟等离子都可用混凝沉淀法使它们从废水中分离出去。所以，混凝沉淀法广泛用于化工、电镀等行业的废水处理。

处理不同种类的废水应选用不同的混凝剂，而混凝剂的用量则按照水的浓度及分离要求等决定。

（3）混凝剂的种类　按无机和有机类可分成以下几种，无机混凝剂主要包括铝盐（如硫酸铝、明矾、聚合氯化铝等）、铁盐（如硫酸铁、硫酸亚铁、三氯化铁）等，有机混凝剂主要包括人工合成的混凝剂与天然高分子物质（如甲壳素等）。

（4）混凝沉淀处理流程及设备　混凝沉淀处理流程包括投药、混合、反应及沉淀分离几个部分，如图8.6所示。

图8.6　混凝沉淀处理流程示意图

① 投药　投药方法也分为干投法及湿投法两种。我国北方冬季寒冷，如使用石灰作为混凝剂时，以采用干投法较为合适，其余均普遍采用湿法投药。湿法投药是将混凝剂和助凝剂配成一定浓度的溶液，然后按处理水量的大小定量投加。

② 混合　废水与混凝剂、助凝剂的混合是否充分均匀，对混凝沉淀效果有明显影响，混合要求速度快，这样可以提高处理效率。

③ 反应　水和混凝剂及助凝剂在混合槽内进行部分反应，而最后全部完成反应是在反应池内进行。反应要有足够的时间，一般需20～30min左右。

④ 沉淀分离　将废水中生成的絮凝体经过沉淀后，使之与水分离最终达到水被净化的目的。沉淀池的结构，在物理处理技术中已有介绍。

由于混凝沉淀法具有除污操作简单、处理方便、效果好、效率较高、适用范围广等特点，所以目前已成为处理食品工业废水的最普遍采用的方法之一。

8.1.2.2.3　化学沉淀

向废水中投加某些化学药剂，使其与废水中的污染物发生化学反应，形成难溶的沉淀物的方法称为化学沉淀法。

废水中含有危害性很大的一些重金属（如 Hg、Zn、Cd、Cr、Pb、Cu 等）和某些非金属（如 As、F 等），都可能应用化学沉淀法去除。

化学沉淀法的工艺流程和设备与化学混凝法相类似，它包括：

a. 药剂（沉淀剂）的配制和投加设备；

b. 混合反应设备；

c. 沉淀物与水分离的设备（如沉淀池、浮上池等）。

化学沉淀法按照投加的化学剂种类分为：氢氧化物沉淀法、硫化物沉淀法、碳酸盐沉淀法和铁氧体沉淀法等。

8.1.2.2.4　氧化还原

废水中的污染物质可以通过氧化还原反应，转变为无毒无害（如 CO_2、H_2O 等）或微毒的新物质而去除，这种方法称为氧化还原法。

在废水处理中，若有毒污染物处于氧化型，用还原剂将其转变为无毒的还原型，叫做还原处理法（简称还原法）；若有毒污染物处于还原型，用氧化剂将其转变为无毒的氧化型，叫做氧化处理法（简称氧化法）。有时一个化合物既可以用氧化法处理，又可用还原法处理。

（1）氧化法　氧化法主要用于废水中的 CN^-、S^{2-} 及造成色度、嗅、味、BOD 及 COD 的有机物，也可氧化某些金属离子如 Fe^{2+}，以利于后续的操作去除之，氧化法还可用于消灭导致生物污染的致病微生物。

在废水处理中常用的氧化剂有空气、氧气、臭氧、氯、次氯酸钠、漂白粉、过氧化氢，在实际处理过程中，还可根据污染物的特征，选择其他合适的氧化剂。另外，近年来发展起来的高级氧化工艺（AOPs）已引起人们的广泛关注，高级氧化工艺包括非均相高级氧化工艺与均相高级氧化工艺，前者包括光催化氧化工艺等，后者包括 UV/H_2O_2 等。在此仅简单介绍一下光催化氧化与臭氧氧化工艺。

① 光催化氧化法　太阳能化学转化和储存为主要背景的半导体光催化特性的研究始于 1917 年，但是将半导体材料用于催化光解水中污染物的研究还是近几年的事情。但是对于有机污染物的光催化降解研究，发展却十分迅速，研究报道表明，光催化氧化法对水中的烃、卤代物、表面活性剂、染料、有机重金属等均有很好的去除效果，一般经持续反应可达到完全氧化。使用光催化氧化降解有机物技术具有以下优点：多种有机化合物均可以被完全降解为 CO_2 和 H_2O 等；不需要另外的电子受体（如 H_2O_2）；合适的光催化剂具有廉价、无毒、稳定及可以重复使用等优点；可以利用太阳能作为一种光源来激活催化剂。

早期的光催化氧化的研究，多以悬浮相光催化为主，半导体粉末以悬浮态存在于水溶液中，由于催化剂难以回收，导致运行费用偏高等因素限制了光催化氧化技术的实际应用。近年来，为了开发高效实用的光化学反应器，固定相光催化的研究逐步活跃起来。催化剂的载体主要有玻璃纤维布、石英玻璃板、水泥、沸石、砂粒、凝胶等。

② 臭氧氧化法　臭氧是一种具有刺激性特殊气味的不稳定气体，在常温下为浅蓝色，它由三个氧原子构成。臭氧具有极强的氧化能力，在酸性介质中，其标准电极电位 $E_○=2.07V$，在碱性介质中，$E_○=1.27V$，因臭氧的强氧化性而得到广泛研究和应用。

对于臭氧与水中溶解物的反应动力学，一般认为，臭氧氧化反应的途径有两条：其一是臭氧通过亲核或亲电作用直接参与反应；其二是臭氧在碱等因素作用下，通过活泼的自由基，主要是羟基与污染物反应。直接反应与自由基型反应的产物一般不同，一般而言，直接臭氧氧化反应速度慢，选择性高，自由基型反应速度快，选择性低。

在水处理实践中，早在 1905 年，法国 Nice 市将臭氧用于饮用水消毒。但由于臭氧处理的设备投资和运行费用较高，虽然后来进行了广泛的研究，但除了用于饮用水消毒外，其他的实际应用很少。近年来，由于在水处理实践中碰到的困难，同时，随着臭氧发生设备性能的提高，臭氧技术重新得到了重视，并且改进和发展了臭氧处理技术。目前已开发的有臭氧双氧水联用（O_3/H_2O_2）法、光催化臭氧化（O_3/UV）法、金属催化臭氧化等。

a. 臭氧双氧水联用法　当 O_3 与 H_2O_2 结合时，发生如下反应：

$$2O_3 + H_2O_2 \Longrightarrow 2 \cdot OH + 3O_2$$

O_3/H_2O_2 法明显优于单独臭氧化法。美国在 20 世纪 80 年代将 O_3/H_2O_2 法用于处理城市污水中的挥发性有机化合物（VOCs）。他们认为，传统的汽提法、汽提-气相 GAC 吸附法和液相 GAC 吸附法处理 VOCs 时，只能将这些有机物从一种介质（水）转移到另一种介质（空气或 GAC）中，只有氧化法才能将其完全破坏掉。他们选择污水中的三氯乙烯和四氯乙烯作为处理对象，采用臭氧双氧水联用法取到了很好的效果。

b. 光催化臭氧化　光催化臭氧化是光催化的一种，即在投加臭氧的同时，伴以光（一般为紫外光）照射。这一方法不是利用臭氧直接与有机物反应，而是利用臭氧在紫外分光的照射下分解产生的活泼的次生氧化剂来氧化有机物。

O_3/UV 法始于 1970 年，主要是在废水中进行研究，以解决有毒害且无法生物降解物质的处理问题。1980 年以来，研究范围扩大到饮用水的深度处理。这种方法的氧化能力和反应速率都远远超过单独使用臭氧能达到的效果，其反应速率是臭氧氧化法的 100～1000 倍。

（2）还原法　与氧化法比较，还原法应用的范围要小得多，主要应用于无机离子特别是重金属离子的去除，较少用于有机化合物的去除。常用的还原剂有 SO_2、$Na_2S_2O_3$、Na_2SO_3、$NaHSO_3$、$NaBH_4$，铁屑以及铝、锌等金属。

8.1.2.3　废水的物理化学处理法

8.1.2.3.1　吸附

吸附法是利用多孔固体物质作为吸附剂，以吸附剂的表面吸附废水中的某种污染物的方法。吸附法治理废水，应用广，可用于脱色、除臭，去除重金属离子、可溶性有机物、放射性元素及细菌、病毒等，且效果好，近年来越来越受到人们的重视。其缺点是预处理要求高，吸附成本较大，故一般多用于废水的深度处理。常用的吸附剂有活性炭、硅藻土、铝钼土、砂渣、炉渣、粉煤灰等。其中以活性炭最为常用。

这里主要介绍活性炭吸附体的流程。

根据所用活性炭的粒径不同，吸附流程有两种不同的方式，即粉状活性炭吸附流程及粒状活性炭吸附流程。

（1）粉状活性炭吸附流程　选用粉状的活性炭作为处理废水的吸附剂。按其进料情况的不同又可以分为两种流程：即湿式注入流程及干式注入流程。粉状活性炭吸附装置简单，操作方便，吸附速度快，吸附能力强。但活性炭粉再生困难，往往只能使用一次，成本高，国内很少使用。

（2）粒状活性炭吸附流程　粒状活性炭虽然吸附能力较粉状活性炭差，但其容易与水分离，再生方便。该流程所用的设备也容易实现自动化操作，所以此流程逐步受到重视。

粒状活性炭吸附流程按照与水的接触方式不同，一般可分为三种方式，即采用固定床、移动床和流化床三种操作方式。近年来以流化床最受重视。这种流程中活性炭的吸附和再生可以同时进行，而且使用的活性炭粒径较小，活性炭与水为逆流接触，能充分发挥活性炭与水之间的传质作用，吸附性能好，吸附速度快。通过调整活性炭的用量可以适应废水负荷在较大范围内的变化。该方法设备紧凑，易于实现连续操作和自动控制。目前，流化床正逐步取代固定床及移动床。

8.1.2.3.2　离子交换

利用离子交换剂的可交换离子与水相中离子进行当量交换的过程称为离子交换，也叫离子交换反应。提供离子交换的物质叫离子交换剂。这一处理方法在废水处理领域中已变得日益重要。

由于离子交换可以获得彻底的脱盐效果，因而就有可能应用分流处理的方法，将一部分流入废水脱盐，然后使其再与旁路的另一部分流入废水相混合，以达到规定的出水水质，离子交换装置按照进行方式的不同，可分为固定床和连续床两大类。

8.1.2.3.3　电渗析

电渗析最初发展于海水淡化。这对去除废水中的无机营养物（磷、氮）是很有前途的一种方法，而在废水处理流程中可以作为最后一个步骤。

电渗析槽的基本组成如图 8.7 所示。该槽是一连串离子交换树脂制成的薄膜，这些薄膜只对离子类才具有可渗透性，并对特定类型的离子有选择性。有两种类型薄膜用于电渗析槽：①阳离子膜，它带有固定的负电荷，允许阳离子（正离子）通过，但排斥阴离子（负离子）；②阴离子膜，它带有固定的正电荷，允许阴离子（负离子）通过，但排斥阳离子（正离子）。

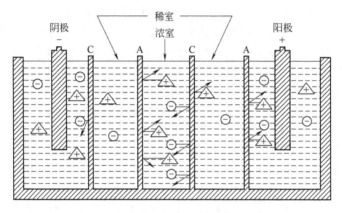

图 8.7　电渗析槽简图

8.1.2.3.4　反渗透

反渗透技术主要用来分离水中的分子态或离子态溶解物质。它是利用某种特殊的半透膜具有能渗析水而溶质被阻留的特性来进行工作的。因此，当向溶液施加较大压力时，溶剂水被迫反向透过半透膜成为淡水，而溶质被阻留在另一侧。因而，可以利用反渗透技术从废水中回收净水，所余下的浓水可进一步处理回收利用或排放。

反渗透器的结构可以有多种形式，最常见的有板式、内压管式、外压管式、空心纤维式等，在选择工艺形式及设备结构时必须考虑以下两方面：第一，工业管理方便；第二，合理的经济效果。

8.1.2.3.5　超过滤

超过滤简称超滤，它是与反渗透法很相似的一种膜分离技术。它同样是利用半渗透膜的选择透过性质，在一定的压力条件下，使水通过半渗透膜，而胶体、微小颗粒等不能通过，从而达到分离或浓缩的目的。

超滤过程的动力与反渗透法的相同，亦是依靠外加压力，但不同的是，超滤法所需压力较低，约在 $(4.9\sim14.7)\times10^5\,Pa$ 压力下进行，反渗透法常需压力为 $(2.94\sim9.8)\times10^6\,Pa$，超滤法和反渗透法中都使用半渗透膜，超滤法中使用最多的半渗透膜（称为超滤膜）也是醋酸纤维素制的膜，但其性能不同，膜上的微孔直径较大，约为 $0.002\sim10\,\mu m$，而反渗透法中所使用的半渗透膜（称反渗透膜）的孔径较小，只有 $0.0003\sim0.06\,\mu m$。

超滤装置和反渗透装置类同，目前我国普遍应用管式装置。国外除应用管式、卷式装置外，近来更多地应用空心纤维式装置。

8.1.2.4 废水的生物处理法

在自然界中，存在着大量依靠有机物生活的微生物。它们不但能分解氧化一般的有机物并将其转化为稳定的化合物，而且还能转化有毒有机物。实际上，在工业废水的无害化过程中，不但利用微生物处理有机毒物，如酚、醛、腈等，还用于处理由微生物营养元素构成的无机毒物，如氰化物、硫化物等。这些物质本身对微生物有毒害作用，但组成这些物质的元素，有些是微生物营养所需，因此它们对微生物具有两重性，通过浓度的控制，毒物可以成为养料。

生物处理就是利用微生物分解氧化有机物的这一功能，并采取一定的人工措施，创造有利于微生物的生长、繁殖的环境，使微生物大量增殖，以提高其分解氧化有机物效率的一种废水处理的方法。生物处理法分为好氧和厌氧两大类。好氧生物处理需要有氧的供应，而厌氧生物处理则需保证无氧环境。

8.1.2.4.1 好氧生物处理

（1）稳定塘法 稳定塘（stabilization pond）源于早期的氧化塘，故又称氧化塘，是指污水中的污染物在池塘处理过程中反应速率和去除效果达到稳定的水平。稳定塘工程是在科学理论基础上建立的技术系统，是人工强化措施和自然净化功能相结合的新型净化技术，与原始的氧化塘技术相比，已发生根本性的变化。第一座人工设计的厌氧稳定塘于 1940 年在澳大利亚建成，目前全世界采用生物稳定塘处理污废水的共有 40 多个国家。

稳定塘可以划分为兼性塘、厌氧塘、好氧高效塘、精制塘、曝气塘等。其去污原理是污水或废水进入塘内后，在细菌、藻类等多种生物的作用下发生物质转化反应，如分解反应、硝化反应和光合反应等，达到降低有机污染成分的目的。稳定塘的深度从十几厘米至数米，水体停留时间一般不超过两个月，能较好地去除有机污染成分（表 8.4）。通常是将数个稳定塘结合起来使用，作为污水的一、二级处理。稳定塘法处理污水、废水的最大特点是所需技术难度低、操作简便、维持运行费用少，但占地面积大是推广稳定塘技术的一大困难。

表 8.4 稳定塘的去污效果比较

参 数 项	好氧塘	兼性塘	厌氧塘	曝气兼性塘
塘深/m	0.15～0.5	0.9～2.4	2.4～3.0	1.8～4.5
BOD 负荷/(g/m²)	11.2～22.4	2.2～5.6	35.6～56.0	3.4～11.2
BOD 去除率/%	80～95	75～95	50～70	60～80
停留时间/d	2～3	7～50	30～50	7～20

近些年来，越来越多的证据表明，如果在塘内播种水生高等植物，同样也能达到净化污水或废水的能力。这种塘称为水生植物塘（aquatic plant pond）。常用的水生植物有凤眼莲、灯心草、水烛、香蒲等。美国在水生大型植物处理系统方面研究的规模最大，在加利福尼亚州建成的水生植物示范工程占地 $1.2\,hm^2$，其工艺流程为：污水→格栅→二级水生生物曝气塘→砂滤→反渗滤→粒状炭柱→臭氧消毒→出水。经过该系统的处理，出水可作为生活用水，水质达饮用水标准。在很多情况下，水生生物塘是与上述稳定塘结合使用的，构成一种

新型的稳定塘技术，即综合生物塘（multi-plcate biological pond）系统。综合生物塘具有污水净化和污水资源化双重功能，占地面积相对较小，净化效率较高，能做到"以塘养塘"，适合于中小城镇经济、技术和管理水平。

（2）人工湿地处理系统法　人工湿地处理系统法（artificial wetland treatment systems）是一种新型的废水处理工艺。自1974年前西德首先建造人工湿地以来，该工艺在欧美等国得到推广应用，发展极为迅速。目前欧洲已有数以百计的人工湿地投入废水处理工程，这种人工湿地的规模可大可小，最小的仅为一家一户排放的废水处理服务，面积约40m²；大的可达5000m²，可以处理1000人以上村镇排放的生活污水。该工艺不仅用于生活污水和矿山酸性废水的处理，而且可用于纺织工业和石油工业废水处理。其最大的特点是：出水水质好，具有较强的氮、磷处理能力，运行维护管理方便，投资及运行费用低，比较适合于管理水平不高、水处理量及水质变化不大的城郊或乡村。

人工湿地由土壤和砾石等混合结构的填料床组成，深约60～100cm，床体表面种上植物。水流可以在床体的填料缝隙间流动，或在床体的地表流动，最后经集水管收集后排出。人工湿地对废水的处理综合了物理、化学和生物三种作用。其成熟稳定后，填料表面和植物根系中生长了大量的微生物形成生物膜，废水流经时，固态悬浮物（SS）被填料及根系阻挡截留，有机质通过生物膜的吸附及异化、同化作用而得以去除。湿地床层中因植物根系对氧的传递释放，使其周围的微生物环境依次呈现出好氧、缺氧和厌氧状态，保证了废水中的氮、磷不仅能被植物和微生物作为营养成分直接吸收，还可以通过硝化、反硝化作用及微生物对磷的过量积累作用而从废水中去除，最后通过湿地基质的定期更换或收割，使污染物从系统中去除。特别需要指出的是：生长的水生植物，例如芦苇、大米草等还能吸收空气中的CO_2，起到净化空气的作用，其本身又具有较高的经济价值。

人工湿地一般作为二级生物处理，一级处理采用何种方法视废水的性质而定。对于生活污水，可采用化粪池，其他工业废水可采用沉淀池作为去除SS的预处理。人工湿地视其规模大小可单一使用，或多种组合使用，还可与稳定塘结合使用。图8.8为深圳白泥坑人工湿地处理的简单流程图。

（3）污水处理土地系统　污水处理土地系统（land systems for wastewater treatment）是20世纪60年代后期在各国相继发展起来的。它主要是利用土地以及其中的微生物和植物的根系，对污染物的净化能力来处理污水或废水，同时利用其中的水分和肥分来促进农作物、牧草或树木生长的工程设施。污水处理土地系统具有投资少、能耗低、易管理和净化效果好的特点。主要分为三种类型，即慢速渗滤系统（SR）、快速渗滤系统（RI）和地表漫流系统（OF）。此外，也常采用将上述两种系统结合起来使用的复合系统。

污水
↓
格栅
↓
潜流湿地三个并联（种植芦苇和大米草）
↓
潜流湿地两个并联（种植芦苇和茳芏）
↓
稳定塘三个并联
↓
潜流湿地一个（种植席草和茳芏）
↓
出水

图8.8　深圳白泥坑人工湿地
处理简单流程示意图

污水处理土地系统一般由污水的预处理设施，污水的调节与储存设施，污水的输送、分流及控制系统，处理用地和排出水收集系统等组成。该处理工艺是利用土地生态系统的自净能力来净化污水。土地生态系统的净化能力包括土壤的过滤截留、物理和化学的吸附、化学分解、生物氧化以及植物和微生物的吸收和摄取等作用。主要过程是：污水通过土壤时，土壤将污水中处于悬浮和溶解状态的有机物质截留下来，在土壤颗粒的表面形成一层薄膜，这层薄膜里充满着细菌，能吸附污水中的有机物，并利用空气中的氧气，在好氧菌的作用下，将污水中的有机物转化为无机物，如二氧化碳、氨气、硝酸盐和磷酸盐等；土地上生长的植物，经过根系吸收污水中的水分和被细菌矿化了的无机养分，再通过光合作用转化为植物体的组成成分，从而实现有害的污染物转化为有用物质的目的，并使污水得到利用和净化处理。污水处理土地系统对几种污水成分的去除效率见表8.5。

表8.5　污水处理土地系统对几种污水成分的去除效率　　　　　单位：％

污水成分	慢速渗漏	快速渗漏	地表漫流
BOD	80～99	80～99	＞92
COD	＞80	＞50	＞80
SS	80～99	＞98	＞92
总 N	80～99	80	70～90
总 P	80～99	60～99	40～80
病毒	90～99	＞98	＞98
细菌	90～99	99	＞98
允许范围内的金属量	＞95	50～95	＞50

　　污水处理土地系统源自传统的污水灌溉，但又不同于传统的污水灌溉。首先处理系统要求对污水进行必要的预处理，对污水中的有害物质进行控制，避免对周围环境造成污染。其次，处理系统是按照要求进行精心施工，有完整的工程系统可以调控。最后，处理系统地面上种植的植物以有利于污水处理为主，多为牧草和林木等；而灌溉土地常以粮食、蔬菜等农作物为主。

　　（4）活性污泥法　　活性污泥法是处理城市生活污水最广泛使用的方法。它能从污水中去除溶解的和胶体的可生物降解有机物以及能被活性污泥吸附的悬浮固体和其他一些物质，无机盐类（磷和氮的化合物）也能部分被去除，类似城市生活污水的工业废水也可用活性污泥法处理。

　　活性污泥法既适用于大流量的污水处理，也适用于小流量的污水处理。运行方式灵活，日常运行费用较低，但管理要求较高。

　　活性污泥法从本质上分析与天然水体（江、湖）的自净过程相似，二者都为好氧生物处理，只是它的净化强度大，因而活性污泥法是天然水体自净作用的人工化和强化。

　　活性污泥法的形式有多种，但都有其共同的特征，它的基本流程如图8.9所示。

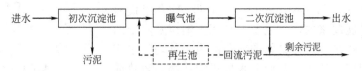

图8.9　活性污泥法基本流程

　　① 接触稳定法　　1950年美国得克萨斯州奥斯丁城的污水厂首先采用此工艺。混合液的曝气完成了吸附作用，回流污泥的曝气完成稳定作用。实际上，再曝气池和吸附池可合建。在接触稳定法中，回流污泥浓缩，再曝气稳定，池体积省了，或者说，同样的池子增加了处理能力。

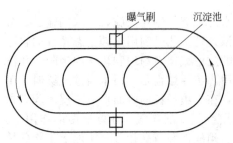

图8.10　设沉淀池的氧化沟构造简图

　　② 氧化沟　　在1950年创造的氧化沟，是延时曝气法的一种特殊形式，用于处理小城镇的污水。它的平面像跑道，沟槽中设置两个曝气刷。曝气刷转动时，推动溶液迅速流动，起到曝气和搅拌两个作用。荷兰的氧化沟把沉淀池设在沟槽包围圈内的空场上，见图8.10，以使布置紧凑。

　　③ 纯氧曝气　　以纯氧代替空气，可以提高生物处理的速度。纯氧曝气采用密闭的池子。曝气时

间较短，约 1.5～3.0h，纯氧曝气池的构造见图 8.11。

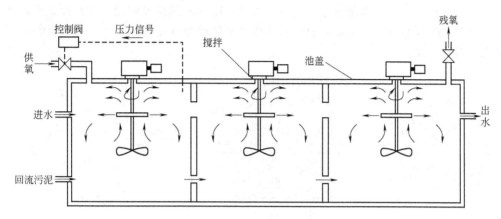

图 8.11　纯氧曝气池构造简图

（5）生物膜法　生物膜法主要用于从废水中去除溶解性有机污染物，是一种被广泛采用的生物处理方法。生物膜法从本质上与土壤处理的过程相似，是污水灌溉和土壤处理的人工化和强化。生物膜法的主要设施是生物滤池、生物转盘和生物接触氧化池。生物滤池有间歇生物滤池、普通（单层）生物滤池、塔式（多层）生物滤池等多种形式。间歇生物滤池只适用于极个别的场合，一般不采用。

生物膜法的主要特点是微生物附着在介质"滤料"表面上，形成生物膜，污水同生物膜接触后，溶解有机污染物被微生物吸附转化为 H_2O、CO_2、NH_3 和微生物细胞质，污水得到净化，所需氧气一般直接来自大气。其基本流程如图 8.12 所示。废水如含有较多的悬浮固体时，应先用沉淀池去除大部分悬浮固体后再进入滤池，在生物处理设施中，溶解有机污染物转化为生物膜，生物膜不断脱落下来，随水流入二次沉淀池被沉淀去除。

图 8.12　生物膜法基本流程示意图

① 普通生物滤池　平面一般呈圆形、方形或矩形。由滤料、池壁、排水及布水系统组成（图 8.13）。废水通过布水器均匀分布在滤料表面，沿覆盖在滤料表面的生长膜流下，依靠生物膜吸附氧化废水中有机物。氧气由通过滤料间隙的气流供给。

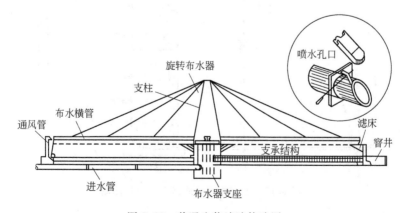

图 8.13　普通生物滤池构造图

② 生物转盘　由固定于水平转轴上的若干圆形盘片及废水槽组成（图 8.14）。转盘下半部浸没于废水槽内，上半部敞露于空气中，以 2～5r/min 的速度转动。转盘浸入废水时，盘面的生物膜吸附废水中的有机物，盘面露出废水后吸收空气中的氧。不断循环交替，使废水中有机物得到净化。

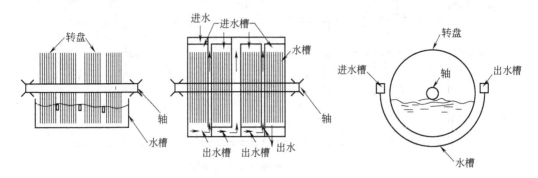

图 8.14　四级串联转盘式生物滤池构造简图

③ 生物接触氧化池　滤池填料淹没在流动的废水中，并不断鼓入空气补充所需溶解氧。滤池所用填料有蜂窝填料、软性纤维填料、弹性填料与组合填料等。生物接触氧化池是目前较为常用的生物膜工艺。

8.1.2.4.2　厌氧生物处理

好氧生物处理是在有氧条件下，由好氧微生物降解废水中有机污染物质的处理方法。污泥及某些工业废水（如屠宰场、发酵工业生产污水），其有机物含量大大高于城市污水，是不宜直接采用好氧法处理的，一般须进行厌氧处理，即在无氧条件下，借兼性菌和厌氧菌降解有机污染物，分解的主要产物是以甲烷为主要的沼气。

我国农村推广的沼气池，也是利用厌氧处理的原理，以粪便、草禾茎秆等作为原料产生沼气，并提高肥效的一种方法。

（1）厌氧滤器工艺　20 世纪 50 年代中期，Coulter 等人在研究生活污水厌氧生物处理时，曾使用一种充填卵石的反应器，这可谓是对厌氧滤器工艺的早期尝试，厌氧滤器工艺的流程如图 8.15 所示，厌氧滤器内装有填料，外形和结构类似于好氧生物滤池，所不同的是废水由底部进入，整个填料浸没于消化液中。

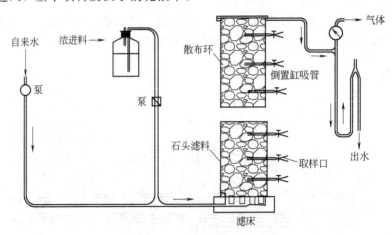

图 8.15　上流式厌氧滤器工艺流程简图

（2）上流式厌氧污泥床工艺　上流式厌氧污泥床（upflow anaerobic sludge blanket，

UASB）反应器如图8.16所示，其主体部分是一个无填料的空容器，内装一定数量的厌氧污泥，其最大特点是在反应器上部设置了一个专用的气-液-固分离装置，即所谓的三相分离器，三相分离器下部为反应区（或发酵区），上部为沉淀区。

反应器运行时，废水以一定的流速自下部进入反应器，通过污泥床和悬浮污泥层向上流动。

（3）厌氧折流板反应器工艺 厌氧折流板反应器（anaerobic baffled reactor，ABR）工艺是Bachmann等人（1983）从厌氧生物转盘工艺发展而来的。所谓厌氧折流板反应器实质上是由折流板分隔形成的一系列上流式厌氧污泥床反应器的组合。

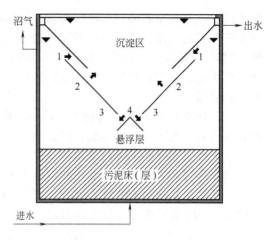

图8.16 UASB反应器示意图
1—污泥-水混合物入口；2—气体隔板；
3—沉淀污泥；4—回流孔

ABR工艺流程如图8.17所示。泵将进料瓶中的污水泵入ABR，折流通过整个装置，其中的基质与厌氧消化细菌接触，并被转化为沼气而上逸至气室，出水经U形管排出，沼气经流量计计量后收集。

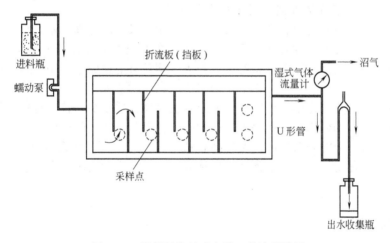

图8.17 厌氧折流板反应器工艺流程简图

8.1.2.4.3 组合工艺处理法

随着有机化学工业的发展，通过各种途径进入环境的有机物的数量与种类也逐年急剧增加。其中的有些化合物具有毒性、诱变性或致癌性，并且在环境中的半衰期很长，因而具有很高的环境相关性，需要在它们进入水体、大气或土壤以前进行治理。对于这类难降解有机污染物的处理一直是环境治理方面的一个难点，也是环境科学工作研究的热点。这里提到的难降解有机污染物，主要是指在正常停留时间条件下微生物不能降解的有机化合物。在各种物理、化学和生物处理工艺中，每一种工艺在适应性、高效性及费用等方面都有其固有的限制性。

处理某一种特定的废水，有效的措施是能够尽量克服这些限制，这就要求开发一种能够充分利用各自优势并符合特定水质特征的经济可行的组合工艺。近年来，多项单元技术的优化组合技术处理难降解有机废水的研究十分活跃。

（1）厌氧（兼氧)/好氧生物处理系统 A/O、A^2/O或A/O^2生物处理系统在废水的脱氮除磷，以及难生物降解废水的处理等方面已经显示出其独特优势，在废水治理工程等方面得到了广泛的应用。近年来针对印染废水特点开发的厌氧-好氧生物处理系统，厌氧的水力停留时间（HRT）一般只有 8～10h，实际上在此阶段主要发生厌氧的酸化水解，可改善废水的可生化性，并且脱色效果明显，另外，污泥回流后大部分可经厌氧硝化，从而减少污泥的处理费用。

（2）化学氧化-生物组合技术　化学氧化-生物组合技术的基本原理是将毒性、抑制性或难降解的有机污染物经化学氧化预处理后，变为生物可降解的中间产物，经生物处理后得到有效的去除。相反，生物预处理可以初步去除掉可生物降解物质，难降解有机污染物可经后续化学氧化得到去除。影响处理的因素主要有有机污染物的种类与浓度、氧化剂的种类与用量、电子受体的种类与浓度、反应时间及 pH 值等，在这里主要介绍氧化剂的种类、氧化反应时间及 pH 值对总处理效果的影响。

近年来，国内外一些研究报道表明，化学氧化与生物技术组合工艺对水中的卤代物、杂环芳香族化合物、高聚物、表面活性剂、含氮有机化合物等难降解的有机污染物均有较好的去除效果。通过对化学氧化法改进与强化发展起来的催化氧化法已经引起环保工作者的关注。Manial 等提出利用光催化氧化技术以半导体二氧化钛为催化剂，经自然光解预处理含 2,4-二氯苯酚、五氯酚、甲基乙烯基酮等难降解物质，随后利用活性污泥法处理。研究结果表明，选择合适的光催化氧化预处理时间，可以彻底地去除 2,4-二氯苯酚、五氯酚、甲基乙烯基酮的毒性，使后续生物处理效率明显提高。Tanaka 等也采用类似的工艺降解含 SDS、ABS、TBC、NPE 等表面活性剂，同样取得了较好的效果。

化学氧化与生物技术的组合是一项具有广泛应用前景的水处理技术，特别是化学氧化技术与生物技术都已有几十年的实际应用历史，并且在处理难降解有机污染物时有突出效果。目前，此项技术在国内外尚处于开拓阶段。作为一项很有前途的水处理技术，还有大量的研究工作要做。

另外，近年来，物理化学与生物技术的组合也发展得比较快，特别是在印染废水的处理上，已经得到大范围的使用，并取得了较好的效果。但是，在实际应用工程中一定得注意到组合工艺中各组成部分的先后次序以及选择合适的工艺参数，以实现各项技术的最佳组合。多项单元技术的优化组合是当今水处理的发展方向，适合实际废水组合工艺的开发具有广阔的前景。

8.2　噪声控制

8.2.1　工业企业环境噪声标准及有关规定

8.2.1.1　工业企业厂界噪声标准

环境噪声，是指在工业生产、建筑施工、交通运输和社会生活中所产生的干扰周围生活环境的声音。环境噪声污染，是指所产生的环境噪声超过国家规定的环境噪声排放标准，并干扰他人正常生活、工作和学习的现象。工业噪声，是指在工业生产活动中使用固定的设备时产生的干扰周围生活环境的声音。在城市范围内向周围生活环境排放工业噪声的，应当符合国家规定的工业企业厂界环境噪声排放标准。

在食品工厂生产过程中，机械设备运转时，各部件之间的相互撞击、摩擦会产生机械噪声。鼓风机、空气压缩机运转时，叶片高速旋转会使叶片两侧的空气发生压力突变，气体通过进、排气口时激发声波产生空气动力性噪声。本节主要讨论的是食品企业的工业噪声，它属于工业噪声。各类厂界噪声标准值列于表 8.6。

表 8.6　各类厂界噪声标准（等效声级 L_{eq}）　　　　　单位：dB（A）

类　别	昼　间	夜　间	类　别	昼　间	夜　间
1	55	45	3	65	55
2	60	50	4	70	55

各类标准适用范围的划定：

1 类标准适用于以居住、文教机关为主的区域；

2 类标准适用于居住、商业、工业混杂区及商业中心区；

3 类标准适用于工业区；

4 类标准适用于交通干线道路两侧区域。

夜间频繁突发的噪声（如排气噪声），其峰值不准超过标准值 10dB（A）；夜间偶然突发的噪声（如短促鸣笛声），其峰值不准超过标准值 15dB（A）。

工业噪声适用 2 类、3 类标准。我国工业企业噪声标准见表 8.7 和表 8.8。

表 8.7　新建、扩建、改建企业标准

每个工作日接触噪声时间/h	允许标准/dB
8	85
4	88
2	91
1	94
	最高不得超过 115

表 8.8　现有企业暂行标准

每个工作日接触噪声时间/h	允许标准/dB
8	90
4	93
2	96
1	99
	最高不得超过 115

8.2.1.2　噪声基本评价量

噪声与人的感觉密不可分，必须用反映人主观感觉的物理量加以描述。表征噪声的物理量和主观听觉的关系，常用的评价指标有响度、响度级、计权声级、等效连续声级（L_{eq}）、噪声污染级（L_{NP}）、统计声级、昼夜等效声级（L_{dn}）、语言干扰级（SIL）、感觉噪声级（PNL）、交通噪声指数（TN_1）和噪声次数指数（NN_1）等。

描述声音的物理量有频率、声压、声强、声功率、声压级、声强级，它们也是描述噪声的物理量。

8.2.1.3　噪声的控制

噪声控制问题涉及的面十分广泛，噪声源多种多样，就目前的科学技术水平和经济条件而言，还不可能完全控制噪声污染，为此加强对噪声的管理就显得格外重要。具体可采取如下措施：首先，划分功能区域。即将相同或相近功能的建筑集中在一起，不同功能的建筑分别设置在不同区域。第二，合理利用土地。根据不同使用目的和建筑物的噪声允许标准来选择允许噪声存在的场所和位置。第三，合理建筑布局。要考虑采取环境噪声影响最小的建筑布局。如对一小区域的建筑物进行布局，除考虑声源的布局外，还应充分利用地形或已有建筑物的隔声屏障的效应，使噪声得以降低。这样的布局使发生噪声污染之前就解决了矛盾，不但效果理想，而且也是最经济的一种方法。第四，城市绿化与声衰减。城市绿化，利用树木的散射、吸声作用以及地面吸声，也是达到降低噪声目的的一种方法。

8.2.2　噪声控制技术

噪声在传播过程中有三个要素，即声源、传播途径和接受者。只有当声源、声的传播途径和接受者三个因素同时存在时，噪声才能对人造成干扰和危害。因此，控制噪声必须考虑这三个因素。

首先应考虑对声源进行控制，从声源上降低噪声。环境噪声主要来源于各类机电产品的运行，我国机电产品的噪声与国外同类产品比较平均高出 5～10dB，因此必须大力发展科技进步，运用行政、法律手段，制定正确的技术经济政策，大力推动低噪声机电产品的开发研制。对声源进行控制，是最根本的噪声控制措施。即使是部分减弱声源处的噪声强度，也会使在传播途径中或接受处的噪声控制工作大大简化。为实现这一目标，应改革产品的结构和提高零件的加工精度和装配技术，使发声体的噪声强度减弱。

但就我国目前的技术水平来看，大多数设备的噪声强度超过了使人们满意的标准，使得从声源处控制噪声难以实现，往往还需要在传播途径上采取噪声控制措施。经常采用的措施有吸音、隔声、使用消声器及隔振技术等。在噪声传播途径控制中，采取何种措施为好，要在调查测量的基础上，根据具体声源和传播途径，有针对性地选择，同时注意这些措施的可行性和经济性。

在声源和传播途径上采取控制措施有困难或无法进行时，接受噪声的个人可以采取个人防护。简单的方法是佩戴耳塞、耳罩、防声头盔等。此外，减小振动是消音降噪的另外一种重要措施。

8.2.2.1　声源控制技术

控制噪声的根本途径是对声源进行控制，控制声源的有效方法是降低辐射声源声功率。在工矿企业中，经常可以遇到各种类型的噪声源，它们产生噪声的机理各不相同，所采用的声源控制技术也不相同。

一个实际的噪声源产生噪声的机理往往不是单一的，如一台鼓风机工作时产生机械性、气流性和电磁性三个方面的噪声。

(1) 机械噪声的控制　机械噪声是由各种机械部件在外力激发下产生振动或相互撞击而产生的，如部件旋转运动的不平衡、往复运动的不平衡及撞击摩擦是产生噪声的主要原因。控制机械噪声的主要方法有：

① 避免运动部件的冲击和碰撞，降低撞击部件之间的撞击力和速度，延长撞击部件之间的撞击时间；

② 提高旋转运动部件的平衡精度，减少旋转运动部件的周期性激发力；

③ 提高运动部件的加工精度和光洁度，选择合适的公差配合，控制运动部件之间的间隙大小，降低运动部件的振动振幅，采取足够的润滑减少摩擦力；

④ 在固体零部件接触面上，增加特性阻抗不同的黏弹性材料，减少固体传声，在振动较大的零部件上安装减振器，以隔离振动，减少噪声传递；

⑤ 采用具有较高内损耗系数的材料制作机械设备中噪声较大的零部件，或在振动部件的表面附加外阻尼，降低其声辐射效率；

⑥ 改变振动部件的质量和刚度，防止共振，调整或降低部件对外激发力的响应，降低噪声。

(2) 气流噪声的控制　气流噪声是由气流流动过程中的相互作用或气流和固体介质之间的作用产生的，控制气流噪声的主要方法是：

① 选择合适的空气动力机械设计参数，减小气流脉动，减小周期性激发力；

② 降低气流速度，减少气流压力突变，以降低湍流噪声；

③ 降低高压气体排放压力和速度；

④ 安装合适的消声器。

(3) 电磁噪声的控制　电磁噪声主要是由交替变化的电磁场激发金属零部件和空气间隙周期性振动而产生的。对于电动机来说，由于电源不稳定也可以激发定子振动而产生噪声。电磁噪声主要分布在 1000Hz 以上的高频区域。电压不稳定产生的电磁噪声，其频率一般为电源频率的两倍。

降低电动机噪声的主要措施为：

① 合理选择沟槽数和级数；

② 在转子沟槽中充填一些环氧树脂材料，降低振动；

③ 增加定子的刚性；

④ 提高电源稳定度；

⑤ 提高制造和装配精度。

降低变压器电磁噪声的主要措施有：

① 减小磁力线密度；

② 选择低磁性硅钢材料；

③ 合理选择铁心结构，铁心间隙充填树脂性材料，硅钢片之间采用树脂材料粘贴。

（4）隔振技术　振动和噪声是两种不同的概念，但它们有着密切的联系。许多噪声是由振动诱发产生的，因此在对声源进行控制时，必须同时考虑隔振。

振动是环境物理污染因素之一，它在介质中的传播比噪声更复杂，它可以同时以横波、纵波、表面波、剪切波的形式向周围传播。它不仅能激发噪声，而且还能通过固体直接作用危害人体。人体是一个弹性体，骨骼和肌肉构成许多空腔和心、肝、肺、胃、肠等弹性系统。这些空腔和弹性系统都有各自的固有共振频率，一旦与外来的振动频率相吻合或接近时，就会产生共振，这时人体器官就会受到极大的危害。工业上振动常常与噪声联合作用于人体，振动控制是噪声控制中的常用方法。

振动虽然和噪声有密切的关系，但它们又是两种完全不同的物理现象，控制振动的目的不仅在于消除因振动而激发的噪声，而且还在于消除振动本身对周围环境造成的有害影响。

控制振动的方法与控制噪声的方法有所不同，通常可归纳为如下三类。

① 减小振动　减小或消除振动源，即采用各种平衡方法来改善机器的平衡性能，修改或重新设计机器的结构以减小振动，改进和提高制造质量，减小构件加工误差，提高安装中的对中质量，控制安装间隙，对具有较大辐射表面的薄壁结构采取必要的阻尼措施。

② 防止共振　防止或减小设备、结构对振动的响应。改变振动系统的固有频率，改变振动系统的扰动频率，采用动力吸振器，增加阻尼，减小共振时的振幅。

③ 采取隔振措施　减小或隔离振动的传递。按照传递方向的不同，分为隔离振源和隔离响应两种。隔离振源又称为主动隔振或积极隔振，目的在于隔离或减小动力的传递，使周围环境或建筑结构不受振动的影响，一般动力机器、回转机械、锻冲压设备的隔振都属于这一类；隔离响应又称为被动隔振或消极隔振，目的在于隔离或减小运动的传递，使精密仪器与设备不受基础振动的影响，一般电子仪器、贵重设备、精密仪器、易损件、录音室人体坐垫的隔振都属于这一类。两类隔振尽管不同，但实施方法相通，均通过在设备和基座间装设隔振器，使大部分振动被隔振装置所吸收来实现隔振。常用的隔振装置有金属弹簧、橡胶隔振器等。

8.2.2.2　控制噪声的传播途径

8.2.2.2.1　吸声降噪

吸声降噪是一种在传播途径上控制噪声强度的方法。当声波入射到物体表面时，部分入射声能被物体表面吸收而转化成其他能量，这种现象叫做吸声。物体的吸声作用是普遍存在的，吸声的效果不仅与吸声材料有关，还与所选的吸声结构有关。

相同的机器，在室内运转与在室外运转相比，其噪声更强。这是因为在室内，我们除了能听到通过空气介质传来的直达声外，还能听到从室内各种物体表面反射而来的混响声。混响声的强弱取决于室内各种物体表面的吸声能力。光滑坚硬的物体表面能很好地反射声波，增强混响声；而像玻璃棉、矿渣棉、棉絮、海草、毛毡、泡沫塑料、木丝板、甘蔗板、吸声砖等材料，能把入射到其上的声能吸收掉一部分，当室内物体表面由这些材料制成时，可有效地降低室内的混响声强度。这种利用吸声材料来降低室内噪声强度的方法称为吸声降噪。它是一种广泛应用的降噪方法，试验证明，一般可将室内噪声降低 5～8dB。

（1）吸声材料　吸声材料之所以具有吸声降噪的能力是与它们的结构密切相关的。吸声材料的表面具有丰富的细孔，其内部松软多孔，孔和孔之间互相连通，并深入到材料的内层。当声波透过吸声材料的表面进入内部孔隙后，能引起孔隙中的空气和材料的细小纤维发生振动，由于空气分子之间的黏滞阻力作用和空气与吸声材料的筋络纤维之间的摩擦作用，使振动的动能变为热能而使声能衰减。此外，由于空气在绝热压缩中升温，而在绝热膨胀中温度下降，使热量发生传导作用，在空气与吸声材料之间不断发生热交换，结果使声能转变为热能而使声能衰减。这样就使反射声减少，总的声音强度也就降低了。

优良的吸声材料要求表面和内部均应具有多孔性，孔隙微小，孔与孔之间互相沟通，并且要与外界连通，以使声波容易传到材料内部。常用的吸声材料分三种类型，即纤维型、泡沫型和颗粒型。纤维型多孔吸声材料有玻璃纤维、矿渣棉、毛毡、甘蔗纤维、木丝板等；泡沫型吸声材料有聚氨基甲酸酯泡沫塑料等；颗粒型吸声材料有膨胀珍珠岩和微孔吸声砖等。

（2）吸声结构　多孔吸声材料对高频声有较好的吸声能力，但对低频声的吸声能力较差。为了解决这一矛盾，人们利用共振吸声的原理设计了各种共振吸声结构，取得了较好的效果，从而弥补了多孔材料低频吸声性能的不足。常用的共振吸声结构有共振吸声器（单个空腔共振结构）、穿孔板（槽孔板）、微穿孔板、膜状和板状等共振吸声结构及空间吸声体。

① 共振吸声器　共振吸声器是由腔体和颈口组成的共振结构，又称亥姆霍兹共振器，如图 8.18 所示。

腔体通过颈部与大气相通，在声波的作用下，孔径中的空气柱就像活塞一样往复运动，由于颈壁对空气的阻尼作用，使部分声能转化为热能，当入射声波的频率与共振器的固有频率一致时，即会产生共振现象，此时孔径中的空气柱运动速度最大，因而阻尼作用最大，声能在此情况下得到最大吸收。共振器的吸声作用在低频。实际工作中分别设计几种规格的共振器，以便在较宽的低频范围获得较好的吸声效果。

改变连接管的尺寸和空腔体的体积，可以获得不同的共振频率。此外在管内铺设吸声材料可增加共振器的阻尼作用，从而使共振器的吸声系数降低，吸声频带的宽度增大。

② 穿孔板　穿孔板共振吸声结构是噪声控制中广泛采用的一种吸声装置，它可以看作由许多单孔共振腔并联组成。其结构如图 8.19 所示。

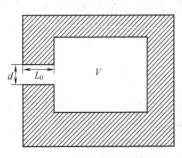

图 8.18　单腔共振吸声结构

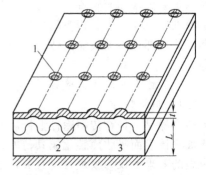

图 8.19　穿孔板共振吸声结构
1—穿孔板；2—吸声材料；3—空气层；
t—穿孔板厚度；L—腔深

穿孔板吸声结构的共振频率与穿孔率、孔板厚度和空腔深度有关。穿孔率是穿孔面积占总面积的百分数。这种吸声结构的缺点是对频率的选择性很强，在共振频率时具有最大的吸声性能，偏离共振频率时则吸声效果较差。它吸收声音的频带比较窄，一般只有几十赫兹到200Hz的范围。在穿孔板后衬贴织物或填放多孔吸声材料可以使这种吸声结构吸收声音的频带加宽。穿孔板的穿孔应均匀地分布在板面上，一般孔径为 3～8mm 为宜。此外，为了提高吸声性能，可采用两层穿孔板组成的吸声结构。

③ 微穿孔板　微穿孔板是在普通穿孔板的基础上发展起来的。普通穿孔板的厚度一般为 1.5～10mm，孔径为 3～8mm，穿孔率为 0.5%～5%左右；而微穿孔板吸声结构的板厚及孔径均小于 1mm，穿孔率为 1%～3%，它与板后的空腔一起组成微穿孔板吸声结构。这种结构具有较宽的吸声频带。微穿孔板的微孔本身具有足够的声阻，因此，它的背后不需要衬贴多孔吸声材料。

微穿孔板结构的吸声性能可根据需要进行设计，微孔的大小和间距影响微穿孔板的吸声系数，板的构造和它的空腔深度决定它的吸声频率范围。

微穿孔板可使用各种薄板材料，如铝板、钢板、不锈钢板和玻璃板等。金属微穿孔板具有防火、防水、耐高温、受风的影响小以及易于清洗等特点，适用于高温、高气流、潮湿、超净等环境条件下的消声器和吸声降噪中使用。

对于玻璃纤维布、阻燃装饰布等织物，通过控制其表面覆盖率即经纬线的粗细和每厘米的根数，也可以作微穿孔吸声结构使用，并获得良好的吸声特性。

④ 薄板吸声结构　不穿孔的薄板如金属板、胶合板、石膏板、塑料板等，使它的周边固定，其背后留一定厚度的空气层，就构成了薄板共振吸声结构，它对低频声有较好的吸声性能。当声波作用于薄板表面时，在声压的交变作用下引起薄板的弯曲振动，由于薄板与固定支点之间和薄板内部引起的内摩擦损耗，使振动的动能转化为热能而使声能得到衰减。当入射声波的频率与振动系统的固有频率即共振频率一致时，振动系统即会发生共振现象，此时振幅最大，声能消耗也最多。在此频率下声能将得到最大的吸收。薄板共振吸声结构的共振频率一般为 80～300Hz。

⑤ 空间吸声体　吸声材料和吸声结构一般安装在墙面和天花板上。如果把吸声材料或吸声结构悬挂在房间内，就成了空间吸声体。常用的空间吸声体有板状、圆柱状、球形和锥形等，如图 8.20 所示。

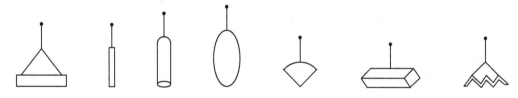

图 8.20　几种空间吸声体示意图

吸声体有两个或两个以上的表面与声波接触，从而具有较高的吸声效率，而且制作简单，安装方便，在噪声控制工程中已获得广泛的应用。

应该指出，利用吸声材料和吸声结构来降低噪声的方法，其效果是有一定条件的。吸声材料只是吸收反射声，对声源直接发出的直达声是毫无作用的。也就是说，吸声处理的最大可能性是把声源在房间的反射声全部吸收。故在一般条件下，用吸声材料来降低房间的噪声其数值不超过 10dB，在特殊条件下也不会超过 15dB。若房间很大，直达声占优势，此时用吸声降噪处理效果较差，甚至在吸声处理后还察觉不到有降噪的效果。如房间原来的吸声系数较高时，还用吸声处理来降噪，其效果是不明显的。因此，吸声处理的方法只是在房间不太大或原来吸声效果较差的场合下才能更好地发挥它的减噪作用。

8.2.2.2.2　消声器

消声器是一种既能使气流通过又能有效地降低噪声的设备。通常可用消声器降低各种空气动力设备的进出口或沿管道传递的噪声。例如在内燃机、通风机、鼓风机、压缩机、燃气轮机以及各种高压、高气流排放的噪声控制中广泛使用消声器。

不同消声器的降噪原理有别，大体上有以下几种。

（1）阻性消声　它是利用装置在管道内壁或中部的阻性材料（主要是多孔材料）吸收声能而达到降低噪声的目的。当声波通过敷设有吸声材料的管道时，声波激发多孔材料中众多小孔内空气分子的振动，由于摩擦阻力和黏滞力的作用，使一部分声能转换为热能耗散掉，从而起到消声作用。阻性消声器能较好地消除中、高频噪声，而对低频的消声作用较差。

（2）抗性消声　它是利用管道截面的变化（扩张或收缩）使声波反射、干涉而达到消声的目的。和阻性消声器不同，它不使用吸声材料，而是利用不同形状的管道和腔室进行适当地组合，使声波产生反射或干涉现象，从而降低消声器向外辐射的声能。抗性消声器的性能和管道结构、形状有关，一般选择性较强，适用于窄带噪声和低、中频噪声的控制。常用的抗性消声器有扩张室、共振腔两种形式。

（3）损耗型消声　它是在气流通道内壁安装穿孔板或微穿孔板，利用它们的非线性阻抗来消耗声能，从而达到消声的目的。微穿孔板消声器是典型的损耗型消声器。在厚度小于1mm 的板材上开孔径小于 1mm 的微孔，穿孔率一般为 1%～3%，在穿孔板后面留有一定的空腔，即称为微穿孔板吸声结构。它与阻性消声器类似，不同之处在于用微穿孔板吸声结构代替了吸声材料。从某种意义讲，微穿孔板消声器是一种阻抗复合式消声器。

（4）扩散消声　工业生产中有许多小喷孔高压排气或放空现象，如各种空气动力设备的排气、高压锅炉排气放风等，伴随这些现象的是强烈的排气喷流噪声。这种噪声的特点是声级高、频带宽、传播远，危害极大。扩散性消声器是利用扩散降速、变频或改变喷注气流参数等机理达到消声的目的。常见的有小孔喷注消声器、多孔扩散消声器和节流降压消声器。

小孔喷注消声器直接利用发声机理，将一个大的排气孔用许多小孔来代替，当孔径小到一定值时，噪声频率由低频移到人耳不敏感的频率范围，从而达到降低可听声的目的。

节流降压消声器是利用节流降压原理制成的。通过多次节流方法将高压降分散为多个小压降以达到降低高压排气放空噪声的目的。

多孔扩散消声器所有的材料带有大量的细小孔隙，可以使排放气流被滤成无数个小的气流，气体的压力被降低，流速被扩散减小，因而辐射的噪声强度也就大大减弱。

（5）复合消声　将以上四种消声原理组合应用即可构成多种复合式消声器。

一个合适的消声器可直接使气流声源噪声降低 20～40dB，相应响度降低 75%～93%。通常要求消声器对气流的阻力要小，不能影响气动设备的正常工作，其构成的材料要坚固耐用并便于加工和维修。此外要外形美观、经济。

8.2.2.2.3　隔声技术

按照噪声的传播方式，一般可将其分为空气传声和固体传声两种。空气传声是指声源直接激发空气振动并借助于空气介质而直接传入人耳，例如汽车的喇叭声和机器表面向空间辐射的声音。固体传声是指声源直接激发固体构件振动后所产生的声音。如人走路撞击楼板时，固体构件的振动以弹性波的形式在墙壁及楼板等构件中传播，在传播中向周围空气辐射出声波。事实上，声音的传播往往是这两种声音传播方式的组合。在一般情况下，无论是哪种传声，大都需要经过一段空气介质的传播过程，才能最后到达人耳，两种传播形式既有区别又有联系。

对于空气传声的场合，可以在噪声传播途径中，利用墙体、各种板材及其构件将接受者分隔开来，使噪声在空气中传播受阻而不能顺利地通过，以减少噪声对环境的影响，这种措施通称为隔声。对于固体传声，可以采用弹簧、隔振器及隔振阻尼材料进行隔振处理，这种措施通称为隔振。

隔振不仅可以减弱固体传声，同时可以减弱振动直接作用于人体和精密仪器而造成的危害。

隔声是噪声控制工程中常用的一种技术措施。常用的隔声构件有各类隔声墙、隔声罩、隔声控制室及隔声屏障等。

（1）隔声墙　对于实心的均匀墙体，其隔声能力决定于墙体的单位面积质量，其值越大则隔声性能越好。当声波投射到墙面时，声压将使墙体发生振动，墙体质量越大则惯性阻力也越大，引起墙体振动越困难，因而隔声效果越好。墙体隔声能力还与入射声波的频率有关，对于高频声的隔声效果更好，对于低频声的隔声效果较差。有空心夹层的双层墙体的隔声结构比同样质量的单层墙的隔声效果更好，这是由于夹层中空气的弹性作用可使声能衰减。如果隔声效果相同，夹层结构比单层结构的质量可减少 2/3～3/4。

（2）隔声间　由隔声墙及隔声门等构件组成的房间称为隔声间。隔声间的实际隔声量不仅与各构件的隔声量有关，而且还与隔声间内表面的吸声质量及内表面面积有关。一般来说，隔声间内表面的吸声量越大，隔声间内面积越小，其隔声量则越大。隔声间中的门、窗和孔洞往往是隔声间的薄弱环节。一般门窗平均隔声量不超过 15～20dB，普通分隔墙的平均隔声量至少可达 30～40dB。孔洞和缝隙对构件的隔声影响甚大，若门、窗、墙体上有较多细小的孔隙，则隔声墙再厚，隔声效果也是不好的。

（3）隔声罩　当噪声源比较集中或只有个别噪声源时，可将噪声源封闭在一个小的隔声空间内，这种隔声设备称为隔声罩。隔声罩是抑制机械噪声的较好方法，它往往能获得很好的减噪效果。如柴油机、电动机、空压机、球磨机等强噪声设备，常常使用隔声罩来减噪。

一般机器所用的隔声罩由罩板、阻尼涂料和吸声层构成。罩板一般用 1～3mm 厚的钢板，也可以用密度较大的木质纤维板。罩壳用金属板时要涂以一定厚度的阻尼层以提高隔声量。这主要是声波在罩壳内的反射作用会提高噪声的强度。因此，隔声罩还必须在罩板上垫衬吸声材料。例如，用 3mm 厚的钢板制成的隔声罩，当无吸声材料时隔声量为 12dB，当罩内设置吸声系数为 0.5 的吸声材料后，隔声量增加到 32dB。若隔声罩采用太薄的钢板制造，特别隔声罩与机器或基础是刚性连接，而罩壳的表面积又很大时，隔声罩可能会变成一个噪声放大器，这在隔声罩的设计时应加以注意。

隔声罩在制作过程中，一定要注意隔声罩的密封，最好是将声源全部密封，但这是在实际中难以做到的。例如柴油机、汽油机、汽轮机等必须通过进气管和排气管吸入空气和排出废气，以完成它们的工作循环，它们还必须用水进行冷却，为满足这些要求，都需要用管道将隔声罩与外界连通，这对隔声是不利的。因此，在进风口和排气口处还应装上专门的消声装置。

（4）隔声门和隔声窗　隔声门和隔声窗是用途相当广泛的隔声构件，例如隔声间和隔声罩都会用到。隔声门、隔声窗的隔声量要与其隔声构件主体的隔声量匹配，否则达不到预期的目的。

普通门的平均隔声量为 10～20dB，而隔声门的隔声量应在 30dB 以上。隔声门在制作中都采用多层复合结构。窗子的隔声效果主要取决于玻璃的厚度，在制作中多采用两层以上玻璃中间夹以空气层的方法，来提高玻璃窗的隔声效果。此外，在隔声门、窗的设计与施工中必须注意解决密封问题。

（5）隔声屏障　隔声屏障是保护近声场人员免遭直达声危害的一种噪声控制手段。当声波在传播中遇到屏障时，会在屏障的边缘处产生绕射现象，从而在屏障的背后产生一个声影区，声影区内的噪声级低于未设置屏障时的噪声级，这就是隔声屏障降噪的基本原理。

8.2.2.3 个人防护

当在声源和传播途径上控制噪声难以达到标准时，往往需要采取个人防护措施。在很多场合下，采取个人防护还是最有效、最经济的方法。目前最常用的方法是佩戴护耳器。一般的护耳器可使耳内噪声降低 10~40dB。护耳器的种类很多，按构造差异分为耳塞、耳罩和头盔。

耳塞体积小，使用方便，但必须塞入外耳道内部并与外耳道大小形状相匹配，否则效果不好。一般采用柔软及可塑性大的材料制成。佩戴耳塞应注意保持清洁卫生。

佩戴耳罩不必考虑外耳道的个体差异，隔声性能较耳塞优越，易于保持清洁。但耳罩不适于在高温下佩戴，且会受到佩戴者的头发及眼镜的影响。

头盔的隔声效果比耳塞、耳罩优越，它不仅可以防止噪声的气导泄漏，而且可防止噪声通过头骨传导进入内耳。头盔的制作工艺复杂，价格较贵，通常用于如火箭发射场等特殊环境和场所。

8.3 大气质量控制

8.3.1 大气质量标准及有关规定

8.3.1.1 大气污染物综合排放标准

（1）环境空气质量功能区的分类和标准分级

① 环境空气质量功能区分类 一类区为自然保护区、风景名胜区和其他需要特殊保护的地区。

二类区为城镇规划中确定的居住区、商业交通居民混合区、文化区、一般工业区和农村地区。

三类区为特定工业区。

② 环境空气质量标准分级 环境空气质量标准分为三级：一类区执行一级标准；二类区执行二级标准；三类区执行三级标准。

（2）大气污染物综合排放标准 根据环境空气质量标准 GB 3095—1996，各项污染物排放限值见表 8.9。

8.3.1.2 主要大气污染物

排入大气的污染物种类很多，依据不同的原则，可将其进行分类。

依照污染物存在的形态，可将其分为颗粒污染物与气态污染物。

依照与污染源的关系，可将其分为一次污染物与二次污染物。若大气污染物是从污染源直接排出的原始物质，进入大气后其性质没有发生变化，则称其为一次污染物；若由污染源排出的一次污染物与大气中原有成分，或几种一次污染物之间，发生了一系列的化学变化或光化学反应，形成了与原污染物性质不同的新污染物，则所形成的新污染物称为二次污染物。二次污染物，如硫酸烟雾和光化学烟雾，所造成的危害，已受到人们的普遍重视。

（1）颗粒污染物 进入大气的固体粒子和液体粒子均属于颗粒污染物。对颗粒污染物可作出如下的分类。

① 尘粒 一般是指粒径大于 $75\mu m$ 的颗粒物。这类颗粒物由于粒径较大，在气体分散介质中具有一定的沉降速度，因而易于沉降到地面。

② 粉尘 在固体物料的输送、粉碎、分级、研磨、装卸等机械过程中产生的颗粒物，或由于岩石、土壤的风化等自然过程中产生的颗粒物，悬浮于大气中称为粉尘，其粒径一般小于 $75\mu m$。在这类颗粒物中，粒径大于 $10\mu m$，靠重力作用能在短时间内沉降到地面者，称

表 8.9　各项污染物的浓度限值

污染物名称	取值时间	浓 度 限 值			浓 度 单 位
		一级标准	二级标准	三级标准	
二氧化硫(SO_2)	年平均	0.02	0.06	0.10	mg/m^3
	日平均	0.05	0.15	0.25	（标准状态）
	1h平均	0.15	0.50	0.70	
总悬浮颗粒物(TSP)	年平均	0.08	0.20	0.30	
	日平均	0.12	0.30	0.50	
可吸入颗粒物(PM10)	年平均	0.04	0.10	0.15	
	日平均	0.05	0.15	0.25	
氮氧化物(NO_x)	年平均	0.05	0.05	0.10	
	日平均	0.10	0.10	0.15	
	1h平均	0.15	0.15	0.30	
二氧化氮(NO_2)	年平均	0.04	0.04	0.08	
	日平均	0.08	0.08	0.12	
	1h平均	0.12	0.12	0.24	
一氧化碳(CO)	日平均	4.00	4.00	6.00	
	1h平均	10.00	10.00	20.00	
臭氧(O_3)	1h平均	0.12	0.16	0.20	
铅(Pb)	季平均		1.50		$\mu g/m^3$
	年平均		1.00		（标准状态）
苯并[a]芘(B[a]P)	日平均		0.01		
氟化物(F)	日平均		7		
	1h平均		20		

为降尘；粒径小于 $10\mu m$，不易沉降，能长期在大气中飘浮者，称为飘尘。

③ 烟尘　在燃料的燃烧、高温熔融和化学反应等过程中所形成的颗粒物，飘浮于大气中称为烟尘。烟尘的粒子粒径很小，一般均小于 $1\mu m$。它包括了因升华、焙烧、氧化等过程所形成的烟气，也包括了燃料不完全燃烧所造成的黑烟以及由于蒸汽的凝结所形成的烟雾。

④ 雾尘　小液体粒子悬浮于大气中的悬浮体的总称。这种小液体粒子一般是由于蒸汽的凝结、液体的喷雾、雾化以及化学反应过程所形成，粒子粒径小于 $100\mu m$。水雾、酸雾、碱雾、油雾等都属于雾尘。

⑤ 煤尘　燃烧过程中未被燃烧的煤粉尘，大中型煤码头的煤扬尘以及露天煤矿的煤扬尘等。

（2）气态污染物　以气体形态进入大气的污染物称为气态污染物。气态污染物种类极多，按其对我国大气环境的危害大小，有五种类型的气态污染物是主要污染物。

① 含硫化合物　主要指 SO_2、SO_3 和 H_2S 等，其中以 SO_2 的危害最大，是影响大气质量的最主要的气态污染物。

② 含氮化合物　含氮化合物种类很多，其中最主要的是 NO、NO_2、NH_3 等。

③ 碳氧化合物　污染大气的碳氧化合物主要是 CO 和 CO_2。

④ 碳氢化合物　此处主要是指有机废气。有机废气中的许多组分构成了对大气的污染，如烃、醇、酮、酯、胺等。

⑤ 卤素化合物　对大气构成污染的卤素化合物，主要是含氯化合物及含氟化合物，如 HCl、HF、SiF_4 等。

气态污染物从污染源排入大气，可以直接对大气造成污染，同时还可以经过反应形成二次污染物。主要气态污染物和由其所生成的二次污染物种类见表 8.10。

表 8.10 气体状态大气污染物的种类

污 染 物	一次污染物	二次污染物	污 染 物	一次污染物	二次污染物
含硫化合物	SO_2、H_2S	SO_3、H_2SO_4	碳氢化合物	C_mH_n	醛、酮、过氧乙酰基硝酸酯
碳的氧化物	CO、CO_2	无	卤素化合物	HF、HCl	无
含氮化合物	NO、NH_3	NO_2、HNO_3、O_3			

二次污染物中危害最大，也最受到人们普遍重视的是光化学烟雾。光化学烟雾主要有如下类型。

① 伦敦型烟雾 大气中未燃烧的煤尘、SO_2，与空气中的水蒸气混合并发生化学反应所形成的烟雾，也称为硫酸烟雾。

② 洛杉矶型烟雾 汽车、工厂等排入大气中的氮氧化物或碳氢化合物，经光化学作用所形成的烟雾，也称为光化学烟雾。

③ 工业型光化学烟雾 在我国兰州西固地区，氮肥厂排放的 NO_x、炼油厂排放的碳氢化合物，经光化学作用所形成的光化学烟雾。

8.3.1.3 大气污染的质量控制

如何对大气污染源进行有效的控制和处理呢？首先，制订综合防治规划，实现"一控双达标"。第二，调节工业结构，推行清洁生产。第三，改善能源结构，大力节约能源。第四，综合防治汽车尾气及扬尘污染。第五，完善工厂绿化系统。工厂绿化系统是工厂生态系统的重要组成部分，完善工厂绿化系统不仅可以美化工厂环境，而且对改善工厂大气质量有着不可估量的作用。

8.3.2 大气污染治理技术

8.3.2.1 颗粒污染物的治理技术

从废气中将颗粒物分离出来并加以捕集、回收的过程称为除尘。实现上述过程的设备装置称为除尘器。

8.3.2.1.1 除尘装置的技术性能指标

全面评价除尘装置性能应该包括技术指标和经济指标两项内容。技术指标常以气体处理量、净化效率、压力损失等参数表示，而经济指标则包括设备费、运行费、占地面积等内容。本部分主要介绍其技术性能指标。

(1) 烟尘的浓度表示 根据含尘气体中含尘量的大小，烟尘浓度可表示为以下两种形式。

① 烟尘的个数浓度 单位气体体积中所含烟尘颗粒的个数，称为个数浓度，单位为个/cm^3，在粉尘浓度极低时用此单位。

② 烟尘的质量浓度 每单位标准体积含尘气体中悬浮的烟尘质量数，称为质量浓度，单位为 g/m^3。

(2) 除尘装置的处理量 该项指标表示的是除尘装置在单位时间内所能处理烟气量的大小，是表明装置处理能力大小的参数，烟气量一般用标准状态下的体积流量表示，单位为 m^3/h、m^3/s。

(3) 除尘装置的效率 除尘装置的效率是表示装置捕集粉尘效果的重要指标，也是选择、评价装置的最主要的参数。

① 除尘装置的总效率（除尘效率） 除尘装置的总效率是指在同一时间内，由除尘装置除下的粉尘量与进入除尘装置的粉尘量的百分比，常用符号 η 表示。总效率所反映的实际上是装置净化程度的平均值，它是评定装置性能的重要技术指标。

② 除尘装置的分级效率 分级效率是指装置对某一粒径 d 为中心，粒径宽度为 Δd 范围的烟尘除尘效率，具体数值用同一时间内除尘装置除下的该粒径范围内的烟尘量占进入装置的该粒径范围内的烟尘量的百分比来表示，符号用 η_d。

③ 除尘装置的通过率（除尘效果） 通过率是指没有被除尘装置除下的烟尘量与除尘装置入口烟尘量的百分比，用符号 ε 表示。

④ 多级除尘效率 在实际应用的除尘系统中，为了提高除尘效率，往往把两种或多种不同规格或不同形式的除尘器串联使用，这种多级净化系统的总效率称为多级除尘效率，一般用 $\eta_{总}$ 表示。

（4）除尘装置的压力损失 压力损失是表示除尘装置消耗能量大小的指标，有时也称为压力降。压力损失的大小用除尘装置进出口处气流的全压差来表示。

8.3.2.1.2 除尘装置的分类

除尘器种类繁多，根据不同的原则，可对除尘器进行不同的分类。

依照除尘器除尘的主要机制可将其分为机械式除尘器、过滤式除尘器、湿式除尘器、静电除尘器等四类。

根据在除尘过程中是否使用水或其他液体可分为湿式除尘器、干式除尘器。

此外，按除尘效率的高低还可将除尘器分为高效除尘器、中效除尘器和低效除尘器。

近年来，为提高对微粒的捕集效率，还出现了综合几种除尘机制的新型除尘器。如声凝聚器、热凝聚器、高梯度磁分离器等，但目前大多仍处于试验研究阶段，还有些新型除尘器由于性能、经济效果等方面原因不能推广应用，因此本节仍以介绍常用除尘装置为主。

8.3.2.1.3 各类除尘装置

（1）机械式除尘器 机械式除尘器是通过质量力的作用达到除尘目的的除尘装置。质量力包括重力、惯性力和离心力，主要除尘器形式为重力沉降室、惯性除尘器和旋风除尘器等。

① 重力沉降室 重力沉降室是利用粉尘与气体的密度不同，使含尘气体中的尘粒依靠自身的重力从气流中自然沉降下来，达到净化目的的一种装置。图 8.21 即为单层重力沉降室的结构示意图，含尘气流通过横断面比管道大得多的沉降室时，流速大大降低，气流中大而重的尘粒，在随气流流出沉降室之前，由于重力的作用，缓慢下落至沉降室底部而被清除。

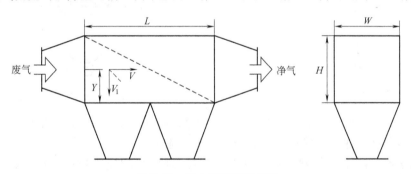

图 8.21 重力沉降室示意图

重力沉降室是各种除尘器中最简单的一种，只能捕集粒径较大的尘粒，只对 $50\mu m$ 以上的尘粒具有较好的捕集作用，因此除尘效率低，只能作为初级除尘手段。

② 惯性除尘器 利用粉尘与气体在运动中的惯性力不同，使粉尘从气流中分离出来的方法为惯性力除尘，常用方法是使含尘气流冲击在挡板上，气流方向发生急剧改变，气流中的尘粒惯性较大，不能随气流急剧转弯，便从气流中分离出来。

一般情况下，惯性除尘器中的气流速度越高，气流方向转变角度愈大，气流转换方向次数愈多，则对粉尘的净化效率愈高，但压力损失也会愈大。

惯性除尘器适于非黏性、非纤维性粉尘的去除，设备结构简单，阻力较小，但其分离效率较低，约为 50%～70%，只能捕集 10～20μm 以上的粗尘粒，故只能用于多级除尘中的第一级除尘。

③ 离心式除尘器 使含尘气流沿某一方向作连续的旋转运动，粒子在随气流旋转中获得离心力，使粒子从气流中分离出来的装置为离心式除尘器，也称为旋风除尘器。

图 8.22 为一旋风除尘器的结构示意图。普通旋风除尘器是由进气管、排气管、圆筒体、圆锥体和灰斗组成。利用图 8.22 中所标出的气流流动状况，可以说明旋风除尘器的除尘原理。

在机械式除尘器中，离心力除尘器是效率最高的一种。它适用于非黏性及非纤维性粉尘的去除，对大于 5μm 以上的颗粒具有较高的去除效率，属于中效除尘器，且可用于高温烟气的净化，因此是应用广泛的一种除尘器。它多应用于锅炉烟气除尘、多级除尘及预除尘。它的主要缺点是对细小尘粒（＜5μm）的去除效率较低。

（2）过滤式除尘器 过滤式除尘是使含尘气体通过多孔滤料，把气体中的尘粒截留下来，使气体得到净化的方法。按滤尘方式有内部过滤与外部过滤之分。内部过滤是把松散多孔的滤料填充在框架内作为过滤层，尘粒是在滤层内部被捕集，如颗粒层过滤器就属于这类过滤器。外部过滤是用纤维织物、滤纸等作为滤料，通过滤料的表面捕集尘粒，故称为外部过滤。这种除尘方式的最典型的装置是袋式除尘器，它是过滤式除尘器中应用最广泛的一种。普通袋式除尘器的结构形式如图 8.23 所示。

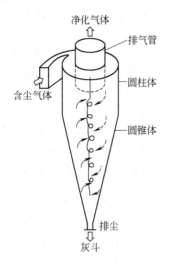

图 8.22 旋风除尘器工作原理示意图

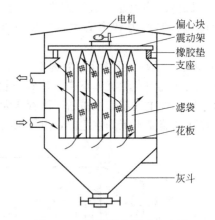

图 8.23 机械清灰袋式除尘器

用棉、毛、有机纤维、无机纤维的纱线织成滤布，用此滤布做成的滤袋是袋式除尘器中最主要的滤尘部件，滤袋形状有圆形和扁形两种，应用最多的为圆形滤袋。

袋式除尘器广泛用于各种工业废气除尘中，它属于高效除尘器，除尘效率大于 99%，对细粉有很强的捕集作用，对颗粒性质及气量适应性强，同时便于回收干料。袋式除尘器不适于处理含油、含水及黏结性粉尘，同时也不适于处理高温含尘气体，一般情况下被处理气体温度应低于 100℃。在处理高温烟气时需预先对烟气进行冷却降温。

（3）湿式除尘器 湿式除尘也称为洗涤除尘。该方法是用液体（一般为水）洗涤含尘气体，使尘粒与液膜、液滴或雾沫碰撞而被吸附，凝集变大，尘粒随液体排出，气体得到净化。

由于洗涤液对多种气态污染物具有吸收作用，因此它既能净化气体中的固体颗粒物，又能同时脱除气体中的气态有害物质，这是其他类型除尘器所无法做到的。某些洗涤器也可以单独充当吸收器使用。

湿式除尘器种类很多，主要有各种形式的喷淋塔、离心喷淋洗涤除尘器和文丘里式洗涤器等，图8.24为喷淋洗涤装置的示意图。

湿式除尘器结构简单，造价低，除尘效率高，在处理高温、易燃、易爆气体时安全性好，在除尘的同时还可去除气体中的有害物。湿式除尘器的不足是用水量大，易产生腐蚀性液体，产生的废液或泥浆需进行处理，并可能造成二次污染。在寒冷地区和季节，易结冰。

（4）静电除尘器　静电除尘是利用高压电场产生的静电力（库仑力）的作用实现固体粒子或液体粒子与气流分离的方法。

常用的除尘器有管式与板式两大类型，是由放电极与集尘极组成，图8.25即为一管式电除尘器的示意图。图8.25中所示的放电极为一用重锤绷直的细金属线，与直流高压电源相接；金属圆管的管壁为集尘极，与地相接。含尘气体进入除尘器后，通过以下三个阶段实现尘气分离。

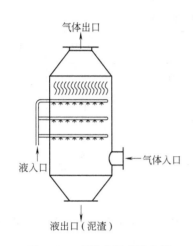

图8.24　喷淋式湿式除尘器

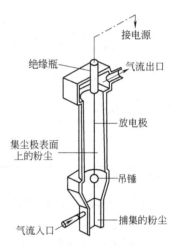

图8.25　管式电除尘器示意图

① 粒子荷电　在放电极与集尘极间施以很高的直流电压时，两极间形成一不均匀电场，放电极附近电场强度很大，集尘极附近电场强度很小。在电压加到一定值时，发生电晕放电，故放电极又称为电晕极。电晕放电时，生成的大量电子及阴离子在电场力作用下，向集尘极迁移。在迁移过程中，中性气体分子很容易捕获这些电子或阴离子形成负气体离子，当这些带负电荷的粒子与气流中的尘粒相撞并附着其上时，就使尘粒带上了负电荷，实现了粉尘粒子的荷电。

② 粒子沉降　荷电粉尘在电场中受库仑力的作用被驱往集尘极，经过一定时间到达集尘极表面，尘粒上的电荷便与集尘极上的电荷中和，尘粒放出电荷后沉积在集尘极表面。

③ 粒子清除　集尘极表面上的粉尘沉积到一定厚度时，用机械振打等方法，使其脱离集尘极表面，沉落到灰斗中。

电除尘器是一种高效除尘器，对细微粉尘及雾状液滴捕集性能优异，除尘效率达99%以上，对于<0.1μm的粉尘粒子，仍有较高的去除效率；由于电除尘器的气流通过阻力小，又由于所消耗的电能是通过静电力直接作用于尘粒上，因此能耗低；电除尘器处理气量大，又可应用于高温、高压的场合，因此被广泛用于工业除尘。电除尘器的主要缺点是设备庞大，占地面积大，因此一次性投资费用高。

8.3.2.1.4　除尘装置的性能比较与选用原则

（1）除尘装置的选择原则　除尘器的整体性能主要是用三个技术指标（处理气体量、压力损失、除尘效率)和三个经济指标(一次投资、运转管理费用、占地面积及使用寿命)来衡量。在评价及选择除尘器时,应根据所要处理气体和颗粒物特性、运行条件、标准要求等,进行技术、经济的全面考虑。理想的除尘器在技术上应满足工艺生产和环境保护的要求,同时在经济上要合理、合算。在选用除尘器时,可按如下顺序考虑各项因素。

① 需达到的除尘效率。

② 设备运行条件。其中包括含尘气体的性质(温度、压力、黏度、湿度等)、颗粒物的特性(粒度分布、毒性、黏性、吸湿性、电性、可燃性等),以及供水及污水处理的条件。

③ 经济性。主要包括设备、安装、运行和维护的费用及粉尘回收后的价值等。

④ 占地面积及空间的大小。

⑤ 设备操作要求及使用寿命。

⑥ 其他因素。如处理有毒、易燃物的安全措施等。

(2) 除尘装置的性能比较 各种除尘装置的实用性能比较见表 8.11。

表 8.11 各种除尘装置实用性能比较

类 型	结构形式	处理的粒度 /μm	压力 /mmH$_2$O	除尘效率 /%	设备费用程度	运转费用程度
重力除尘	沉降式	50~1000	10~15	40~60	小	小
惯性力除尘	烟囱式	10~100	30~70	50~70	小	小
离心除尘	旋风式	3~100	50~150	85~95	中	中
湿式除尘	文丘里式	0.1~100	300~1000	80~95	中	大
过滤除尘	袋式	0.1~20	100~200	90~99	中以上	中以上
电除尘		0.05~20	10~20	85~99.9	大	小~大

注:1mmH$_2$O=9.80665Pa。

8.3.2.2 气态污染物的治理技术

工农业生产、交通运输和人类生活活动中所排放的有害气态物质种类繁多,依据这些物质不同的化学性质和物理性质,需采用不同的技术方法进行治理。

8.3.2.2.1 主要治理方法简介

(1) 吸收法 吸收法是采用适当的液体作为吸收剂,使含有有害物质的废气与吸收剂接触,废气中的有害物质被吸收于吸收剂中,使气体得到净化的方法。吸收过程中,依据吸收质与吸收剂是否发生化学反应,可将吸收分为物理吸收与化学吸收。在处理以气量大、有害组分浓度低为特点的各种废气时,化学吸收的效果要比单纯物理吸收好得多,因此在用吸收法治理气态污染物时,多采用化学吸收法进行。

吸收法具有设备简单、捕集效率高、应用范围广、一次性投资低等特点。但由于吸收是将气体中的有害物质转移到了液体中,因此对吸收液必须进行处理,否则容易引起二次污染。此外,由于吸收温度越低吸收效果越好,因此在处理高温烟气时,必须对排气进行降温预处理。

(2) 吸附法 吸附法治理废气即使废气与大表面多孔性固体物质相接触,将废气中的有害组分吸附在固体表面上,使其与气体混合物分离,达到净化目的。具有吸附作用的固体物质称为吸附剂,被吸附的气体组分称为吸附质。

当吸附进行到一定程度时,为了回收吸附质以及恢复吸附剂的吸附能力,需采用一定的方法使吸附质从吸附剂上解脱下来,谓之吸附剂的再生。吸附法治理气态污染物应包括吸附及吸附剂再生的全部过程。

吸附净化法的净化效率高,特别是对低浓度气体仍具有很强的净化能力。因此,吸附法特别适用于排放标准要求严格或有害物浓度低,用其他方法达不到净化要求的气体净化。因此常作为深度净化手段或联合应用几种净化方法时的最终控制手段。吸附效率高的吸附剂如活性炭、分子筛等，价格一般都比较昂贵，因此必须对失效吸附剂进行再生，重复使用吸附剂，以降低吸附的费用。常用的再生方法有升温脱附、减压脱附、吹扫脱附等。再生的操作比较麻烦，这一点限制了吸附方法的应用。另外由于一般吸附剂的吸附容量有限，因此对高浓度废气的净化，不宜采用吸附法。

（3）催化法　催化法净化气态污染物是利用催化剂的催化作用，使废气中的有害组分发生化学反应并转化为无害物或易于去除物质的一种方法。

催化法净化效率较高，净化效率受废气中污染物浓度影响较小，而且在治理过程中，无需将污染物与主气流分离，可直接将主气流中的有害物转化为无害物，避免了二次污染。但所用催化剂价格较贵，操作上要求较高，废气中的有害物质很难作为有用物质进行回收等是该法存在的缺点。

（4）燃烧法　燃烧净化法是对含有可燃有害组分的混合气体进行氧化燃烧或高温分解，从而使这些有害组分转化为无害物质的方法。燃烧法主要应用于碳氢化合物、一氧化碳、恶臭、沥青烟、黑烟等有害物质的净化治理。实用中的燃烧净化方法有三种，即直接燃烧、热力燃烧与催化燃烧。催化燃烧方法前面已有介绍，此处不再赘述。

直接燃烧法是把废气中的可燃有害组分当做燃料直接烧掉，因此只适用于净化含可燃组分浓度高或有害组分燃烧时热值较高的废气。直接燃烧是有火焰的燃烧，燃烧温度高（>1100℃），一般的窑、炉均可作为直接燃烧的设备。热力燃烧是利用辅助燃料燃烧放出的热量将混合气体加热到要求的温度，使可燃的有害物质进行高温分解变为无害物质。热力燃烧一般用于可燃有机物含量较低的废气或燃烧热值低的废气治理。热力燃烧为有火焰燃烧，燃烧温度较低（760～820℃），燃烧设备为热力燃烧炉，在一定条件下也可用一般锅炉进行。直接燃烧与热力燃烧的最终产物均为二氧化碳和水。

燃烧法工艺比较简单，操作方便，可回收燃烧后的热量；但不能回收有用物质，并容易造成二次污染。

（5）冷凝法　冷凝法是采用降低废气温度或提高废气压力的方法，使一些易于凝结的有害气体或蒸汽态的污染物冷凝成液体并从废气中分离出来的方法。

冷凝法只适于处理高浓度的有机废气，常用作吸附、燃烧等方法净化高浓度废气的前处理，以减轻这些方法的负荷。冷凝法的设备简单，操作方便，并可回收到纯度较高的产物，因此也成为气态污染物治理的主要方法之一。

（6）生物净化法　工业化大生产带给环境的另一个负面影响是导致大气污染，破坏了人类的生存空间，严重危害人类的身心健康。工业活动排放出 CO_2、CO 和 SO_2 等大量有害废气是地球温室效应和酸雨形成的重要原因，有效控制这些污染源是当今社会普遍关心的问题。

应用生物技术来处理废气和净化空气是控制大气污染的一项新技术，代表了大气净化处理技术的现代发展水平。目前常用的方法有：生物过滤法、生物洗涤法和生物吸收法等，所采用的生物反应器包括生物净气塔、渗滤器和生物滤池等。

① 生物净气塔　生物净气塔（bio-scrubbers）通常由一个涤气室和一个再生池组成（见图 8.26）。废气进入涤气室后向上移动，与涤气室上方喷淋柱喷洒的细小水珠充分接触混合，使废气中的污染物和氧气转

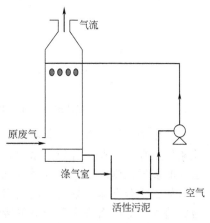

图 8.26　生物净气塔示意图

入液相，实现质量传递。然后利用再生池中的活性污泥除去液相中的气态废物，从而完成净化空气的过程。实际上，空气净化最为关键的步骤就是将大气中的污染物从气态转入液态，此后的处理过程也就是污水或废水的去污流程。

生物净气塔可用于处理含有乙醇、甲酮、芳香族化合物、树脂等成分的废气；也可用来净化由煅烧装置、铸造工厂和炼油厂排放的含有胺、酚、甲醛和氨气等成分的废气，达到除臭目的。

② 渗滤器　与生物净气池相比，渗滤器（trickling filter）可使废气的吸收和液相的除污再生过程同时在一个反应装置内完成（见图 8.27）。

渗滤器的主体是填充柱，柱内填充物的表面生长着大量的微生物种群并由它们形成数毫米厚的生物膜。废气通过填充物时，其污染成分会与湿润的生物膜接触混合，完成物理吸收和微生物的作用过程。使用渗滤器时，需要不断地往填充柱上补充可溶性的无机盐溶液，并均匀地洒在填充柱的横截面上。这样水溶液就会向下渗漏到包被着生物膜的填充物颗粒之间，为生物膜中的微生物生长提供营养成分；同时还可湿润生物膜，起到吸收废气的作用。

渗滤器在早期主要是用于污水处理的。将其用于废气处理，运行的基本原理与前者相同。

③ 生物滤池　生物滤池（bio-filter）主要用于消除污水处理厂、化肥厂以及其他类似场所产生的废气。一个常用的生物滤池结构如图 8.28 所示。很明显，用于净化空气的生物滤池，与前面提及的进行污水处理的生物滤池非常相似，深度约 1m，底层为砂层或砾石层，上面是 50～100cm 厚的生物活性填充物层，填充物通常由堆肥、泥炭等与木屑、植物枝叶混合而成，结构疏松，利于气体通过。在生物滤池中，填充物是微生物的载体，其颗粒表面为微生物大量繁殖后形成的生物膜。另外，填充物也为微生物提供了生活必需的营养，每隔几年需要更换一次，以保证充足的养分条件。

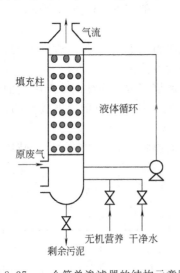

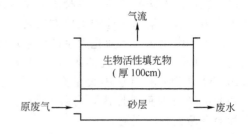

图 8.27　一个简单渗滤器的结构示意图　　　　图 8.28　用于废气处理的开放式生物滤池示意图

在生物滤池系统中，起降解作用的主要是腐生性细菌和真菌，它们依靠填充物提供的理化条件生存，这些条件包括水分、氧气、矿质营养、有机物、pH 值和温度等。活性微生物区系的多样性则取决于被处理废气的成分。常用于生物滤池技术的菌株有：降解芳香族化合物（如二甲苯和苯乙烯等）的诺卡菌，降解三氯甲烷的丝状真菌和黄细菌，降解氯乙烯的分枝杆菌等。对于含有多种成分的废气，可采用多级处理系统来进行净化，每一级处理使用一个生物滤池，针对某种或某类成分进行处理。

8.3.2.2.2 低浓度 SO_2 废气治理技术

SO_2 是量大、影响面广的污染物。燃烧过程及一些工业生产排出的废气中 SO_2 的浓度较低，而对低浓度 SO_2 的治理，目前还缺少完善的方法，特别是对大气量的烟气脱硫更需进一步进行研究。目前常用的脱除 SO_2 的方法有抛弃法和回收法两种。抛弃法是将脱硫的生成物作为固体废物抛掉，方法简单，费用低廉，美国、德国等一些国家多采用此法。回收法是将 SO_2 转变成有用的物质加以回收，成本高，所得副产品存在着应用及销路问题，但对保护环境有利。在我国，从国情和长远观点考虑，应以回收法为主。

目前，在工业上已应用的脱除 SO_2 的方法主要为湿法，即用液体吸收剂洗涤烟气，回收所含的 SO_2；其次为干法，即用吸附剂或催化剂脱除废气中的 SO_2。

（1）湿法

① 氨法　用氨水作吸收剂吸收废气中的 SO_2，由于氨水易挥发，实际上此法是用氨水与 SO_2 反应后生成的亚硫酸铵水溶液作为吸收 SO_2 的吸收剂，主要反应如下：

$$(NH_4)_2SO_3 + SO_2 + H_2O \longrightarrow NH_4HSO_3$$

通入氨后的再生反应：

$$NH_4HSO_3 + NH_3 \longrightarrow (NH_4)_2SO_3$$

对吸收后的混合液用不同方法处理可得到不同的副产物。

若用浓硫酸或浓硝酸等对吸收液进行酸解，所得到的副产物为高浓度 SO_2、$(NH_4)_2SO_4$，或 NH_4NO_3，该法称为氨-酸法。

若将吸收液用 NH_3 中和，使吸收液中的 NH_4HSO_3 全部变为 $(NH_4)_2SO_3$，再用空气对 $(NH_4)_2SO_3$ 进行氧化，则可得副产品 $(NH_4)_2SO_4$，该法称为氨-硫酸铵法。

氨法工艺成熟，流程、设备简单，操作方便。硫酸铵可作化肥，亚硫酸铵可用于制浆造纸代替烧碱，是一种较好的方法。该法适用于处理硫酸生产尾气，但由于氨易挥发，吸收剂消耗量大，因此缺乏氨源的地方不宜采用此法。

② 钠碱法　本法是用氢氧化钠或碳酸钠的水溶液作为开始吸收剂，与 SO_2 反应生成的 Na_2SO_3 继续吸收 SO_2，主要吸收反应为：

$$NaOH + SO_2 \longrightarrow NaHSO_3$$
$$2NaOH + SO_2 \longrightarrow Na_2SO_3 + H_2O$$
$$Na_2SO_3 + SO_2 + H_2O \longrightarrow 2NaHSO_3$$

生成的吸收液为 Na_2SO_3 和 $NaHSO_3$ 的混合液。用不同的方法处理吸收液，可得不同的副产物。

将吸收液中的 $NaHSO_3$ 用 $NaOH$ 中和，得到 Na_2SO_3。由于 Na_2SO_3 溶解度较 $NaHSO_3$ 低，它则从溶液中结晶出来，经分离可得副产物 Na_2SO_3。析出结晶后的母液作为吸收剂循环使用。该法称为亚硫酸钠法。

若将吸收液中的 $NaHSO_3$ 加热再生，可得到高浓度 SO_2 作为副产物。而得到的 Na_2SO_3 结晶经分离溶解后返回吸收系统循环使用。此法称为亚硫酸钠循环法或威尔曼洛德钠法。

钠碱吸收剂吸收能力大，不易挥发，对吸收系统不存在结垢、堵塞等问题。亚硫酸钠法工艺成熟、简单、吸收效率高，所得副产品纯度高，但耗碱量大，成本高，因此只适于中小气量烟气的治理。而吸收液循环法可处理大气量烟气，吸收效率可达 90% 以上，在国外是应用最多的方法之一。

③ 钙碱法　此法是用石灰石、生石灰或消石灰的乳浊液为吸收剂吸收烟气中 SO_2 的方法，对吸收液进行氧化可副产石膏，通过控制吸收液的 pH 值，可以副产半水亚硫酸钙。

该法所用吸收剂价廉易得，吸收效率高，回收的产物石膏可用作建筑材料，而半水亚硫酸钙是一种钙塑材料，用途广泛，因此成为目前吸收脱硫应用最多的方法。该法存在的最主要问题是吸收系统容易结垢、堵塞；另外，由于石灰乳循环量大，使设备体积增大，操作费用增高。

除以上方法外，可采用的吸收方法还有双碱法、金属氧化物吸收法等，此处不一一介绍。

（2）干法

① 活性炭吸附法　在有氧及水蒸气存在的条件下，用活性炭吸附 SO_2。由于活性炭表面具有的催化作用，使吸附的 SO_2 被烟气中的 O_2 氧化为 SO_3，SO_3 再和水蒸气反应生成硫酸。生成的硫酸可用水洗涤下来；或用加热的方法使其分解，生成浓度高的 SO_2，此 SO_2 可用来制酸。

活性炭吸附法虽然不消耗酸、碱等原料，又无污水排出，但由于活性炭吸附容量有限，因此对吸附剂要不断再生，操作麻烦。另外为保证吸附效率，烟气通过吸附装置的速度不宜过大。当处理气量大时，吸附装置体积必须很大才能满足要求，因而不适于大气量烟气的处理，而所得副产物硫酸浓度较低，需进行浓缩才能应用，以上这些限制了该法的普遍应用。

② 催化氧化法　在催化剂的作用下可将 SO_2 氧化为 SO_3 后进行净化。

干式催化氧化法可用来处理硫酸尾气，技术成熟，已成为制酸工艺的一部分。但用此法处理电厂锅炉烟气及炼油尾气，则在技术上、经济上还存在一些问题需要解决。

8.3.2.2.3　NO_x 废气治理技术

对含 NO_x 的废气也可采用多种方法进行净化治理（主要是治理生产工艺尾气）。

（1）吸收法　目前常用的吸收剂有碱液、稀硝酸溶液和浓硫酸等。

常用的碱液有氢氧化钠、碳酸钠、氨水等。碱液吸收设备简单，操作容易，投资少，但吸收效率较低，特别是对 NO 吸收效果差，只能消除 NO_2 所形成的黄烟，达不到去除所有 NO_x 的目的。

用"漂白"的稀硝酸吸收硝酸尾气中的 NO_x，不仅可以净化排气，而且可以回收 NO_x 用于制硝酸，但此法只能应用于硝酸的生产过程中，应用范围有限。

（2）吸附法　用吸附法吸附 NO_x 已有工业规模的生产装置，可以采用的吸附剂为活性炭与沸石分子筛。

活性炭对低浓度 NO_x 具有很高的吸附能力，并且经解吸后可回收浓度高的 NO_x，但由于温度高时，活性炭有燃烧的可能，给吸附和再生造成困难，限制了该法的使用。

丝光沸石分子筛是一种极性很强的吸附剂。当含 NO_x 废气通过时，废气中极性较强的 H_2O 分子和 NO_2 分子，被选择性地吸附在表面上，并进行反应生成硝酸放出 NO。新生成的 NO 和废气中原有的 NO 一起，与被吸附的 O_2 进行反应生成 NO_2，生成的 NO_2 再与 H_2O 进行反应重复上一个反应步骤。经过这样的反应后，废气中的 NO_x 即可被除去。对被吸附的硝酸和 NO_x，可用水蒸气置换的方法将其脱附下来，脱附后的吸附剂经干燥、冷却后，即可重新用于吸附操作。

分子筛吸附法适于净化硝酸尾气，可将浓度为 $(1500 \sim 3000) \times 10^{-6}$ 的 NO_x 降低到 50×10^{-6} 以下，而回收的 NO_x 可用于 HNO_3 的生产，因此是一个很有前途的方法。该法的主要缺点是吸附剂吸附容量较小，因而需要频繁再生，限制了它的应用。

（3）催化还原法　在催化剂的作用下，用还原剂将废气中的 NO_x 还原为无害的 N_2 和 H_2O 的方法称为催化还原法。依还原剂与废气中的 O_2 发生作用与否，可将催化还原法分为以下两类。

① 非选择性催化还原　在催化剂的作用下，还原剂不加选择地与废气中的 NO_x 与 O_2 同时发生反应。作为还原剂气体可用 H_2 和 CH_4 等。该法由于存在着与 O_2 的反应过程，放

热量大，因此在反应中必须使还原剂过量并严格控制废气中的氧含量。

② 选择性催化还原　在催化剂的作用下，还原剂只选择性地与废气中的 NO_x 发生反应，而不与废气中的 O_2 发生反应。常用的还原剂气体为 NH_3 和 H_2S 等。

催化还原法适用于硝酸尾气与燃烧烟气的治理，并可处理大气量的废气，技术成熟、净化效率高，是治理 NO_x 废气的较好方法。由于反应中使用了催化剂，对气体中杂质含量要求严格，因此对进气需作预处理。用该法进行废气治理时，不能回收有用物质，但可回收热量。应用效果好的催化剂一般均含有铂、钯等贵金属组分，因此催化剂价格比较昂贵。

8.3.2.2.4　其他气态污染物治理技术简介

有关其他气态污染物的治理方法见表 8.12。

表 8.12　其他气态污染物治理方法简介

污染物种类	治理方法	方法要点
含碳氢化合物废气及恶臭	燃烧法	在废气中有机物浓度高时，将其作为燃料在燃烧炉中直接烧掉，而有机物浓度达不到燃烧条件时，将其在高温下进行氧化分解，燃烧温度 600~1100℃，适于中高浓度的废气净化
	催化燃烧法	在催化氧化剂作用下，将碳氢化合物氧化为 CO_2 和 H_2O，燃烧温度范围 200~240℃，适用于连续排气的各种浓度废气的净化
	吸附法	用适当吸附剂(主要是活性炭)对废气中的碳氢化合物组分进行吸附，吸附剂经再生后可重复使用，净化效率高，适用于低浓度废气的净化
	吸收法	用适当液体吸收剂洗涤废气，净化有害组分，吸收剂可用柴油、柴油-水混合物及水基吸收剂，对废气浓度限制小，适用于含有颗粒物(如漆粒)废气的净化
	冷凝法	采用低温或高压，使废气中的碳氢化合物组分冷却至露点以下液化回收，可回收有机物，只适用高浓度废气净化或作为多级净化中的初级处理。冷凝法不适于治理恶臭
含 H_2S 废气	克劳斯法(干式氧化法)	使用铝矾土为催化剂，燃烧炉温度控制在 600℃，转化炉温度控制在 400℃，并控制 H_2S 和 SO_2 气体摩尔比为 2∶1，可回收硫，净化效率可达 97%，适于处理含 H_2S 浓度较高的气体
	活性炭法	用活性炭做吸附剂，吸附 H_2S，然后通 O_2 将 H_2S 转化为 S，再用 15% 硫化铵水溶液洗去硫黄，使活性炭再生，效率可达 98%，适于处理天然气或其他不含焦油的 H_2S 废气
	氧化铁法	用 $Fe(OH)_3$ 做脱硫剂并充以木屑和 CaO，可回收硫，净化效率可达 99%，主要处理焦炉煤气等，脱硫剂需定期更换或再生，但再生使用不够经济
	氧化锌法	以 ZnO 为脱硫剂，净化温度 350~400℃，效率可高达 99%，适用于处理 H_2S 浓度较低的气体
	溶剂法	使用适当溶剂采用化学结合或物理溶解方式吸收 H_2S，然后使用升温或降压的方法使 H_2S 解析，常用溶剂有乙醇胺、二乙醇胺、环丁砜、低温甲醇等
	中和法	用碱性吸收液与酸性 H_2S 中和，中和液经加热、减压，使 H_2S 脱吸，吸收液主要用碳酸钠、氨水等，操作简单，但效率较低
	氧化法	用碱性吸收液吸收 H_2S 生成氢硫化物，在催化剂作用下进一步氧化为硫黄，常用吸收剂为碳酸钠、氨水等，常用催化剂为铁氰化物、氧化铁等
含氟废气	湿法	使用 H_2O 或 NaOH 溶液作为吸收剂，其中碱溶液吸收效果更好，可副产冰晶石和氟硅酸钠等；若不回收利用，吸收液需用石灰石/石灰进行中和、沉淀、澄清后才可排放，净化率可达 90%；应注意设备的腐蚀和堵塞问题
	干法	可用氟化钠、石灰石或 Al_2O_3 作为吸附剂，在电解铝等行业中最常用的吸附剂为 Al_2O_3，吸附了 HF 的 Al_2O_3 可作为电解铝的生产原料，净化率 99%，无二次污染，可用输送床流程，也可用沸腾床流程
含汞(Hg)废气	吸附法	用充氯活性炭或软锰矿做吸附剂，效率 99%
	吸收法	吸收剂可用高锰酸钾、次氯酸钠、热硫酸等，它们均为氧化剂，可将 Hg 氧化为 HgO 或 $HgSO_4$，并可通过电解等方法回收汞
	气相反应法	用某种气体与含汞废气发生气体化学反应，常用的为碘升华法，将结晶碘加热使其升华，形成碘蒸气与汞反应，特别是对弥散在室内的汞蒸气具有良好的去除作用

污染物种类	治理方法	方 法 要 点
含铅(Pb)废气	吸收法	含铅废气多为含有细小铅粒的气溶胶,由于它们可溶于硝酸、醋酸及碱液中,故常用 0.025%～0.3%稀醋酸或 1%的 NaOH 溶液做吸收剂,净化效率较高,但设备需耐腐蚀,有二次污染
	掩盖法	为防止铅在二次熔化中向空气散发铅蒸发物,可采用物理隔挡方法,即在熔融铅液表面撒上一层覆盖粉,常用物有碳酸钙粉、氯盐、石墨粉等,以石墨粉效果最好
含 Cl$_2$ 废气	中和法	使用氢氧化钠、石灰乳、氨水等碱性物质吸收,其中以氢氧化钠应用较多,反应快、效果好;但吸收液不能回收利用
	氧化还原法	以氯化亚铁溶液做吸收剂,反应生成物为三氯化铁,可用于污水净化。反应较慢,效率较低
含 HCl 废气	冷凝法	在石墨冷凝器中,以冷水或深井水为冷却介质,将废气温度降至露点以下,将 HCl 和废气中的水冷凝下来,适于处理高浓度 HCl 废气
	水吸收法	HCl 易溶于水,可用水吸收废气中的 HCl,副产盐酸

复习思考题

1. 污水、噪声及大气污染的质量控制包括哪些内容?

2. 废水的物理处理法有几种? 并简述其中一种。

3. 废水的物理化学处理法有几种? 并简述其中一种。

4. 废水的化学处理法有几种? 并简述其中一种。

5. 废水的生物处理法有几种? 并简述其中一种。

6. 声源控制技术有几种? 并简述其中一种。

7. 控制噪声的传播途径有几种方法? 并简述其中一种。

8. 简述个人防护措施的几种方法?

9. 气态污染物的治理技术有哪些? 并简述其中一种。

10. 颗粒污染物的治理技术有哪些? 并简述其中一种。

第9章 设计概算

教学目标

（1）了解设计概算的意义，工程项目的划分与概算编制方法，投资的资金来源和资金使用计划安排等；

（2）熟悉工程项目投资构成和融资方案的内容；

（3）掌握投资估算的内容，重点掌握投资估算的方法。

9.1 设计概算的意义

食品工厂设计概算是初步设计文件的重要组成部分，是确定投资额和编制建设计划的依据。在基本建设项目可行性研究报告或项目计划任务书中，设计概算一般根据产品与规模等因素进行测算，由设计部门负责编制。如果一项设计由两个以上单位共同设计，则由总体设计单位负责。设计概算投资额一般不超过项目控制数额的10%。设计概算的意义在于以下几点。

（1）设计概算是编制总体项目计划的依据　不管采用几段设计，在初步设计中都要编制项目设计概算，以确定建设项目的总投资额度及其构成，设计概算经过有关部门批准后，作为项目建设投资的最高限额。在项目工程建设过程中，如果不经过规定的程序批准，原则上不能突破这一限额。

（2）设计概算是进行项目技术经济分析的依据　要评价一个项目的优劣，应综合考核建设项目的每个技术经济指标，其中工程总成本、单位产品成本、投资回收期、贷款偿还期、内部收益率等指标的计算，都必须在建设项目设计概算的基础上进行。一个投资项目确定之后，在建设前一般要提出几个不同的方案，通过计算各项技术经济指标进行多方案分析比较，择优选取。

（3）设计概算是确定和控制项目阶段投资额度的依据　设计阶段的划分一般取决于项目建设工程规模的大小和技术的复杂程度及设计水平的高低等因素。大中型项目一般采用初步设计和施工图两个阶段。对技术比较复杂的项目需要增加技术设计阶段，采用初步设计、技术设计、施工图三阶段设计。对一些较大型的项目为解决其总体布局和开发问题，在进行初步设计之前还要进行总体规划或总体设计。大型建设项目建设期较长，一般需要分阶段进行建设，在设计概算中一般要按照阶段设计的要求确定建设项目的阶段投资额。

（4）设计概算是编制建设项目年度建设计划的依据　项目设计中对项目建设所需的财力、物力、人力等都做了较为精确的计算，在项目设计中同时还确定了建设工期及分年度建设计划，在项目设计过程中初步设计一经批准，即可根据项目初步设计编制项目的分年度投资计划。

（5）设计概算是确定项目贷款额度的依据　投资项目的资金来源一是项目投资主体的自有资金，其次是信贷资金，部分项目还能得到赠款、财政无偿拨款或借款。借贷资金是以项目的名义向有关的金融机构、金融组织等获得的借款，是项目建设资金的重要来源。项目筹措的资金必须能够满足项目建设既定目标的实现，在自有资金等其他资金来源既定的条件下项目设计概算是确定项目贷款额度的依据。

（6）设计概算是进行项目管理的依据　项目管理包括投资项目的设计、项目管理组织与项目招标投标、项目施工管理、项目竣工验收、项目投产准备等工作环节。项目概算是进行项目管理，实行项目投资包干的依据。在工作过程中是按照已经批准的设计概算，由项目单位与项目主管部门签订包干合同，实行建设项目投资包干制。项目单位进行建设项目工程招标的标底，必须以项目设计概算为基础确定，不能超过项目设计概算。

9.2　投资构成与估算

进行项目经济分析和评价首先要估算分析中所需要的基础数据，而本章所研究的内容正是基础数据中的第一部分内容——投资估算与资金筹措。工程项目总投资是指工程项目从施工建设起到项目报废为止所需的全部费用，即项目在整个计算期内投入的全部资金，它是由建设投资和流动资金构成的。项目的计算期分为建设期和生产期两个阶段，项目建设期是指项目从开始建设年份起到竣工投产为止所经历的时间，建设期一般根据同类项目经验数据与拟建工程项目的具体情况加以确定。项目的生产期是指项目从建成投产年份起至项目报废为止所经历的时间，在项目经济分析和评价时，一般以项目主要固定资产的经济寿命期作为确定项目生产期的主要依据。

9.2.1　项目总投资及其构成

9.2.1.1　总投资的含义及其构成

项目总投资是指工程项目从筹建期间开始到项目全部建成投产为止所发生的全部投资费用。新建项目的总投资由建设期和筹建期投入的建设投资和项目建成投产后所需的流动资金两大部分组成。一般而言，项目的资金来源中包括外部借款，按照我国现行的资金管理体制和项目的预算编制办法，应将建设期借款利息计入总投资中，此时，建设投资中包括建设期借款利息。

9.2.1.2　投资构成与资产的形成

如上所述，项目的总投资包括建设投资和流动资金。根据资本保全原则和企业资产划分的有关规定，工程项目在建成交付使用时，项目投入的全部资金分别形成固定资产、无形资产、递延资产和流动资产。

固定资产是指使用期限在一年以上，单位价值在国家规定的限额标准的，并在使用过程中保持原有实物形态的资产，包括房屋及建筑物、机器设备、运输设备以及其他与生产经营活动有关的工具、器具等。在工程项目可行性研究中可将工程费用、预备费和工程建设其他费用中除应计入无形资产和递延资产以外的全部待摊投资费用计入固定资产原值，并将固定资产投资方向调节税和建设期借款利息全部计入固定资产原值。

无形资产是指企业能长期使用而没有实物形态的有偿使用的资产，包括专利权、商标权、土地使用权、非专利技术、商标和版权等。它们通常代表企业所拥有的一种法定权或优先权，或者是企业所具有的高于平均水平的获利能力。无形资产是有偿取得的资产，对于购入或者按法律取得的无形资产的支出，一般都予以资本金化，并在其受益期内分期摊销。在工程项目可行性研究中可将工程建设其他费用中的土地使用费（即土地使用权）及技术转让费等作为企业形成无形资产的初始投资计入无形资产价值中。

递延资产是指不能计入工程成本，应当在生产经营期内一次摊销的各项递延费用。包括开办费和以经营租赁方式租入的固定资产改良工程支出等。在工程项目可行性研究中可将工程建设其他费用中的生产职工培训费、样品样机购置费等计入递延资产价值。

流动资产是指可以在一年内或超过一年的一个营业周期内变现或运用的资产，包括现金及各种存款、存货、应收及预付款项等。

9.2.2 建设投资构成与估算

9.2.2.1 建设投资构成

建设投资是指建设单位在项目建设期与筹建期间所花费的全部费用，根据我国现行项目投资管理规定，建设投资由建筑工程费、设备及工器具购置费、安装工程费、工程建设其他费用、基本预备费、涨价预备费、固定资产投资方向调节税及建设期利息构成。其中，建筑工程费、设备及工器具购置费、安装工程费形成固定资产；工程建设其他费用可分别形成固定资产、无形资产、递延资产。基本预备费、涨价预备费、固定资产投资方向调节税及建设期利息，在可行性研究阶段为简化计算方法，可一并计入固定资产。

建设投资可分为静态投资和动态投资两部分。静态投资部分由建筑工程费、设备及工器具购置费、安装工程费、工程建设其他费用、基本预备费构成；动态投资部分由涨价预备费、固定资产投资方向调节税和建设期利息构成，见图9.1。

（1）工程费用　工程费用是指直接构成固定资产实体的各种费用，包括建筑工程费、设备及工器具购置费和安装工程费等。

（2）工程建设其他费用　工程建设其他费用是按规定应在项目投资中支付，并列入工程项目总造价的费用。主要包括土地征用与补偿费（或土地使用权出让金）、

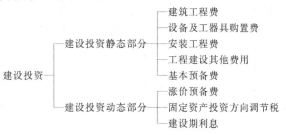

图9.1　建设投资构成图

建设单位管理费（含建设单位开办费）、研究试验费、生产人员培训费、办公及生活家具购置费、联合试运转费、勘察设计费、工程监理费、施工机构迁移费、引进技术和设备的其他费用，专利权、商标权、供电贴费（电增容费）和供水贴费（水增容费）等。

（3）预备费　预备费是指在投资估算时用以处理实际与计划不相符而追加的费用，包括基本预备费和涨价预备费两部分。前者是由于自然灾害造成的损失及设计、施工阶段必须增加的工程和费用；后者是因在建设期间物价上涨而引起的投资费用的增加。

（4）固定资产投资方向调节税　1991年4月16日，国务院颁布了《中华人民共和国固定资产投资方向调节税暂行条例》。制定该条例的目的在于，贯彻国家的产业政策，控制投资规模，引导投资方向，调整投资结构，加强重点建设，促进国民经济持续、稳定、协调发展。在中华人民共和国境内进行固定资产投资的单位和个人是固定资产投资方向调节税的纳税义务人。中外合资企业、中外合作企业和外商独资企业不适用该条例。国家禁止发展的投资项目也不适用该条例。目前，根据经济发展的需要，国家对固定资产投资方向调节税暂缓征收。

（5）建设期利息　建设期利息是指项目在建设期内因使用外部资金而支付的利息。建设投资借款的资金来源不同，其建设期利息的计算方法也不同。国内借款利息的计算比较简单，国外借款利息中还要包括承诺费、管理费等。西方学者一般将建设期利息称为资本化利息。为简化计算，承诺费等一般不单独计算，而是采用适当提高利息率的方法处理。

9.2.2.2 建设投资估算

9.2.2.2.1 估算依据

投资估算应做到方法科学，依据充分。主要依据有：

① 专门机构发布的建设工程造价费用构成、估算指标、计算方法以及其他有关计算工程造价的文件；

② 专门机构发布的工程建设其他费用计算办法和费用标准以及政府部门发布的物价指数；

③ 拟建项目各单项工程的建设内容及工程量。

9.2.2.2.2 估算步骤与方法

（1）估算步骤

① 分别估算各单项工程所需的建筑工程费、设备及工器具购置费和安装工程费。

② 在汇总各单项工程费用基础上，估算工程建设其他费用和基本预备费。

③ 估算涨价预备费、固定资产投资方向调节税和建设期利息。

（2）估算方法

① 建筑工程费估算 建筑工程费是指为建造永久性建筑物和构筑物所需要的费用，如场地平整、厂房、仓库、电站、设备基础、码头、铁路、公路、管线敷设等项工程的费用。建筑工程投资估算一般采用以下方法。

a. 单位建筑工程投资估算法 以单位建筑工程量投资乘以建筑工程总量计算。一般工业与民用建筑以单位建筑面积（平方米）的投资，铁路路基以单位长度（公里）的投资，乘以相应的建筑工程总量计算建筑工程费。

b. 单位实物工程量投资估算法 以单位实物工程量的投资乘以实物工程总量计算。土石方工程按每立方米投资，路面铺设工程按每平方米投资，乘以相应的实物工程总量计算建筑工程费。

c. 概算指标投资估算法 对于没有上述估算指标且建筑工程费占总投资比例较大的项目，可采用概算指标估算法。采用这种估算法，应占有较为详细的工程资料、建筑材料价格和工程费用指标，投入的时间和工作量较大。具体估算方法见有关专门机构发布的概算编制办法。

② 设备及工器具购置费估算 设备购置费估算应根据项目主要设备表及价格、费用资料编制。工器具购置费一般按占设备费的一定比例计取。

设备及工器具购置费，包括设备的购置费、工器具购置费、现场制作非标准设备费、生产用家具购置费和相应的运杂费。对于价值高的设备应按单台（套）估算购置费；价值较小的设备可按类估算。国内设备和进口设备的设备购置费应分别估算。

国内设备购置费为设备出厂价加运杂费。设备运杂费主要包括运输费、装卸费和仓库保管费等，运杂费可按设备出厂价的一定百分比计算。

进口设备购置费由进口设备货价、进口从属费用及国内运杂费组成。进口设备货价按交货地点和方式不同，分为离岸价（FOB）与到岸价（CIF）两种价格。进口从属费用包括国外运费、国外运输保险费、进口关税、进口环节增值税、外贸手续费、银行财务费和海关监管手续费。国内运杂费包括运输费、装卸费和运输保险费等。

进口设备按离岸价计价时，应计算设备运抵我国口岸的国外运费和国外运输保险费，得出到岸价。计算公式为：

$$进口设备到岸价＝离岸价＋国外运费＋国外运输保险费$$

其中：　　　国外运费＝离岸价×运费率（或国外运费）＝单位运价×运量

国外运输保险费＝（离岸价＋国外运费）×国外保险费率

进口设备的其他几项从属费用通常按下面公式估算：

$$进口关税＝进口设备到岸价×人民币外汇牌价×进口关税率$$

进口环节增值税＝（进口设备到岸价×人民币外汇牌价＋进口关税＋消费税）×增值税率

外贸手续费＝进口设备到岸价×人民币外汇牌价×外贸手续费率

银行财务费＝进口设备货价×人民币外汇牌价×银行财务费率

海关监管手续费＝进口设备到岸价×人民币外汇牌价×海关监管手续费率

海关监管手续费是指海关对发生减免进口税或实行保税的进口设备，实施监管和提供服务收取的手续费。全额征收关税的设备，不收取海关监管手续费。

国内运杂费按运输方式，根据运量或者设备费金额估算。

现场制作非标准设备，由材料费、人工费和管理费组成，按其占设备总费用的一定比例估算。

③ 安装工程费估算　需要安装的设备应估算安装工程费，包括各种机电设备装配和安装工程费用，与设备相连的工作台、梯子及其装设工程费用，附属于被安装设备的管线敷设工程费用；安装设备的绝缘、保温、防腐等工程费用；单体试运转和联动无负荷试运转费用等。

安装工程费通常按行业或专门机构发布的安装工程定额、取费标准和指标估算投资。具体计算可按安装费率、每吨设备安装费或者每单位安装实物工程量的费用估算，即：

安装工程费＝设备原价×安装费率

安装工程费＝设备吨位×每吨安装费

安装工程费＝安装工程实物量×安装费用指标

④ 工程建设其他费用估算　工程建设其他费用按各项费用科目的费率或者取费标准估算。

⑤ 基本预备费估算　基本预备费是指在项目实施中可能发生难以预料的支出，需要事先预留的费用，又称工程建设不可预见费，主要指设计变更及施工过程中可能增加工程量的费用。基本预备费以建筑工程费、设备及工器具购置费、安装工程费及工程建设其他费用之和为计算基数，乘以基本预备费率计算。

⑥ 涨价预备费估算　涨价预备费是对建设工期较长的项目，由于在建设期内可能发生材料、设备、人工等价格上涨引起投资增加，需要事先预留的费用，亦称价格变动不可预见费。涨价预备费以建筑工程费、设备及工器具购置费、安装工程费之和为计算基数。计算公式为：

$$PC = \sum_{t=1}^{n} I_t \left[(1+f)^t - 1 \right]$$

式中　PC——涨价预备费；

I_t——第 t 年的建筑工程费、设备及工器具购置费、安装工程费之和；

f——建设期价格上涨指数；

n——建设期。

建设期价格上涨指数，政府部门有规定的按规定执行，没有规定的由可行性研究人员预测。

⑦ 固定资产投资方向调节税估算　固定资产投资方向调节税计税依据为固定资产投资项目实际完成的投资额，其中，基本建设项目按实际完成的投资总额计税，更新改造项目按其建筑工程实际完成的投资额计税。

在工程项目可行性研究中，固定资产投资方向调节税可根据建筑工程费、设备购置费、安装工程费、工程建设其他费用和预备费的合计数作为计税依据，按照适用税率计算。固定资产投资方向调节税计入固定资产价值。目前，由于经济形势的需要，国家有关部门已经暂缓征收固定资产投资方向调节税。

⑧ 建设期利息估算　建设期利息是项目借款在建设期内发生并计入固定资产的利息。

在工程项目可行性研究中，无论各种外部借款按年计息，还是按季、月计息，均可简化为按年计息，即将名义利率折算为有效年利率，其计算公式如下：

$$R = \left(1 + \frac{r}{m}\right)^m - 1$$

式中　R——有效年利率；

r——名义年利率；

m——每年计息次数。

计算建设期利息时，为了简化计算，通常假定借款均在每年年中使用，借款当年按半年计息，其余各年按全年计息，计算公式为：

各年应计利息＝（年初借款本息累计＋本年借款额/2）×年利率

有多种借款资金来源，每笔借款的年利率各不相同的项目，既可分别计算每笔借款的利息，也可先计算出各笔借款加权平均的年利率，并以此利率计算全部借款的利息。

完成了建设投资估算后，可以编制"建设投资估算表"（见表9.1）。

表9.1　建设投资估算表　　　　　　　　单位：万元

序号	工程或费用名称	估算价值						占建设投资的比例/%	备注
		建筑工程	设备购置	安装工程	其他费用	合计	其中外币		
1	建设投资静态部分								
1.1	建筑工程投资								
1.2	设备购置费								
1.3	安装工程费								
1.4	工程建设其他费用								
1.5	基本预备费								
2	建设投资动态部分								
2.1	涨价预备费								
2.2	固定资产投资方向调节税								
2.3	建设期利息								
	合　计								

9.2.3　流动资金构成与估算

9.2.3.1　流动资金构成

流动资金是指项目建成后企业在生产过程中处于生产和流通领域、供周转使用的资金，它是流动资产与流动负债的差额。项目建成后，为保证企业正常生产经营的需要，必须有一定量的流动资金维持其周转，如用以购置企业生产经营过程中所需的原材料、燃料、动力等劳动对象和支付职工工资，以及生产中以周转资金形式被占用在制品、半成品、产成品上的，在项目投产前预先垫支的流动资金。在周转过程中流动资金不断地改变其自身的实物形态，其价值也随着实物形态的变化而转移到新产品中，并随着产品销售的实现而回收。流动资金属于企业在生产经营中长期占用和用于周转的永久性流动资金。

在工程项目经济分析和评价中所考虑的流动资金，是伴随固定资产投资而发生的永久性流动资产投资，它等于项目投产后所需全部流动资产扣除流动负债后的余额。

按照新的财务制度的规定，对流动资金构成及用途的划分突出了流动资产核算的重要性，强化了对流通领域中流动资金的核算，因此流动资金结构按变现速度快慢顺序划分为货币资金、应收及预付款项和存货三大块，并与流动负债（即应付、预收账款）相加形成企业的流动资产。

9.2.3.2　流动资金估算

不同类型的项目，其流动资金的需要量差异较大，一般可根据项目的类型及同类项目的经验数据加以估算。

（1）扩大指标估算法

① 销售收入资金率法　销售收入资金率是指项目流动资金需要量与其一定时期内（通常为一年）的销售收入的比率。销售收入资金率法的计算公式如下：

$$流动资金需要量＝项目年销售收入×销售收入资金率$$

式中，项目年销售收入取项目正常生产年份的数值，销售收入资金率根据同类项目的经验数据加以确定。一般加工工业项目多采用该法进行流动资金估算。

② 总成本（或经营成本）资金率法　总成本（或经营成本）资金率法是指项目流动资金需要量与其一定时期（通常为一年）内总成本（或经营成本）的比率。总成本（或经营成本）资金率法的计算公式如下：

$$流动资金需要量＝项目年总成本（或经营成本）×总成本（或经营成本）资金率$$

式中，项目年总成本（或经营成本）取正常生产年份的数值，总成本（或经营成本）资金率根据同类项目的经验数据加以确定。一般采掘项目多采用该法进行流动资金估算。

③ 固定资产价值资金率法　固定资产价值资金率是指项目流动资金需要量与固定资产价值的比率。其固定资产价值资金率法的计算公式如下：

$$流动资金需要量＝固定资产价值×固定资产价值资金率$$

式中，固定资产价值根据前述方法得出，固定资产价值资金率根据同类项目的经验数据加以确定。某些特定的项目（如火力发电厂、港口项目等）可采用该法进行流动资金估算。

④ 单位产量资金率法　单位产量资金率是指项目单位产量所需的流动资金金额。计算公式如下：

$$流动资金需要量＝达产期年产量×单位产量资金率$$

式中，单位产量资金率根据同类项目经验数据加以确定。某些特定的项目（如煤矿项目）采用该法进行流动资金估算。

（2）分项详细估算法　分项详细估算法是按各类流动资金分项估算，然后累加获得企业总流动资金需要量。它是国际上通行的流动资金估算方法。运用此法计算的流动资金数额大小，主要取决于企业每日平均生产消耗量和定额最低周转天数或周转次数。为此，必须事先计算出产品的生产成本和各项成本年费用消耗量，然后分别估算出流动资产和流动负债的各项费用构成，据以求得项目所需年流动资金额。可以根据"流动资金估算表"（见表9.2）进行估算。计算公式如下：

$$流动资金＝流动资产－流动负债$$

其中：
$$流动资产＝现金＋应收账款＋存货$$
$$流动负债＝应付账款$$
$$流动资金本年增加额＝本年流动资金－上年流动资金$$

流动资产和流动负债的各项构成估算的具体步骤：首先计算各类流动资产和流动负债的年周转次数，然后再分项估算占用资金额。

① 周转次数计算　周转次数等于360d除以最低周转天数。存货、现金、应收账款和应付账款的最低周转天数，可参照同类企业的平均周转天数并结合项目特点确定。

② 应收账款估算　应收账款是指企业已对外销售商品和提供劳务尚未收回的资金，包括若干科目，在可行性研究时，只计算应收销售款。计算公式为：

$$应收账款＝年销售收入/应收账款周转次数$$

③ 存货估算　存货是企业为销售或者生产耗用而储备的各种货物，主要有原材料、辅

助材料、燃料、低值易耗品、维修备件、包装物、在产品、自制半成品和产成品等。为简化计算，仅考虑外购原材料、外购燃料、在产品和产成品，并分项进行计算。计算公式为：

$$存货＝外购原材料＋外购燃料＋在产品＋产成品$$
$$外购原材料＝年外购原材料/按种类分项周转次数$$
$$外购燃料＝年外购燃料/按种类分项周转次数$$
$$在产品＝(年外购原材料＋年外购燃料＋年工资及福利费＋$$
$$年修理费＋年其他制造费用)/在产品周转次数$$
$$产成品＝年经营成本/产成品周转次数$$

④ 现金需要量估算　项目流动资金中的现金是指货币资金，即企业生产运营活动中停留于货币形态的那部分资金，包括企业库存现金和银行存款。计算公式为：

$$现金需要量＝(年工资及福利费＋年其他费用)/现金周转次数$$
$$年其他费用＝制造费用＋管理费用＋销售费用－(以上三项费用中$$
$$所含的工资及福利费、折旧费、维简费、摊销费、修理费)$$

⑤ 流动负债估算　流动负债是指在一年或者超过一年的一个营业周期内，需要偿还的各种债务。在可行性研究中，流动负债的估算只考虑应付账款一项。计算公式为：

$$应付账款＝(年外购原材料＋年外购燃料)/应付账款周转次数$$

根据我国各家商业银行的有关规定，新建、扩建项目要有30%的自有铺底流动资金，其余部分为银行贷款。对于自有铺底流动资金不足30%的项目，如补充计划落实，并能在一、二年内补足，经济效益好的，可由银行发放特种贷款（利率上浮）。项目借入的流动资金长期占用，全年计息，流动资金利息应计入总成本费用的财务费用中，在项目计算期末收回全部流动资金时，再偿还流动资金借款。

为简化计算起见，流动资金一般根据生产负荷投入，或在投产期按高于生产负荷10个百分点来考虑投入量。

9.2.3.3　项目投入总资金及分年投入计划

按投资估算内容和方法估算各项投资并进行汇总，估算出项目投入总资金后，应根据项目实施进度的安排，编制项目资金投入计划与资金筹措表（见表9.3），并对项目投入总资金构成和资金来源进行分析。

表 9.2　流动资金估算表　　　　　　　　　　　单位：万元

序号	年份 项目	最低周转天数	周转次数	投产期		达到设计能力生产期				合计
				3	4	5	6	⋯	n	
1	流动资产									
1.1	应收账款									
1.2	存货									
1.2.1	原材料									
1.2.2	燃料									
1.2.3	在产品									
1.2.4	产成品									
1.2.5	其他									
1.3	现金									
2	流动负债									
2.1	应付账款									
3	流动资金									
4	流动资金本年增加额									

注：原材料、燃料栏目应分别列出具体名称，分别计算。

表 9.3　资金投入计划与资金筹措表　　　　　　　　单位：万元

序　号	年　份 项　目	建　设　期		投　产　期		达产期	合　计
		1	2	3	4	5	
1	总投资						
1.1	建设投资						
1.2	建设期利息						
1.3	流动资金						
2	资金筹措						
2.1	自有资金						
	其中:用于流动资金						
2.2	借款						
2.2.1	长期借款						
2.2.2	流动资金借款						
2.2.3	其他短期借款						
2.3	其他						

注：如有多种借款方式时，可分项列出。

9.3　融资方案的分析

融资方案是在投资估算的基础上，分析拟建食品加工项目的资金渠道、融资形式、融资结构、融资成本和融资风险，比选推荐项目的融资方案，并以此分析资金筹措方案和进行财务分析。

9.3.1　融资组织形式选择

分析融资方案，首先应明确融资主体，由融资主体进行融资活动，并承担融资责任和风险。项目融资主体的组织形式主要有既有项目法人融资和新设项目法人融资两种形式。

（1）既有项目法人融资形式　这是指依托现有法人进行的融资活动，其特点：一是拟建项目不组建新的项目法人，由既有法人统一组织融资活动并承担融资责任和风险；二是拟建项目一般是在既有法人资产和信用的基础上进行的，并形成增量资产；三是从既有法人的财务整体状况考察融资后的偿债能力。

（2）新设项目法人融资形式　这是指新组建项目法人进行的融资活动，其特点是项目投资由新设项目法人筹集的资本金和债务资金构成，由新设项目法人承担融资责任和风险，从项目投产后的经济效益情况考察偿债能力。

9.3.2　资金来源选择

在估算出项目所需要的资金量后，应根据资金的可得性、供应的充足性和融资成本的高低，选择资金渠道。资金渠道主要有：

①　项目法人自有资金；

②　政府财政性资金；

③　国内外银行等金融机构的信贷资金；

④　国内外证券市场资金；

⑤　国内外非银行金融机构的资金，如信托投资公司、投资基金公司、风险投资公司、保险公司和租赁公司等机构的资金；

⑥　外国政府、企业、团体和个人等的资金；

⑦ 国内企业、团体和个人的资金。

资金来源一般分为直接融资和间接融资两种方式。直接融资方式是指投资者对拟建项目的直接投资，以及项目法人通过发行（增发）股票、债券等直接筹集的资金。间接融资是指从银行及非银行金融机构借入的资金。

9.3.3 资本金筹措

资本金是指项目投资中由投资者提供的资金，对项目来说是非债务资金，也是获得债务资金的基础。国家对经营性项目试行资本金制度，规定了经营性项目的建设都要有一定数额的资本金，并提出了各行业项目资本金的最低比例要求。在可行性研究阶段，应根据新设项目法人融资或是既有项目法人融资组织形式的特点，分析资本金筹措方案。

9.3.3.1 新设项目法人项目资本金筹措

新设项目法人的项目资本金，是项目发起人和投资者为拟建项目所投入的资金。

项目资本金来源主要有：

① 政府财政性资金；

② 国家授权投资机构入股的资金；

③ 国内外企业入股的资金；

④ 社会团体和个人入股的资金；

⑤ 受赠予资金。

资本金出资形态可以是现金，也可以是实物、工业产权、非专利技术和土地使用权。用作资本金的实物、工业产权、非专利技术和土地使用权作价的资金，必须经过有资格的资产评估机构评估作价，并只能在资本金中占有一定比例。可行性研究中应说明资本金的出资人、出资方式、资本金来源及数额、资本金认缴进度等。

9.3.3.2 既有项目法人项目资本金筹措

资本金来源主要有：

① 项目法人可用于项目的现金，即库存现金和银行存款等可用于项目投资的资金；

② 资产变现的资金，即变卖现有资产获得的资金；

③ 发行股票筹集的资金，原有股东增资扩股资金，吸收新股东的资金；

④ 政府财政性资金；

⑤ 国内外企业法人入股资金；

⑥ 受赠予资金。

在可行性研究报告中，应说明资本金的各种来源和数量，应考察主要投资方的出资能力。

9.3.4 债务资金筹措

债务资金是项目投资中除资本金外，需要从金融市场借入的资金。债务资金来源主要有以下几种。

9.3.4.1 信贷融资

国内信贷资金主要有政策性银行和商业银行等提供的贷款；国外信贷资金主要有商业银行的贷款，以及世界银行、亚洲开发银行等国际金融机构贷款；外国政府贷款；出口信贷以及信托投资公司等非银行金融机构提供的贷款。信贷融资方案应说明拟提供贷款的机构及其贷款条件，包括支付方式、贷款期限、贷款利率、还本付息方式及其他附加条件等。

9.3.4.2 债券融资

债券融资是指项目法人以自身的财务状况和信用条件为基础，通过发行企业债券筹集资金，用于项目建设的融资方式。除了一般债券融资外，还有可转换债券融资，这种债券在有效期限内，只需支付利息，债券持有人有权按照约定将债券转换成公司的普通股，如果债券持有人放弃这一选择，融资企业需要在债券到期日兑付本金。可转换债券的发行无需以项目资产或其他公司的资产作为担保。在可行性研究阶段，应对拟采用的债券融资方式进行分析、论证。

9.3.4.3 融资租赁

融资租赁是资产拥有者将资产租给承租人，在一定时期内使用，由承租人支付租赁费的融资方式。采用这种方式，一般是由承租人选定设备，由出租人购置后租给承租人使用，承租人按期交付租金。租赁期满后，出租人可以将设备作价售让给承租人。

9.3.5　融资方案分析

在初步确定食品加工项目的资金筹措方式和资金来源后，应进一步对融资方案进行分析，比选并推荐资金来源可靠、资金结构合理、融资成本低、融资风险小的方案。

9.3.5.1　资金来源可靠性分析

主要是分析项目建设所需总投资和分年所需投资能否得到足够的、持续的资金供应，即资本金和债务资金供应是否落实可靠。应力求使筹措的资金、币种及投入时序与项目建设进度和投资使用计划相匹配，确保项目建设顺利进行。

9.3.5.2　融资结构分析

主要分析项目融资方案中的资本金与债务资金的比例、股本结构比例和债务结构比例是否合理，并分析其实现条件。

（1）资本金与债务资金的比例　在一般情况下，项目资本金比例过低，债务资金比例过高，将给项目建设和生产运营带来潜在的财务风险。进行融资结构分析，应根据项目特点，合理确定项目资本金与债务资金的比例。

（2）股本结构分析　股本结构反映项目股东各方出资额和相应的权益，在融资结构分析中，应根据项目特点和主要股东方参股意愿，合理确定参股各方的出资比例。

（3）债务结构分析　债务结构反映项目债权各方为项目提供的债务资金的比例，在融资结构分析中，应根据债权人提供债务资金的方式，附加条件，以及利率、汇率、还款方式的不同，合理确定内债与外债比例，政策性银行与商业性银行的贷款比例，以及信贷资金与债务资金的比例。

9.3.5.3　融资成本分析

融资成本是指项目为筹集和使用资金而支付的费用。融资成本的高低是判断项目融资方案是否合理的重要因素之一。

（1）债务资金融资成本分析　债务资金融资成本由资金筹集费和资金占用费组成。资金筹集费是指资金筹集过程中支付的一次性费用，如承诺费、手续费、担保费、代理费等；资金占用费是指使用资金过程中发生的经常性费用，如利息。在比选融资方案时，应分析各种债务资金融资方式的利率水平、利率计算方式（固定利率或者浮动利率）、计息（单利、复利）和付息方式，以及偿还期和宽限期，计算债务资金的综合利率，并进行不同方案比选。

为了便于分析比较，债务资金融资成本通常不用绝对金额表示，而是用资金成本率这种相对数表示。

资金成本率是资金占用费与实际筹资额的比率，其计算公式为：

$$K=\frac{D}{p-f} \quad 或 \quad K=\frac{D}{p(1-F)}$$

式中　K——资金成本率；

　　　D——资金占用费；

　　　p——筹资额；

　　　f——资金筹资费；

　　　F——筹资费率，即资金筹集费占筹资金额的比率。

在实际工作中，由于运用的场合不同，资金融资成本可有多种不同的形式。

（2）资本金融资成本分析　资本金融资成本由资本金筹集费和资本金占用费组成。资本金占用费一般应按机会成本的原则计算，当机会成本难以计算时，可参照银行存款利率计算。

9.3.5.4　融资风险分析

融资方案的实施经常受到各种风险的影响。为了使融资方案稳妥可靠，需要对下列可能发生的风险因素进行识别和预测。

（1）资金供应风险　资金供应风险是指融资方案在实施过程中，可能出现资金不落实，导致建设工期拖长，工程造价升高，原定投资效益目标难以实现的风险。主要风险有：

① 原定筹资额全部或部分落空，例如已承诺出资方的投资者中途变卦，不能兑现承诺；

② 原定发行股票、债券计划不能实现；

③ 既有项目法人融资项目由于企业经营状况恶化，无力按原定计划出资；

④ 其他资金不能按建设进度足额及时到位。

（2）利率风险　利率水平随着金融市场情况而变动，如果融资方案中采用浮动利率计息，则应分析贷款利率变动的可能性及其对项目造成的风险和损失。

（3）汇率风险　汇率风险是指国际金融市场外汇交易结算产生的风险，包括人民币对各种外币币值的变动风险和各外币之间比价变动的风险。利用外资数额较大的投资项目应对外汇汇率的走势进行分析，估测汇率发生较大变动时，对项目造成的风险和损失。

9.3.5.5　投资估算案例分析

【背景】

某公司拟投资建设一个食品厂。该工程项目的基础数据如下。

1. 项目实施计划

该项目建设期为 3 年，实施计划进度为：第一年完成项目全部投资的 20%，第二年完成项目全部投资的 55%，第三年完成项目全部投资的 25%，第四年全部投产，投产当年项目的生产负荷达到设计生产能力的 70%，第五年项目的生产负荷达到设计生产能力的 90%，第六年项目的生产负荷达到设计生产能力的 100%。项目的运营期总计为 15 年。

2. 建设投资估算

该项目工程费与工程建设其他费用的估算额为 52180 万元，预备费为 5000 万元。投资方向调节税率为 5%。

3. 建设资金来源

本项目的资金来源为自有资金和贷款。贷款总额为 40000 万元，其中外汇贷款为 2300 万美元。外汇牌价为 1 美元兑换 8.3 元人民币。人民币贷款的年利率为 12.48%（按季计息）。外汇贷款年利率为 8%（按年计息）。

4. 生产经营费用估计

工程项目达到设计生产能力以后，全厂定员为 1100 人，工资和福利费按照每人每年 7200 元估算。每年的其他费用为 860 万元（其中：其他制造费用为 660 万元）。年外购原材料、燃料及动力费估算为 19200 万元。年经营成本为 21000 万元，年修理费占经营成本的

10%，各项流动资金的周转天数分别为：应收账款 30d，现金 40d，应付账款 30d，存货 40d。

【问题】

1. 估算建设期利息。

2. 用分项详细估算法估算项目的流动资金。

3. 估算项目的总投资。

【分析要点】

本案例所考核的内容涉及了工程项目投资估算类问题的主要内容和基本知识点。对于这类案例分析题的解答，首先要注意充分阅读背景所给的各项基本条件和数据，分析这些条件和数据之间的内在联系。

1. 在固定资产投资估算中，应弄清名义利率和实际利率的概念与换算方法。在计算建设期贷款利息前，首先要将名义利率换算为实际利率后，才能计算。

2. 流动资金估算时，要掌握分项详细估算流动资金的方法。

3. 要求根据工程项目总投资的构成内容，计算工程项目总投资。

【答案】

问题 1

解 建设期贷款利息计算：

1. 人民币贷款实际利率计算：

$$人民币实际利率 = (1 + 名义利率 \div 年计息次数)^{年计息次数} - 1$$
$$= (1 + 12.48\% \div 4)^4 - 1 = 13.08\%$$

2. 每年投资的本金数额计算：

人民币部分：贷款总额为：$40000 - 2300 \times 8.3 = 20910$ 万元

第 1 年为：$20910 \times 20\% = 4182$ 万元

第 2 年为：$20910 \times 55\% = 11500.50$ 万元

第 3 年为：$20910 \times 25\% = 5227.50$ 万元

美元部分： 贷款总额为：2300 万美元

第 1 年为：$2300 \times 20\% = 460$ 万美元

第 2 年为：$2300 \times 55\% = 1265$ 万美元

第 3 年为：$2300 \times 25\% = 575$ 万美元

3. 每年应计利息计算：

$$每年应计利息 = (年初借款本利累计额 + 本年借款额 \div 2) \times 年实际利率$$

人民币建设期贷款利息计算：

第 1 年贷款利息 $= (0 + 4182 \div 2) \times 13.08\% = 273.50$ 万元

第 2 年贷款利息 $= (4182 + 273.5 + 11500.50 \div 2) \times 13.08\% = 1334.91$ 万元

第 3 年贷款利息 $= (4182 + 273.5 + 11500.50 + 1334.91 + 5227.50 \div 2) \times 13.08\%$
$= 2603.53$ 万元

人民币贷款利息合计 $= 273.50 + 1334.91 + 2603.53 = 4211.94$ 万元

外币贷款利息计算：

第 1 年外币贷款利息 $= (0 + 460 \div 2) \times 8\% = 18.40$ 万美元

第 2 年外币贷款利息 $= (460 + 18.40 + 1265 \div 2) \times 8\% = 88.87$ 万美元

第 3 年外币贷款利息 $= (460 + 18.40 + 1265 + 88.87 + 575 \div 2) \times 8\%$
$= 169.58$ 万美元

外币贷款利息合计 $= 18.40 + 88.87 + 169.58 = 276.85$ 万美元

建设期贷款利息总计＝4211.94＋276.85×8.3＝6509.80 万元

问题 2

解 用分项详细估算法估算流动资金：

1. 应收账款＝年经营成本÷年周转次数＝21000÷（360÷30）＝1750 万元

2. 现金＝（年工资福利费＋年其他费用）÷年周转次数

$$＝（1100×0.72＋860）÷（360÷40）＝183.56 万元$$

3. 存货：

外购原材料、燃料＝年外购原材料、燃料动力费÷年周转次数

$$＝19200÷（360÷40）＝2133.33 万元$$

在产品＝（年工资福利费＋年其他制造费用＋年外购原材料、燃料动力费＋

年修理费）÷年周转次数

$$＝（1100×0.72＋660＋19200＋21000×10\%）÷（360÷40）$$

$$＝2528 万元$$

产成品＝年经营成本÷年周转次数＝21000÷（360÷40）＝2333.33 万元

存货＝2133.33＋2528＋2333.33＝6994.66 万元

4. 流动资产＝应收账款＋现金＋存货＝1750＋183.56＋6994.66＝8928.22 万元

5. 应付账款＝年外购原材料、燃料动力费÷年周转次数＝19200÷（360÷30）＝1600 万元

6. 流动负债＝应付账款＝1600 万元

流动资金＝流动资产－流动负债＝8928.22－1600＝7328.22 万元

问题 3

解 根据工程项目总投资的构成内容，计算拟建项目的总投资：

项目总投资估算额＝固定资产投资总额＋流动资金

＝（工程费＋工程建设其他费＋预备费＋投资方向调节税＋

建设期利息）＋流动资金

$$＝[（52180＋5000）×（1＋5\%）＋276.85×8.3＋4211.94]＋7328.22$$

$$＝66548.80＋7328.22＝73877.02 万元$$

9.4 工程项目概算编制

9.4.1 工程项目概述

9.4.1.1 工程

土木建筑或其他生产、制造部门用比较大而复杂的设备来进行的工作，如土木工程、机械工程、化学工程、采矿工程、水利工程、航空工程等。

9.4.1.2 项目

（1）项目的概念 对于什么是项目，目前理论界的认识并不统一，一般认为作为项目应具备主观与客观两个方面的特征，从主观角度看项目是作为一定的管理主体的被管理对象和管理手段而存在，从客观角度看项目必须具备单次性任务的属性。所以可以定义为：项目是指作为系统的被管理对象的单次性任务，是单次性活动的一种组织管理模式。

（2）项目的特点

① 项目的临时性 项目是一定的管理主体在一定时期的组织形式，只在一段有限的时间内存在，如建设一家食品工厂的施工任务作为一个项目来组织管理，则其随着食品工厂建

设任务的开始而确立，随着食品工厂建设任务的完成而终结。

② 项目的目标性　项目有明确的目标，有设计要求的产品品种、规格、生产能力目标和工程质量标准，有竣工交付使用前验收及投产运转标准，有工期目标，有投资目标及投资效益目标。

③ 项目的单一性　项目一般是一次性的，项目建设任务完成，则投资结束，项目撤销。几乎没有完全相同的两个项目，每一项目在时间、地点、技术、经济等方面均有自己的特殊性，项目建设的成果是单件性的，不可能像工业品一样批量生产。

④ 项目的程序性　虽然项目具有单一性特点，但无论何种类型的项目，在其投资建设过程中，都必须按照科学的方法和程序，依次经过项目目标设想、项目选定、项目准备、项目评估、项目谈判、项目实施、竣工投产、总结评价、资金回收等阶段。

9.4.1.3　投资

一般将投资理解为投入一部分钱物期望在将来能有所回报。经济学意义的投资是与储蓄相对应的，从宏观的角度如果不考虑外资，则一定时期的投资总量与储蓄总量总是相等的，由于储蓄是一种延期的消费行为，所以西方经济学将投资定义为：为了将来的消费或价值而牺牲现在的消费或价值。投资在我国一般多指资产投资，故将投资定义为经济主体为获取预期效益（经济效益或社会效益），投入一定量的货币而不断地转化为资产的全部经济活动。

9.4.1.4　投资项目

项目大多由投资资金形成，而投资活动也大多在项目中进行，因此投资与项目应是比较相近的，项目在西方是一个被普遍接受的概念，投资项目在我国则较为普遍。如果严格地加以区分，投资比项目使用的频率高、范围宽，如一个家庭为培养孩子而大量投入时常称之为智力投资，像这样的投资仅可称为投资，绝对谈不上项目，所以可以这样理解，一定条件下项目一定是投资，但投资不一定是项目。

9.4.1.5　建设项目、单项工程及单位工程

（1）建设项目　在我国对投资项目的认识经历了一个逐渐深化的过程。建国初期我们将投资理解为基本建设投资，把建设项目称作建设单位，而把建设单位中的某一单项工程称作项目，实际上是指工程项目（计划表中称作"主要工程项目或独立工程项目"）。1960年为适应计划管理和施工管理的需要而分别改称为"建设项目"和"单项工程"。这一时期的建设项目指基本建设项目，其概念是指按照一个总体设计进行施工的基本建设工程，一般由一个或几个互有内在联系的单项工程组成，建成后在经济上可以独立经营，行政上可以统一管理，也称建设单位。例如一个食品工厂即为一个建设项目。

（2）单项工程　指具有独立的设计文件，建成后可以独立发挥设计文件所规定的生产能力或效益的工程，也称工程项目。单项工程是建设项目的组成部分，一个建设项目可以是一个单项工程，也可以包括几个单项工程。生产性建设项目的单项工程一般指能独立生产的车间，包括厂房建筑、设备安装工程以及设备、工具、器具、仪器的购置等。非生产性建设项目的单项工程如一所学校的办公楼、学生公寓的建设。

（3）单位工程　单位工程是单项工程的组成部分，一个单项工程可根据能否独立施工划分为若干个单位工程。即单位工程是指具有单独设计，可以独立组织施工但不能独立发挥生产能力的工程，如某饮料厂其果汁生产车间是一个单项工程，而生产车间的厂房建筑和设备安装则分别为一个单位工程。

（4）分部工程　分部工程是单位工程的组成部分，一般按照单位工程的部位划分，如房屋建筑单位工程可以划分为基础工程、主体工程、屋面工程等，或按照工种划分为土石方工程、钢筋混凝土工程、装饰工程等。

（5）分项工程　分项工程是分部工程的组成部分，如墙体工程可以划分为开挖基槽、垫层、基础灌注混凝土、防潮等分项工程，钢筋混凝土工程可以划分为模板、钢筋、混凝土等分项工程。

9.4.2　工程的性质划分

建筑工程根据各个组成部分的性质和作用可作如下划分。

（1）一般土建工程：包括建筑物与构筑物的各种结构工程。

（2）特殊构筑物工程：包括设备基础、烟囱、水池、水塔等。

（3）工业管道工程：包括蒸汽、压缩空气、煤气、输油管道等。

（4）卫生工程：包括上下水道、采暖、通风等。

（5）电器照明工程：包括室内外照明设备安装、线路敷设、变配电设备的安装工程等。

（6）设备及其安装工程：包括机械设备及安装、电气设备及安装两大类。

9.4.3　工程项目概算分类

工程项目概算按其对象可划分为单位工程概算、工程建设其他费用概算、单项工程综合概算及建设项目总概算。

9.4.3.1　单位工程概算

此概算是确定单位工程建设费用的文件，如一般土建工程概算、特殊构筑物工程（如食品厂的设备基础、烟囱、水池、水塔等）概算、工业管道工程（如食品厂的蒸汽管道）概算、卫生工程概算、电器照明工程概算、机械设备及安装工程概算等。一般根据设计图纸所计算的工程量和概算定额（概算指标）、设备预算价格以及施工管理费等编制。

9.4.3.2　工程建设其他费用概算

此概算是确定建筑、设备及安装工程之外与整个工程有关的其他工程和费用的文件。一般根据设计文件和国家、地方、主管部门规定的收费标准编制，并单独列入综合概算或总概算中。

9.4.3.3　单项工程综合概算

此概算是确定单项工程（单体项目）建设费用的文件。由该单项工程内各个单位工程概算汇编而成。如果工程不编制总概算，则工程建设其他费用概算及预备费应列入单项工程综合概算中。

9.4.3.4　建设项目（整体项目）的总概算

此概算是确定建设项目从开始筹建到竣工验收全部建设费用的文件。由该建设项目的各个单工程的综合概算、工程建设其他费用概算及预备费汇编而成。

建设项目总概算的基本内容一般分为以下几种。

（1）工程费用项目

① 生产设施；

② 辅助生产设施；

③ 公用设施。

（2）工程建设其他费用项目

① 土地征用费；

② 拆迁补偿和安置费；

③ 建设单位管理费；

④ 研究试验费；

⑤ 员工培训费；

⑥ 办公费及生活家具购置费；

⑦ 联合试运转费；

⑧ 勘察设计费；

⑨ 供电贴费；

⑩ 施工机构迁移费；

⑪ 厂区绿化费；

⑫ 评估费；

⑬ 引进技术及进口设备的其他费用等。

（3）预备费

① 基本预备费；

② 涨价预备费。

9.4.4 概算编制

9.4.4.1 概算编制准备工作

（1）收集与概算有关的资料；

（2）拟订概算编制提纲，明确工作的主要内容步骤等。

9.4.4.2 概算编制案例

（1）利用概算定额编制土建工程概算

① 根据设计图纸及概算工程量计算规则计算工程量；

② 根据工程量及概算定额计算直接费用；

③ 计算间接费用；

④ 计算法定利润；

⑤ 将直接费用、间接费用及法定利润相加即求得一般土建工程的概算额。

（2）设备及安装工程概算

① 设备购置费概算包括设备原价和设备运杂费；

② 设备安装工程费概算。一般采用两种方法计算：以设备原价的一定比率计算；以设备安装概算定额计算。

复习思考题

1. 设计概算的内容有哪些？乳品加工厂与果品加工厂的设计概算有什么区别？

2. 工程、项目及投资有何联系和区别？

3. 以你所在地为条件做一个具体项目的设计概算。

4. 建设投资的静态部分包括哪些内容？

5. 概算指标估算法的基本思路是什么？

6. 设备交货价主要有哪几种形式？

7. 进口设备购置费一般包括哪些内容？

8. 债务资金的主要来源有哪些？

9. 项目融资主体的组织形式有几种？

10. 融资方案分析的主要内容是什么？

11. 建设投资由哪些内容构成？

12. 流动资金分项详细估算法的计算思路是什么？

第10章　财务基础数据估算及财务分析

教学目标

（1）了解财务基础数据估算的程序；

（2）基本掌握财务基础数据估算的原则，以及销售收入、成本、税金和利润之间的关系，根据不同的内容，将财务分析指标进行分类的方法；

（3）掌握各种辅助报表的编制方法；

（4）掌握财务基础数据估算思路，财务分析的基本思路和基本内容；

（5）重点掌握各种财务数据的组成内容和估算方法，财务报表的编制方法和财务分析指标的计算方法，以及如何从财务角度判别食品工厂设计的可行性。

考察食品工厂设计是否经济合理是工厂设计的关键一环，而进行经济分析和评价的前提条件，就是要掌握用以计算技术经济指标的财务基础数据。在进行工厂设计时，一般依据现行的法律法规、价格政策、税收政策和其他有关规定，用比较固定的方法和表格估算销售收入、成本、税金和利润等有关的财务基础数据。

10.1　财务基础数据估算概述

10.1.1　财务基础数据估算的概念及内容

（1）财务基础数据估算的概念　财务基础数据估算是指在项目市场、资源、技术条件分析评价的基础上，从食品生产企业的角度出发，依据现行的法律法规、价格政策、税收政策和其他有关规定，对一系列有关的财务基础数据进行调查、搜集、整理和测算，并编制有关的财务基础数据估算表格的工作。财务基础数据估算是项目财务分析、国民经济分析和风险分析的基础和重要依据，它不仅为上述分析提供必需的数据，而且对其分析结果、所采取的分析方法以及最后的决策意见，都产生决定性的影响。在工厂设计中，财务基础数据估算是一项非常重要的工作。

（2）财务基础数据估算的内容　财务基础数据估算的内容包括对项目计算期内各年的经济活动情况及全部财务收支结果的估算。具体包括项目总投资和投资资金来源与筹措的估算、项目生产期的确定、总成本费用估算、销售收入与税金的估算、利润总额及其分配的估算、贷款还本付息的估算等内容。

10.1.2　财务基础数据估算的原则

财务基础数据估算应遵循以下几项原则。

（1）以现行经济法律法规为依据的原则　在进行财务基础数据估算时，必须严格执行国家有关部门制定和颁布的经济法规、条例、制度和规定，不应以设计人员的主观想象作为财务基础数据估算的依据。坚持这一原则的目的在于保证财务测算工作的合法性和可行性。可行性研究人员应随时注意收集和掌握一定时期的有关法律法规和规章制度。

（2）真实性原则　财务基础数据估算，必须体现严肃性、科学性和现实性的统一，应本着实事求是的精神，真实地反映客观情况。对比较重要的数据和参数，可行性研究人员应从不同方面进行调查和核实，根据各种可靠的依据，测算基础数据，不应以假设为测算的基础。

（3）准确性原则　财务基础数据估算的各项基础数据准确与否直接关系到经济分析结论的正确与否，因此，可行性研究人员必须把握准确性原则，在数据选择上，要注意客观性；在预测和分析时，要注意防止主观性和片面性，还应考虑比较重要的基础数据和参数在项目计算期内的变动趋势，以保证财务基础数据预测和经济分析结果的准确性。

10.1.3　财务基础数据估算的程序

财务基础数据估算，是一项繁杂的工作，为保证工作效率和测算数据的准确性及可靠性，一般可按下列程序进行。

（1）熟悉项目概况，制订财务基础数据估算工作计划　由于各个工程项目的背景、条件，以及内部因素和外部配套条件等各不相同，工厂设计人员必须对项目的基本概况做一个全面的了解，针对其特点，制订出财务基础数据估算的工作计划，以明确估算的重点、时间安排和人员安排等。

（2）收集资料　财务基础数据估算工作所涉及的范围很广，需要收集大量的资料，其中主要有：

① 有关部门批准的项目建议书和其他有关文件，如选址意见书、土地转让的批复等；

② 国家有关部门制定的法律法规、政策、规章制度、办法和标准等；

③ 同类项目的有关基础资料。

（3）进行财务基础数据估算　在收集、整理和分析有关资料的基础上，测算各项财务基础数据，并按有关规定编制相应的财务基础数据估算表格。

10.1.4　财务基础数据估算表及其相互联系

财务基础数据估算表主要有：建设投资估算表，资金投入计划与资金筹措表，流动资金估算表，总成本费用估算表，原材料能源成本估算表，固定资产折旧费估算表，无形资产与递延资产摊销费估算表，销售收入（营业）和税金及附加和增值税估算表，损益和利润分配表，借款偿还计划表。

上述估算表可归纳为三大类。

第一类：分析项目建设期的建设投资和生产期的流动资金，以及资金筹措和使用计划。

第二类：分析项目投产后的总成本、销售收入、税金和利润，为完成总成本费用估算表，还附设了原材料能源成本估算表、固定资产折旧费估算表和无形资产与递延资产摊销费估算表。

第三类：分析项目投产后偿还建设投资借款本息的情况，即借款偿还计划表。

财务基础数据估算的几方面内容是连贯的，其中心是将投资成本、产品成本与销售收入的预测数据进行对比，求出项目的利润总额，在此基础上估算贷款的还本

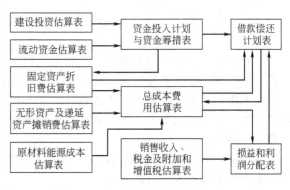

图 10.1　财务数据估算表关系图

付息情况。因此，上述三类估算表应按一定程序和其内在联系使其相互衔接。第一类估算表是根据设计人员调查收集到的资料，经过项目概况分析、市场和生产规模分析、建设条件和工艺技术分析，加以判别和调查后计算编制的。顺序是先编制投资估算表（建设投资、流动资金），然后再编制资金投入计划与资金筹措表；第二类的总成本费用估算表所需的三张附表，只要能满足财务分析对基本数据的需要即可，有的附表也可合并列入总成本费用估算表之中，或作文字说明，而后根据总成本费用估算表、销售（营业）收入和税金估算表的数据，综合估算出项目利润总额列入损益及利润分配表；第三类估算表是把前两类估算表中的主要数据经过综合分析和计算，按照国家现行规定，编制成项目借款偿还计划表。

各类财务基础数据估算表之间的关系见图 10.1。

10.2 财务基础数据估算的主要内容

10.2.1 生产期估算

项目生产期是指食品工厂从建成投产年份起至工厂报废为止所经历的时间。拟建项目所包括的固定资产种类繁多，使用年限也有很大的差异。一般来讲，项目的生产期主要取决于项目主要固定资产（如主要设备）的寿命期。

10.2.1.1 固定资产寿命期的几种类型

固定资产的寿命期（亦称使用年限）有自然寿命期和经济寿命期之分。

（1）自然寿命期 自然寿命期是指固定资产从投入使用到不能修理、修复而报废为止所经历的时间。随着科学技术的不断发展，固定资产的自然寿命期趋于延长，特别是维修水平的提高，也有助于延长固定资产的自然寿命。但是，随着固定资产自然寿命期的延长，固定资产将不断老化，因此用于维修方面的费用也将逐渐增加，这样就会进入恶性使用阶段，即经济上不合理的使用阶段。在工厂设计时，一般不能只依据固定资产的自然寿命期来确定项目的生产期。

（2）经济寿命期 经济寿命期是指固定资产从投入使用到因继续使用不经济而需要提前更新所经历的时间。固定资产在使用过程中要经受两种磨损，即有形磨损和无形磨损，前者是由于生产因素或自然因素引起的；后者是非使用和非自然因素引起的固定资产价值的损失，如技术进步会使生产同种设备的成本降低，从而使原设备价值降低，或者由于科学技术进步出现新技术、新设备，从而引起原来低效率的、技术落后的旧设备贬值或报废等。

固定资产的经济寿命期，充分考虑了上述两种磨损的因素，它是指固定资产在经济上最合理的使用年限。从理论上讲，在进行可行性研究时，一般根据主要固定资产的经济寿命期确定项目生产期是较为合理的。

10.2.1.2 项目生产期的估算

在我国的很长一段时间内，项目生产期（也就是企业的折旧年限）一直是依据主要固定资产的自然寿命期确定的。由于自然寿命期没有包含技术进步的因素，所以，以此确定的固定资产折旧年限和项目生产期都偏长。基于此，在进行财务基础数据估算时，应该充分考虑技术进步对固定资产寿命的影响，以工程项目主要固定资产的经济寿命期作为确定项目生产期的主要依据。

国家计委（现为国家发改委）在 1993 年发布的《建设项目经济评价方法与参数》中提出两点关于生产期的处理意见。

（1）有些折旧年限很长甚至是"永久性"的工程项目，如水坝等，其计算期中的生产

（使用）期可低于其折旧年限。此时在财务现金流量表及资金来源与运用表中最末一年"回收固定资产余值"栏内填写该年的固定资产净值。

（2）计算期不宜定得太长。除建设期应根据实际需要确定外，一般来说生产期不宜超过20年，因为按折现法计算，把20年后的收益金额计算为现值，为数甚微，对评价结论不会发生关键性的影响。

一般工业项目的生产期分为两个阶段：第一阶段是投产期，即实际生产能力没有达到设计能力的时期；第二阶段是达到设计能力生产期，即生产能力达到设计能力100%的时期。

10.2.2 总成本费用估算

食品企业总成本费用是指项目在一定时期内（一般为一年）为生产和销售产品而花费的全部成本费用。

10.2.2.1 总成本费用的构成

总成本费用由生产成本和期间费用两部分组成。

（1）生产成本的构成　生产成本亦称制造成本，是指食品企业生产经营过程中实际消耗的直接材料、直接工资、其他直接支出和制造费用。

① 直接材料　直接材料包括企业生产经营过程中实际消耗的原材料、辅助材料、设备配件、外购半成品、燃料、动力、包装物、低值易耗品以及其他直接材料。

② 直接工资　直接工资包括企业直接从事产品生产人员的工资、奖金、津贴和补贴。

③ 其他直接支出　其他直接支出包括直接从事产品生产人员的职工福利费等。

④ 制造费用　制造费用是指企业各个生产单位（分厂、车间）为组织和管理生产所发生的各项费用，包括生产单位（分厂、车间）管理人员工资、职工福利费、折旧费、维简费、修理费、物料消耗、低值易耗品摊销、劳动保护费、水电费、办公费、差旅费、运输费、保险费、租赁费（不包括融资租赁费）、设计制图费、试验检验费、环境保护费以及其他制造费用。

（2）期间费用的构成　期间费用是指在一定会计期间发生的与生产经营没有直接关系和关系不密切的管理费用、财务费用和销售费用。期间费用不计入产品的生产成本，直接体现为当期损益。

① 管理费用　管理费用是指企业行政管理部门为管理和组织经营活动发生的各项费用。包括：公司经费（工厂总部管理人员工资、职工福利费、差旅费、办公费、折旧费、修理费、物料消耗、低值易耗品摊销以及其他公司经费）、工会经费、职工教育经费、劳动保险费、董事会费、咨询费、顾问费、交际应酬费、税金（指企业按规定支付的房产税、车船使用税、土地使用税和印花税等）、土地使用费（海域使用费）、技术转让费、无形资产摊销、开办费摊销、研究发展费以及其他管理费用。

② 财务费用　财务费用是指企业为筹集资金而发生的各项费用，包括企业生产经营期间的利息净支出（减利息收入）、汇兑净损失、调剂外汇手续费、金融机构手续费以及筹资发生的其他财务费用等。

③ 销售费用　销售费用是指企业在销售产品、自制半成品和提供劳务等过程中发生的各项费用以及专设销售机构的各项经费，包括应由企业负担的运输费、装卸费、包装费、保险费、委托代销费、广告费、展览费、租赁费（不包括融资租赁费）和销售服务费用、销售部门人员工资、职工福利费、差旅费、办公费、折旧费、修理费、物料消耗、低值易耗品摊销以及其他经费。

10.2.2.2 总成本费用估算

为便于计算，在总成本费用估算表（见表10.1）中，将工资及福利费、折旧费、修理费、

表 10.1　总成本费用估算表　　　　　　　　　　　　　　　　　　单位：万元

序　号	年份\n项目	投　产　期		达到设计能力生产期				合　计
		3	4	5	6	…	n	
1	外购原材料							
2	外购燃料及动力							
3	工资及福利费							
4	折旧费							
5	修理费							
6	维简费							
7	摊销费							
8	利息支出							
9	其他费用							
10	总成本费用 (1+2+…+9) 其中：1. 固定成本 　　　2. 变动成本							
11	经营成本 (10－4－6－7－8)							

摊销费、利息支出进行归并后分别列出，该表中的"其他费用"是指在制造费用、管理费用、财务费用和销售费用中扣除工资及福利费、折旧费、修理费、摊销费、维简费、利息支出后的费用。

按照总成本费用估算表的内容，总成本费用的计算公式为：

$$总成本费用＝外购原材料＋外购燃料及动力＋工资及福利费＋修理费＋$$
$$折旧费＋维简费＋摊销费＋利息支出＋其他费用$$

具体估算方法如下。

（1）外购原材料成本估算　原材料成本是总成本费用的重要组成部分，其计算公式如下：

$$原材料成本＝全年产量×单位产品原材料成本$$

式中，全年产量可根据测定的设计生产能力和投产期各年的生产负荷加以确定；单位产品原材料成本是依据原材料消耗定额和单价确定的。

食品工业项目生产所需要的原材料种类繁多，在分析评价时，可根据具体情况，选取耗用量较大的、主要的原材料为估算对象，依据国家有关规定和经验数据估算原材料成本。

（2）外购燃料动力成本估算　燃料动力成本估算公式为：

$$燃料动力成本＝全年产量×单位产品燃料和动力成本$$

公式中有关数据的确定方法同上。

以上两种成本可依据《原材料能源成本估算表》（见表 10.2）进行估算。

表 10.2　原材料能源成本估算表

序　号	项　目	规　格	单　位	消耗定额	单　价	成本金额
1	原材料 A B C					
2	能源 D E F					

（3）工资及福利费估算　如前所述，工资及福利费包括在制造成本、管理费用、销售费用之中。为便于计算和进行项目经济分析和评价，需将工资及福利费单独估算。

① 工资估算　工资的估算可以采取以下两种方法。

a. 按全厂职工定员数和人均年工资额计算的年工资总额。其计算公式为：

$$年工资成本＝全厂职工定员数×人均年工资额$$

b. 按照不同的工资级别对职工进行划分，分别估算同一级别职工的工资，然后再加以汇总。一般可划分为五个级别，即高级管理人员、中级管理人员、一般管理人员、技术工人和一般工人等。若有国外的技术和管理人员，要单独列出。

② 福利费估算　职工福利费主要用于职工的医药费、医务经费、职工生活困难补助以及按国家规定开支的其他职工福利支出，不包括职工福利设施的支出。一般可按照职工工资总额的一定百分比计算。

（4）折旧费估算　如前所述，折旧费包括在制造费用、管理费用、销售费用中。为便于进行项目经济分析和评价，也需要将折旧费单独估算和列出。

所谓折旧，就是固定资产在使用过程中，通过逐渐损耗（包括有形损耗和无形损耗）而转移到产品成本或商品流通费的那部分价值。

计提折旧，是企业回收其固定资产投资的一种手段。按照国家规定的折旧制度，企业把已发生的资本性支出转移到产品成本费用中去，然后通过产品的销售，逐步回收初始的投资费用。

根据国家有关规定，计提折旧的固定资产范围是：企业的房屋、建筑物；在用的机器设备、仪器仪表、运输车辆、工具器具；季节性停用和在修理停用的设备；以经营租赁方式租出的固定资产；以融资租赁方式租入的固定资产。结合我国的企业管理水平，将企业固定资产分为三大部分、二十二类，按大类实行分类折旧。在计算折旧时，可按固定资产分类计算折旧，也可综合计算折旧，要视项目的具体情况而定。

我国现行固定资产折旧方法，一般采用平均年限法、工作量法和加速折旧法等。

① 平均年限法　平均年限法亦称直线法，即根据固定资产的原值、估计的净残值率和折旧年限计算折旧。其计算公式为：

$$年折旧额＝\frac{固定资产原值×（1－预计净残值率）}{折旧年限}$$

a. 固定资产原值根据固定资产投资额、预备费、投资方向调节税和建设期利息计算求得。

b. 预计净残值率是预计的企业固定资产净残值与固定资产原值的比率，根据行业会计制度规定，企业净残值率按照固定资产原值3%～5%确定。特殊情况，净残值率低于3%或高于5%的，由企业自主确定，并报主管财政机关备案。在可行性研究中，由于折旧年限是根据项目的固定资产经济寿命期决定的，因此固定资产的残余价值较大，净残值率一般可选择10%。

c. 折旧年限，国家有关部门在考虑到现代生产技术发展快，世界各国实行加速折旧的情况下，为能适应资产更新和资本回收的需要，对各类固定资产折旧的最短年限做出规定：房屋、建筑物为20年；火车、轮船、机器、机械和其他生产设备为10年；电子设备和火车、轮船以外的运输工具以及与生产、经营业务有关的器具、工具、家具等为5年。若采用综合折旧，项目的生产期即为折旧年限。在可行性研究中，对轻工、机械、电子等行业的折旧年限，一般可确定为8～15年；有些项目的折旧年限可确定为20年。

② 工作量法　对于下列专用设备可采用工作量法计提折旧。

a. 交通运输企业和其他企业专用车队的客货运汽车，按照行驶里程计算折旧费。其计算公式如下：

$$单位里程折旧额＝\frac{原值×（1－预计净残值率）}{总行驶里程}$$

$$年折旧额＝单位里程折旧额×年行驶里程$$

b. 大型专用设备，可根据工作小时计算折旧费。其计算公式如下：

$$每工作小时折旧额＝\frac{原值×(1-预计净残值率)}{总工作小时}$$

$$年折旧额＝每工作小时折旧额×年工作小时$$

③ 加速折旧法 加速折旧法又称递减折旧费用法。指在固定资产使用前期提取折旧较多，在后期提得较少，使固定资产价值在使用年限内尽早得到补偿的折旧计算方法。它是一种鼓励投资的措施，国家先让利给企业，加速回收投资，增强还贷能力，促进技术进步。因此只对某些确有特殊原因的企业，才准许采用加速折旧。加速折旧的方法很多，有双倍余额递减法和年数总和法等。

a. 双倍余额递减法 双倍余额递减法是以平均年限法确定的折旧率的双倍乘以固定资产在每一会计期间的期初账面净值，从而确定当期应提折旧的方法。其计算公式为：

$$年折旧率＝\frac{2}{折旧年限}×100\%$$

$$年折旧额＝年初固定资产账面原值×年折旧率$$

实行双倍余额递减法的固定资产，应当在其固定资产折旧年限到期前两年内，将固定资产净值扣除预计净残值后的净额平均摊销。

b. 年数总和法 年数总和法是以固定资产原值扣除预计净残值后的余额作为计提折旧的基础，按照逐年递减的折旧率计提折旧的一种方法。采用年数总和法的关键是每年都要确定一个不同的折旧率。其计算公式为：

$$年折旧率＝\frac{折旧年限-已使用年数}{折旧年限×(折旧年限+1)÷2}×100\%$$

$$年折旧额＝(固定资产原值-预计净残值)×年折旧率$$

在可行性研究中，一般采用平均年限法计算折旧费。

在计算折旧时，如果采用综合计算折旧的方式，可根据固定资产原值和折旧年限计算各年的折旧费，一般来讲，生产期各年的折旧费是相等的；如果采用分类计算折旧的方式，要根据《固定资产折旧费估算表》（见表 10.3）计算各类固定资产的折旧，然后将其相加，即可得出生产期各年的固定资产折旧费。

表 10.3 固定资产折旧费估算表 单位：万元

序 号	项目 \ 年份	投 产 期		达到设计能力生产期				折旧年限
		3	4	5	6	…	n	
	固定资产合计 原值 折旧费 净值							
1	房屋及建筑物 原值 折旧费 净值							
2	××设备 原值 折旧费 净值							
3	××设备 原值 折旧费 净值							

注: 1. 本表自生产年份起开始计算，各类固定资产按《工业企业财务制度》规定的年限分列。
2. 生产期内发生的更新改造投资列入其投入年份。

（5）修理费估算　与折旧费相同，修理费也包括在制造费用、管理费用和销售费用之中。在估算总成本费用时，可以单独计算修理费。修理费包括大修理费用和中小修理费用。

在可行性研究时无法确定修理费具体发生的时间和金额，一般是按照折旧费的一定百分比计算的。该百分比可参照同类项目的经验数据加以确定。

（6）维简费估算　维简费是指采掘、采伐工业按生产产品数量（采矿按每吨原矿产量，林区按每立方米原木产量）提取的固定资产更新和技术改造资金，即维持简单再生产的资金，简称"维简费"。企业发生的维简费直接计入成本，其计算方法和折旧费相同。

（7）摊销费估算　摊销费是指无形资产和递延资产在一定期限内分期摊销的费用。无形资产和递延资产的原始价值也要在规定的年限内，按年度或产量转移到产品的成本之中，这一部分被转移的无形资产和递延资产的原始价值，称为摊销。企业通过计提摊销费，回收无形资产及递延资产的资本支出。

摊销方法：不留残值，采用直线法计算。

无形资产的摊销关键是确定摊销期限。无形资产应按规定期限分期摊销，即法律和合同或者企业申请书分别规定有法定有效期和受益年限的，按照法定有效期与合同或者企业申请书规定的受益年限长短的原则确定；没有规定期限的，按不少于 10 年的期限分期摊销。

递延资产按照财务制度的规定在投产当年一次摊销。这里的递延资产摊销主要是指开办费摊销。

无形资产和递延资产是发生在项目建设期或筹建期间，而应在生产期分期平均摊入管理费用中，在估算总成本费用时，可单独列出。

若各项无形资产摊销年限相同，可根据全部无形资产的原值和摊销年限计算出各年的摊销费；若各项无形资产摊销年限不同，则要根据《无形及递延资产摊销费估算表》（见表 10.4）计算各项无形资产的摊销费，然后将其相加，即可得到生产期各年的无形资产摊销费。

表 10.4　无形及递延资产摊销费估算表　　　　单位：万元

序号	年份 项目	投 产 期		达到设计能力生产期				折旧年限	原值
		3	4	5	6	…	n		
1	无形资产小计								
1.1	土地使用权								
	摊销								
	净值								
1.2	专有技术和专利权								
	摊销								
	净值								
1.3	其他无形资产								
	摊销								
	净值								
2	递延资产(开办费)								
	摊销								
	净值								
3	无形及递延资产合计 (1+2)								
	摊销								
	净值								

（8）利息支出估算　利息支出是指筹集资金而发生的各项费用，包括生产经营期间发生的利息净支出，即在生产期所发生的建设投资借款利息和流动资金借款利息之和。建设投资

借款在生产期发生的利息计算公式为：
$$每年支付利息＝年初本金累计额×年利率$$
为简化计算，还款当年按年末偿还，全年计息。

流动资金借款利息计算公式为：
$$流动资金利息＝流动资金借款累计金额×年利率$$

（9）其他费用估算　如前所述，其他费用是指在制造费用、管理费用、财务费用和销售费用中扣除工资及福利费、折旧费、修理费、摊销费、利息支出后的费用。

在可行性研究中，其他费用一般是根据总成本费用中前七项（外购原材料成本、外购燃料及动力成本、工资及福利费、折旧费、修理费、维简费及摊销费）之和的一定百分比计算的，其比率应按照同类企业的经验数据加以确定。

将上述各项合计，即得出生产期各年的总成本费用。

（10）经营成本估算　经营成本是指项目总成本费用扣除折旧费、维简费、摊销费和利息支出以后的成本费用，即：经营成本＝总成本费用－折旧费－维简费－摊销费－利息支出。

经营成本是工程经济学特有的概念，它涉及产品生产及销售、企业管理过程中的物料、人力和能源的投入费用，它反映企业的生产和管理水平。同类企业的经营成本具有可比性。在可行性研究的经济分析和评价中，它被应用于现金流量的分析。

计算经营成本之所以要从总成本费用中剔除折旧费、维简费、摊销费和利息支出，主要是基于如下的理由。

① 现金流量表反映项目在计算期内逐年发生的现金流入和流出。与常规会计方法不同，现金收支何时发生，就在何时计算，不作分摊。由于投资已按其发生的时间作为一次性支出被计入现金流出，所以，不能再以折旧、提取维简费和摊销的方式计为现金流出，否则会发生重复计算。因此，作为经常性支出的经营成本中不包括折旧费和摊销费，同理也不包括维简费。

② 各项目的融资方案不同，利率也不同，因此，项目财务现金流量表不考虑投资资金来源，利息支出也不作为现金流出；资本金财务现金流量表中已将利息支出单列，因此，经营成本中也不包括利息支出。

（11）固定成本与变动成本的估算　从理论上讲，成本按其性态分类可分为固定成本、变动成本和混合成本三大类。

① 固定成本是指在一定的产量范围内不随着产量变化而变化的成本费用，如按直线法计提的固定资产折旧费、计时工资及修理费等。

② 变动成本是指随着产量的变化而变化的成本费用，如原材料费用、燃料及动力费用等。

③ 混合成本是指介于固定成本和变动成本之间、既随产量变化又不成正比例变化的成本费用。混合成本又被称为半固定半变动成本，这是指其同时具有固定成本和变动成本的特征。在线性盈亏平衡分析时，要求对混合成本进行分解，以区分出其中的固定成本和变动成本，并分别计入固定成本和变动成本总额之中。

在可行性研究中，为了简化计算，将总成本费用中的前两项（即外购原材料费用和外购燃料及动力费用）一般视为变动成本，而其余各项一般均视为固定成本。之所以要把总成本费用划分为固定成本和变动成本，其主要目的就是为盈亏平衡分析提供数据。

经营成本、固定成本和变动成本根据《总成本费用估算表》直接计算。

10.2.3　销售（营业）收入估算

10.2.3.1　销售收入估算

食品工业项目的销售收入是指项目在一定时期内（通常是一年）销售产品或者提供劳务

等所取得的收入。

销售收入是项目建成投产后补偿总成本费用、上缴税金、偿还债务、保证企业再生产正常进行的前提。它是进行利润总额和销售税金估算的基础数据。销售收入的估算公式如下：

$$销售收入＝产品销售单价×产品年销售量$$

上式中，产品销售单价一般采用出厂价格，也可根据需要采用送达用户的价格或离岸价格。产品年销售量等于年产量。这里值得注意的是，在现实经济生活中，产值不一定等于销售收入，这主要是因市场波动而存在库存变化引起的产量与销售量的差别。但在工厂设计时，可行性研究人员难以准确地估算出由于市场波动引起的库存量变化，因此做了这样的假设，即不考虑项目的库存情况，假设当年生产出来的产品当年全部售出，从而使项目的销售量等于项目的产量，项目的销售收入也就等于项目的产值。这样就可以根据投产后各年的生产负荷确定销售量。如果项目的产品比较单一，用产品单价乘产量即可得到每年的销售收入；如果项目的产品种类比较多，要根据销售（营业）收入和销售税金及附加和增值税估算表（见表10.5）进行估算，即应首先计算每一种产品的年销售收入，然后汇总在一起，求出项目生产期的各年销售收入。如果产品部分销往国外，应计算外汇收入，并按外汇牌价折算成人民币，然后再计入项目的年销售收入总额中。

表 10.5　产品销售（营业）收入、销售税金及附加和增值税估算表　　单位：万元

序　号	项　　目	单位单价	生产负荷/%		生产负荷/%		生产负荷/%	
			销售量	销售收入	销售量	销售收入	销售量	销售收入
1	产品销售（营业）收入							
2	销售税金及附加							
2.1	营业税							
2.2	资源税							
2.3	城市维护建设税							
2.4	教育费附加							
3	增值税							

10.2.3.2　销售价格的选择

在可行性研究中，产品销售价格是一个很重要的因素，因为它对项目的经济效益变化一般是最敏感的，所以，要审慎选择。一般可有三个方面的选择。

（1）选择口岸价格　如果项目产品是直接出口产品，或替代进口产品，或间接出口产品，可以口岸价格为基础确定销售价格。出口产品和间接出口产品可选择离岸价格，替代进口产品可选择到岸价格。或者直接以口岸价格定价，或者以口岸价格为基础，参考其他有关因素确定销售价格。

（2）选择国内市场价格　如果同类产品或类似产品已在市场上销售，并且这种产品既与外贸无关，也不是计划控制的范围，可选择现行市场价格作为项目产品的销售价格。当然，也可以以现行市场价格为基础，根据市场供求关系及未来的变化趋势，上下浮动作为项目产品的销售价格。

（3）根据预计成本、利润和税金确定价格　如果拟建项目的产品属于新产品，则可根据下列公式估算其出厂价格：

$$出厂价格＝产品计划成本＋产品计划利润＋产品计划税金$$

其中：

$$产品计划利润＝产品计划成本×产品成本利润率$$

$$产品计划税金＝\frac{（产品计划成本＋产品计划利润）}{1－税率}×税率$$

式中，产品计划成本可根据预计的产品成本加以估算；产品成本利润率是根据项目所在行业的平均产品成本利润率或企业的预期目标产品成本利润率加以确定的。

以上几种情况，当难以确定采用哪一种价格时，一般采用可供选择方案中价格最低的一种作为项目产品的销售价格。

10.2.3.3 销售税金及附加估算

销售税金是根据商品买卖或劳务服务的流转额征收的税金，是属于流转税的范畴。销售税金包括消费税、营业税、城市维护建设税、资源税。在工程项目经济分析中，一般将教育费附加并入销售税金项内，视同销售税金处理。

（1）消费税估算　消费税是对工业企业生产、委托加工和进口的部分应税消费品按差别税率或税额征收的一种税。消费税是在普遍征收增值税的基础上，根据消费政策、产业政策的要求，有选择地对部分消费品征税。

目前，我国的消费税共设 11 个税目，13 个子目。消费税的税率有从价定率和从量定额两种，黄酒、啤酒、汽油、柴油采用从量定额；其他消费品均为从价定率，税率从 3％～45％不等。

消费税采用从价定率和从量定额两种计税方法计算应纳税额，一般以应税消费品的生产者为纳税人，于销售时纳税。应纳税额计算公式为

$$\text{实行从价定率办法计算的应纳税额} = \text{应税消费品销售额} \times \text{适用税率}$$
$$= \text{组成计税价格} \times \text{消费税率}$$
$$= \frac{\text{销售收入（含增值税）}}{1 + \text{增值税率}} \times \text{消费税率}$$

$$\text{实行从量定额办法计算的应纳税额} = \text{应税消费品销售数量} \times \text{单位税额}$$

应税消费品的销售额是指纳税人销售应税消费品向买方收取的全部价款和价外费用，不包括向买方收取的增值税税款。销售数量是指应税消费品数量。

（2）营业税估算　营业税是对在中华人民共和国境内从事交通运输业、建筑业、金融保险业、邮电通信业、文化体育业、娱乐业、服务业或有偿转让无形资产、销售不动产行为的单位和个人，就其营业额所征收的一种税。营业税税率在 3％～20％范围内。应纳税额的计算公式为：

$$\text{应纳税额} = \text{营业额} \times \text{适用税率}$$

在一般情况下，营业额为纳税人提供应税劳务、转让无形资产、销售不动产向对方收取的全部价款和价外费用。

（3）城市维护建设税估算　城市维护建设税是以纳税人实际缴纳的流转税额为计税依据征收的一种税。

① 项目所在地为市区的，税率为 7％；

② 项目所在地为县城、镇的，税率为 5％；

③ 项目所在地为乡村或矿区的，税率为 1％。

城市维护建设税以纳税人实际缴纳的增值税、消费税、营业税税额为计税依据，分别与上述 3 种税同时缴纳。其应纳税额计算公式为：

$$\text{应纳税额} = (\text{增值税} + \text{消费税} + \text{营业税}) \text{的实纳税额} \times \text{适用税率}$$

（4）资源税估算　资源税是国家对在我国境内开采应税矿产品或者生产盐的单位和个人征收的一种税，是对因资源生成和开发条件的差异而客观形成的级差收入征收的。资源税的征收范围包括：

① 矿产品，包括原油、天然气、煤炭、金属矿产品和其他非金属矿产品；

② 盐，包括固体盐、液体盐。

资源税的应纳税额，按照应税产品的课税数量和规定的单位税额计算。应纳税额的计算公式为：

$$应纳税额＝应税产品课税数量×单位税额$$

课税数量是指：

① 纳税人开采或者生产应税产品用于销售的，以销售数量为课税数量；

② 纳税人开采或者生产应税产品自用的，以自用数量为课税数量。

（5）教育费附加估算　教育费附加是为了加快地方教育事业的发展，扩大地方教育经费的资金来源而开征的。教育费附加收入纳入预算管理，作为教育专项基金，主要用于各地改善教学设施和办学条件。

教育费附加是 1986 年起在全国开征的，1990 年又经修改而进一步完善合理。凡缴纳消费税、增值税、营业税的单位和个人，都是教育费附加的缴纳人。教育费附加随消费税、增值税、营业税同时缴纳，由税务机关负责征收。

教育费附加的计征依据是各缴纳人实际缴纳的消费税、增值税、营业税的税额，征收率为 3％。其计算公式为：

$$应纳教育费附加额＝实际缴纳的（消费税＋增值税＋营业税）税额×3％$$

（6）增值税估算　按照现行税法的规定，增值税作为价外税不包括在销售税金及附加中，产出物的价格不含有增值税中的销项税，投入物的价格中也不含有增值税中的进项税。但在财务分析中要单独计算增值税，因为销售收入和成本中是包含增值税的，为使计算口径一致，在计算利润总额时，还要从销售收入中扣除增值税。另外，增值税还是城市维护建设税和教育费附加的计算基数。增值税是按增值额计税的，可按下列公式计算：

$$增值税应纳税额＝销项税额－进项税额$$
$$销项税额＝销售额×增值税率＝销售收入(含税销售额)÷$$
$$(1＋增值税率)×增值税率$$
$$进项税额＝外购原材料、燃料及动力费÷(1＋增值税率)×增值税率$$

10.2.4　利润总额及其分配估算

10.2.4.1　利润总额的估算

利润总额是企业在一定时期内生产经营活动的最终财务成果。它集中反映了食品企业生产经营各方面的效益。

利润总额的估算公式为：

$$利润总额＝产品销售(营业)收入－销售税金及附加－增值税－总成本费用$$

根据利润总额可计算所得税及税后利润。在财务分析中，利润总额还是计算投资利润率、投资利税率的基础数据。

10.2.4.2　所得税及税后利润的分配估算

根据税法的规定，企业取得利润后，先向国家缴纳所得税，剩余部分在企业、投资者、职工之间分配。

（1）所得税估算　凡在我国境内实行独立经营核算的各类企业或者组织者，来源于我国境内、境外的生产、经营所得和其他所得，均应依法缴纳企业所得税。

纳税人每一纳税年度的收入总额减去准予扣除项目的余额，为应纳所得额。

纳税人发生年度亏损的，可以用下一纳税年度的所得弥补；下一纳税年度的所得不足弥补的，可以逐年延续弥补，但是延续弥补期最长不得超过 5 年。

企业所得税的应纳税额按照应纳税所得额的 33％的税率计算，应纳税额计算公式：

$$应纳税额＝应纳税所得额×33\%$$

在工厂设计时，一般是按照利润总额的33%计算。

（2）税后利润的分配顺序　在可行性研究中，税后利润可按照下列顺序分配。

① 提取盈余公积金　企业提取的盈余公积金分为三种：一是法定盈余公积金，按可供分配利润的10%提取；二是公益金，按可供分配利润的5%提取；三是任意公积金，提取比例由董事会决定。

② 应付利润　即向投资者分配利润。企业以前年度未分配利润，可以并入本年度向投资者分配。

③ 未分配利润　即未作分配的净利润。可供分配利润减去盈余公积金和应付利润后的余额，即为未分配利润。

销售收入、成本、税金和利润的关系见图10.2。

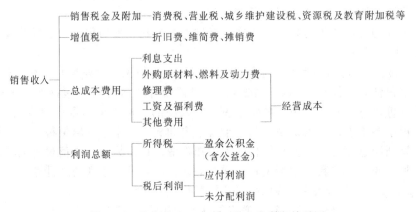

图10.2　销售收入、成本、税金和利润关系图

10.2.5　借款还本付息估算

借款还本付息估算主要是测算借款还款期的利息和偿还借款的时间，从而考察项目的偿还能力和收益，为财务分析和项目决策提供依据。

10.2.5.1　还本付息的资金来源

根据国家现行财税制度的规定，偿还建设投资借款的资金来源主要是项目投产后所取得的利润和摊入成本费用中的折旧费、维简费、摊销费以及其他资金来源。

（1）利润　用于归还借款的利润，一般应是可供分配利润中提取了盈余公积金、公益金后的未分配利润。项目投产初期，如果用规定的资金来源归还贷款的缺口较大，也可暂不提取盈余公积金、公益金，但这段时间不宜过长，否则将影响到企业的扩展能力。

（2）固定资产折旧　项目投产初期还无需固定资产更新，作为固定资产重置准备金性质的折旧基金，在被提取以后暂时处于闲置状态。为了有效地利用一切可能的资金来源以缩短还贷期限，加强项目的偿债能力，可以使用部分新增折旧基金作为偿还贷款的来源之一。一般来说，投产初期，可以利用的折旧基金占全部折旧基金的比例较大，随着生产时期的延伸，可利用的折旧基金比例逐步减小，最终所有被用于归还贷款的折旧基金，应由未分配利润归还贷款后的余额回垫，以保证折旧基金从总体上不被挪作他用，在还清贷款后恢复其原有的经济属性。

（3）无形资产及递延资产摊销费　摊销费是按现行的财务制度计入项目总成本费用的，但是，项目在提取摊销费后，这笔资金没有具体的用途规定，具有"沉淀"性质，因此，可以用来归还贷款。

228

（4）其他还款资金　这是指按有关规定可以用减免的销售税金作为偿还贷款的资金来源。进行估算时，如果没有明确的依据，可以暂不考虑。

项目在建设期借入的全部建设投资贷款本金及其在建设期发生的借款利息（即资本化利息）两部分构成项目总投资的贷款总额，在项目投产后可由上述资金来源偿还。

在生产期内，建设投资和流动资金的贷款利息，按现行的财务制度均应计入项目总成本费用中的财务费用。

10.2.5.2　还款方式及还款顺序

项目贷款的还款方式应根据贷款资金的不同来源所要求的还款条件来确定。

（1）国外借款的还款方式　按照国际惯例，债权人一般对贷款本息的偿还期限均有明确的规定。要求借款方在规定的期限内按规定的数量还清全部贷款的本金和利息。按协议的要求分别采用等额还本付息或等额本金偿还两种方法。

（2）国内借款的还款方式　目前虽然借贷双方在有关的贷款合同或协议中也规定了还款期限，但是在实际操作过程中，主要还是根据项目的还款资金来源情况进行测算，即按实际偿还能力测算。一般做法是在先偿付当年所需的外汇借款本金后，用剩余的资金来源按先贷款先还、后贷款后还，利息高的先还、利息低的后还的顺序，或按双方的贷款协议归还国内借款。计算公式为：

$$人民币还本额＝当年还本资金来源－外汇当年还本额$$

10.2.5.3　贷款利息的计算

（1）国内贷款利息的计算

① 贷款的建设期利息　因无法事先确定每笔贷款的实际发生时间，所以近似地假定当年贷款均发生在年中，按半年时间计息，转入以后年度则按全年计息。

② 贷款的生产期利息　还款期间假定都在当年末偿还借款，因此还款当年按全年计息，其近似计算公式：

$$贷款生产期年应计利息＝年初借款累计额×年利率$$

（2）国外贷款利息的计算　国外建设投资借款利息应根据不同的还款方式采用不同的计算方法。

① 在规定的期限内等额还本付息　等额还本付息是指在还款期内，每年偿付的本金和利息之和是相等的，但每年支付的本金数和利息数均各不相等。可按下列步骤计算。

a. 计算建设期末或宽限期末的累计借款本金与资本化利息之和（I_c）。

b. 根据等值计算原理，采用资金回收系数计算每年等值的还本付息额 A。

$$A＝I_c(A/p,i,n)＝I_c\frac{i(1+i)^n}{(1+i)^n-1}$$

式中　　　　i——借款利率；

$\frac{i(1+i)^n}{(1+i)^n-1}$——资金回收系数 $(A/p,i,n)$，可通过查表求得；

　　　　　　n——规定的还款期。

c. 计算每年应支付的利息。其表达式为：

$$每年应支付的利息＝年初借款余额×年利率$$

其中：年初借款余额＝I_c－本年以前各年偿还的本金累计

d. 计算每年偿还的本金。计算公式是：

$$年偿还本金＝A－每年支付利息$$

由于此法要求各年还本付息的总额相等，但每年偿还本金额及支付的利息是不等的，而利息将随偿还本金后欠款的减少而逐年减少；相反偿还本金部分却由于利息减少而逐年加大。因此，此法用于投产初期效益相对较差，而后期效益较好的项目。

② 在规定的期限内每年等额本金偿还 等额本金偿还是指在还款期内每年偿还的本金相等而利息不等，而且每年还本付息的总和也不相等。按下列步骤计算。

a. 计算建设期末的累计借款本金与未付资本化利息之和（I_c）。

$$A' = \frac{I_c}{n} \quad （等额）$$

b. 计算在规定偿还年限内，每年应偿还的本金 A'（含建设期未付的利息）。

c. 计算每年应支付的利息额。

$$每年支付利息 = 年初借款本金累计 \times 年利率$$

d. 计算各年的还本付息额（A'_t）。

$$A'_t = \frac{I_c}{n} + I_c\left(1 - \frac{t-1}{n}\right)i$$

此法由于每年偿还的本金是确定的，计算简捷，但是，投产初期还本付息额相对较大。因此，此法适用于投产初期效益好的项目。如果效益不好则须另用短期贷款来偿还。

10.2.6 财务基础数据估算案例分析

【背景】

1. 某食品工程项目建设期为 2 年，运营期为 6 年。

2. 项目投资估算总额为 3600 万元，其中：预计形成固定资产 3060 万元（含建设期贷款利息 60 万元），无形资产 540 万元。固定资产使用年限为 10 年，净残值率为 4%，固定资产余值在项目运营期末收回。

3. 无形资产在运营期 6 年中，均匀摊入成本。

4. 流动资金为 800 万元，在项目的生命周期期末收回。

5. 项目的设计生产能力为年产量 120 万件，产品售价为 45 元/件，销售税金及附加的税率为 6%，所得税率为 33%，行业基准收益率为 8%。

6. 项目的资金投入、收益和成本等基础数据见表 10.6。

表 10.6 某食品工程项目资金投入、收益和成本表 单位：万元

序 号	年 份 \ 项 目	1	2	3	4	5~8
1	建设投资： 自有资金部分 贷款(不含贷款利息)	1200	340 2000			
2	流动资金： 自有资金部分 贷款部分			300 100	400	
3	年销售量(万件)			60	90	120
4	年经营成本			1682	2360	3230

7. 还款方式按实际偿还能力测算。长期贷款利率为 6%（按年计息）；流动资金贷款利率为 4%（按年计息）。

【问题】

1. 编制项目的借款偿还计划表；

2. 编制项目的总成本费用估算表；

3. 编制项目损益和利润分配表，完成财务数据估算任务。

【答案】

问题 1

解 根据所给条件，按照以下步骤编制借款偿还计划表。

1. 建设期借款利息累计到投产期，按年实际利率每年计息一次。

2. 编制项目借款偿还计划表，见表 10.7。

表 10.7 借款偿还计划表 　　　　　　　　　　　单位：万元

序号	年份 项目	1	2	3	4	5
1	借款					
1.1	年初累计余额			2060	1468.42	508.72
1.2	本年新增借款		2000			
1.3	本年应计利息		60	123.60	88.11	30.52
1.4	本年还本			591.58	959.71	508.72
1.5	本年应付利息			123.60	88.11	30.52
2	还本资金来源			591.58	959.71	1235.03
2.1	折旧费			293.76	293.76	293.76
2.2	摊销费			90	90	90
2.3	未分配利润			207.82	575.95	851.27

问题 2

解 根据给定条件，编制项目总成本费用估算表，见表 10.8。

表 10.8 总成本费用估算表 　　　　　　　　　　　单位：万元

序号	年份 项目	3	4	5	6	7	8
1	经营成本	1682	2360	3230	3230	3230	3230
2	折旧费	293.76	293.76	293.76	293.76	293.76	293.76
3	摊销费	90	90	90	90	90	90
4	财务费	127.60	108.11	50.52	20	20	20
4.1	长期借款利息	123.69	88.11	30.52			
4.2	流动资金借款利息	4	20	20	20	20	20
5	总成本费用	2193.36	2851.87	3664.28	3633.76	3633.76	3633.76

表中：

$$年折旧费＝[固定资产投资总额×(1－残值率)]÷使用年限$$
$$＝[3060×(1－4\%)]÷10＝293.76 万元$$
$$年摊销费＝无形资产÷摊销年限＝540÷6＝90 万元$$

问题 3

解 根据表 3 和给定条件计算有关数据，并编制项目损益和利润分配表，见表 10.9。

1. 年销售收入＝当年产量×产品售价

运营期第 1 年　　　　销售收入＝60×45＝2700 万元

运营期第 2 年　　　　销售收入＝90×45＝4050 万元

运营期第 3～6 年　　销售收入＝120×45＝5400 万元

2. 年销售税金及附加

运营期第 1 年　　　　销售税金及附加＝2700×6\%＝162

运营期第 2 年　　　　销售税金及附加＝4050×6\%＝243

运营期第 3～6 年　　销售税金及附加＝5400×6\%＝324

3. 其他数据在表 10.9 中计算。

表 10.9　损益和利润分配表　　　　　　　　　　　单位：万元

序号	年份 \ 项目	3	4	5	6	7	8
1	销售收入	2700	4050	5400	5400	5400	5400
2	总成本费用	2193.36	2851.87	3664.28	3633.76	3633.76	3633.76
3	销售税金及附加	162	243	324	324	324	324
4	利润总额(1－2－3)	344.64	955.13	1411.72	1442.24	1442.24	1442.24
5	所得税(4)×33%	113.73	315.19	465.87	475.94	475.94	475.94
6	税后利润(4－5)	230.91	639.94	945.85	966.3	966.3	966.3
7	盈余公积金(6)×10%	23.09	63.99	94.59	96.63	96.63	96.63
8	应付利润			726.31	869.67	869.67	869.67
9	未分配利润	207.82	575.95	124.96			

10.3　财务分析的目标与程序

财务分析是分析预测工程项目的财务效益与成本，计算财务分析指标，考察拟建食品加工项目的盈利能力、偿债能力和外汇平衡能力，据此评价和判断项目财务可行性的一种经济分析方法。食品工程项目的财务分析是从工程项目或企业的角度对项目进行的经济效益分析与评价，是工厂设计的核心内容之一，其评价结论是项目取舍的重要依据。

10.3.1　财务分析的目标

财务分析的主要目标是食品工程项目的盈利能力、偿债能力和外汇平衡。

（1）盈利能力目标　盈利能力主要考察工程项目的盈利水平，是反映项目在财务上可行性程度的基本标志。工程项目的盈利能力分析，应当考察拟建食品加工项目建成投产后是否有盈利，盈利能力有多大，盈利能力是否足以使项目可行。项目的盈利能力分析主要是分析项目年度投资盈利能力和项目整个寿命期内的盈利水平。

（2）偿债能力目标　工程项目的偿债能力，是指项目按期偿还其债务的能力。项目偿债能力分析通常表现为建设投资借款偿还期的长短，利息备付率和偿债备付率的高低，这些指标是银行进行贷款决策的重要依据。

（3）外汇平衡目标　对于产品出口创汇等涉及外汇收支的项目，还应编制外汇平衡表，分析项目在计算期内各年外汇余缺程度，衡量项目总实施后，对国家外汇状况的影响。

10.3.2　财务分析的程序

食品工程项目的财务分析是在项目市场分析和实施条件分析的基础上进行的，它主要是利用有关的基础数据，通过编制财务报表，计算财务分析的各项指标，进行财务分析，得出评价结论。其具体程序包括以下几个步骤。

（1）基础数据的准备　根据项目市场分析和实施条件分析的结果，以及现行的有关法律法规和政策，对项目总投资、资金筹措方案、产品成本费用、销售收入、税金和利润，以及其他与项目有关的一系列财务基础数据进行分析和估算，并将所得的数据编制成辅助财务报表。

（2）编制财务基本报表　将分析和估算所得的财务基础数据进行汇总，编制出财务现金流量表、损益和利润分配表、资金来源与运用表、资产负债表及外汇平衡表等财务基本报表。财务基本报表是计算反映项目盈利能力、偿债能力和外汇平衡能力等分析指标的基础。

（3）计算与分析财务效益指标　根据编制的财务基本报表，可以直接计算出一系列反映项目盈利能力和偿债能力的指标。反映项目财务盈利能力的指标包括静态指标（投资利润率、投资利税率、资本金利润率、资本金净利润率和投资回收期等）和动态指标（财务内部收益率、财务净现值和动态投资回收期等）；反映项目偿债能力的指标包括借款偿还期、利息备付率和偿债备付率等。

（4）进行不确定性分析　通过盈亏平衡分析、敏感性分析和概率分析等不确定性分析的方法，分析项目可能面临的风险及在不确定条件下适应市场变化的能力和抗风险能力，得出项目在不确定条件下的财务分析结论或建议。

（5）得出财务分析结论　由上述确定性分析和不确定性分析的结果，与国家有关部门公布的基准值，或与经验标准、历史标准、目标标准等加以比较，并从财务的角度提出项目可行与否的结论。

财务分析的具体程序如图 10.3 所示。

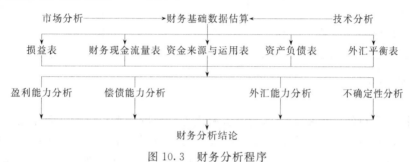

图 10.3　财务分析程序

10.4　财务分析报表

财务分析的主要报表有财务现金流量表、损益和利润分配表、资金来源及运用表、借款偿还计划表等。

10.4.1　财务现金流量表

10.4.1.1　财务现金流量表的概念与作用

现金流量是现金流入与现金流出的统称，它是以项目作为一个独立系统，反映项目在计算期内实际发生的流入和流出系统的现金活动及其流动数量。项目在某一时间内支出的费用称为现金流出，记为 CO；取得的收入称为现金流入，记为 CI；现金流入与现金流出统称为现金流量，现金流入与现今流出之差即（CI－CO），称为净现金流量。

财务现金流量表是指反映项目在计算期内各年的现金流入、现金流出和净现金流量的计算表格。编制财务现金流量表的主要作用是计算财务内部收益率、财务净现值和投资回收期等分析指标。现金流量只反映项目在计算期内各年实际发生的现金收支，不反映非现金收支（如折旧费、应收及应付款等）。

根据投资计算基础不同，财务现金流量表可分为项目财务现金流量表、资本金财务现金流量表和投资各方财务现金流量表。

10.4.1.2　财务现金流量表的结构与填列

（1）项目财务现金流量表（见表 10.10）　项目财务现金流量表是指在确定项目融资方案前，对投资方案进行分析，用以计算工程项目所得税前的财务内部收益率、财务净现值及投资回收期等财务分析指标的表格。由于项目各个融资方案不同，所采用的利率也是不同的，所以编制项目财务现金流量表时，不考虑利息对项目的影响。此外由于项目的建设性质和建

表 10.10 项目财务现金流量表 　　　　　　　　　　　　　　　　单位：万元

序号	年份　项目	计算期								合计
		1	2	3	4	5	6	…	n	
	生产负荷/%									
1	现金流入									
1.1	产品销售(营业)收入									
1.2	回收固定资产余值									
1.3	回收流动资金									
1.4	其他现金收入									
2	现金流出									
2.1	建设投资(不包括建设期利息)									
2.2	流动资金									
2.3	经营成本									
2.4	销售税金及附加									
2.5	增值税									
2.6	其他现金流出									
3	净现金流量(1-2)									
4	累计净现金流量									

计算指标：财务内部收益率　　　　%

　　　　　　财务净现值（$i_c=$　　%）　　　万元

　　　　　　投资回收期　　年

设内容的不同，项目的所得税率和享受的国家优惠政策也是不相同的，因此在财务分析编制项目财务现金流量表时，一般只计算所得税前的财务内部收益率、财务净现值和投资回收期等财务分析指标，这样可以为各个投资方案（不论其资金来源如何、利息多少和所得税率的高低）进行比较建立共同基础。项目财务现金流量表的现金流入包括产品销售（营业）收入、回收固定资产余值（可用净残值代替）、回收流动资金和其他现金收入。现金流出包括建设投资（不含建设期利息）、流动资金、经营成本、销售税金及附加、增值税和其他现金流出等。现金流入和现金流出的有关数据可依据"产品销售（营业）收入和销售（营业）税金及附加估算表"、"建设投资估算表"、"流动资金估算表"、"资金投入计划与资金筹措表"、"总成本费用估算表"和"损益和利润分配表"等有关财务报表填列。

　　（2）资本金财务现金流量表（见表 10.11）　资本金财务现金流量表是从投资者角度出发，

表 10.11 资本金财务现金流量表 　　　　　　　　　　　　　　　　单位：万元

序号	年份　项目	计算期								合计
		1	2	3	4	5	6	…	n	
	生产负荷/%									
1	现金流入									
1.1	产品销售(营业)收入									
1.2	回收固定资产余值									
1.3	回收流动资金									
1.4	其他现金收入									
2	现金流出									
2.1	资本金									
2.2	借款本金偿还									
2.3	借款利息支付									
2.4	经营成本									
2.5	销售税金及附加									
2.6	增值税									
2.7	所得税									
2.8	其他现金流出									
3	净现金流量(1-2)									

计算指标：

　　　　资本金收益率　　　%

234

以投资者的出资额即资本金作为计算基础，把借款本金偿还和利息支付作为现金流出，用以计算资本金的财务内部收益率、财务净现值等财务分析指标的表格。编制该表格的目的是考察项目所得税后资本金可能获得的收益水平。

资本金财务现金流量表与项目财务现金流量表的现金流入内容相同。现金流出包括项目投入的资本金、借款本金偿还、借款利息支付、经营成本、销售税金及附加、增值税、所得税和其他现金流出等。现金流入和现金流出的有关数据可依据"产品销售（营业）收入和销售（营业）税金及附加估算表"、"资金投入计划与资金筹措表"、"总成本费用估算表"、"借款偿还计划表"和"损益和利润分配表"等有关财务报表填列。

（3）投资各方财务现金流量表（见表10.12） 投资各方财务现金流量表是通过计算投资各方财务内部收益率，分析投资各方投入资本的盈利能力的财务分析报表。

表 10.12　投资各方财务现金流量表　　　　　　　　单位：万元

序号	年份 项目	计算期								合计
		1	2	3	4	5	6	...	n	
1	现金流入									
1.1	股利分配									
1.2	资产处置收益分配									
1.3	租赁费收入									
1.4	技术转让收入									
1.5	其他现金收入									
2	现金流出									
2.1	股权投资									
2.2	租赁资产支出									
2.3	其他现金流出									
3	净现金流量(1−2)									

计算指标：

　　资本金收益率　　　%

投资各方财务现金流量表的现金流入包括股利分配、资产处置收益分配、租赁费收入、技术转让收入和其他现金流入。现金流出包括股权投资、租赁资产支出和其他现金流出。现金流入和现金流出的有关数据可以依据"损益和利润分配表"、"资金投入计划与资金筹措表"和"总成本费用估算表"等有关财务报表直接填列或经过这些报表计算间接得出。

以上三种财务现金流量表各有其特定的目的。项目财务现金流量表在计算现金流量时，是不考虑资金来源、所得税和项目是否享受国家优惠政策，因而不必考虑借款本金的偿还、利息的支付和所得税，为各个投资项目或投资方案进行比较建立了共同的基础。资本金财务现金流量表主要考察投资者的出资额即项目资本金的盈利能力。投资各方财务现金流量表主要考察投资各方的投资收益水平，投资各方可将各自的财务内部收益率指标与各自设定的基准收益率及其他投资方的财务内部收益率进行对比，以便寻求平等互利的投资方案，并据此判断是否进行投资。

10.4.2　损益和利润分配表

10.4.2.1　损益和利润分配表的概念与作用

损益和利润分配表（见表10.13）是反映项目计算期内各年的利润总额、所得税及税后利润的分配情况，用以计算投资利润率、投资利税率、资本金利润率和资本金净利润率等静态财务分析指标的表格。

表 10.13　损益和利润分配表　　　　　　　　　　　单位：万元

序号	年份 项目	计算期								合计
		1	2	3	4	5	6	$\cdots$	n	
1	销售（营业）收入									
2	销售税金及附加									
3	增值税									
4	总成本费用									
5	利润总额（1－2－3－4）									
6	弥补以前年度亏损									
7	应纳税所得额（5－6）									
8	所得税									
9	税后利润（5－8）									
10	提取法定盈余公积金									
11	提取公益金									
12	提取任意盈余公积金									
13	可供分配利润（9－10－11－12）									
14	应付利润（股利分配）									
15	未分配利润									
16	累计未分配利润									

10.4.2.2　损益和利润分配表的结构与填列

（1）利润总额　利润总额是项目在一定时期内实现盈亏总额，即产品销售（营业）收入扣除销售税金及附加、增值税和总成本费用之后的数额。用公式表示为：

利润总额＝产品销售（营业）收入－销售税金及附加－增值税－总成本费用

产品销售（营业）收入和销售税金及附加依据"产品销售（营业）收入和销售（营业）税金及附加估算表"填列。总成本费用依据"总成本费用估算表"填列。增值税根据增值税的计算公式（销项税额扣除进项税额）单独计算得出。

（2）项目亏损及亏损弥补的处理　项目在上一年度发生亏损，可用当年获得的所得税前利润弥补；当年所得税前利润不足弥补的，可以在五年内用所得税前利润延续弥补；延续五年未弥补的亏损，用缴纳所得税后的利润弥补。

（3）所得税的计算　利润总额按照现行财务制度规定进行调整（如弥补上年的亏损）后，作为计算项目应缴纳所得税税额的计税基数。用公式表示为：

应纳税所得额＝利润总额－弥补以前年度亏损

所得税税率按照国家规定执行。国家对特殊项目有减免所得税规定的，按国家主管部门的有关规定执行。用公式表示为：

所得税＝应纳税所得额×所得税税率

（4）所得税后利润的分配　缴纳所得税后的利润，按照下列分配顺序分配。

第一，提取法定盈余公积金。法定盈余公积金按当年税后利润的 10％ 提取，其累计额达到项目法人注册资本的 50％ 以上可不再提取。法定盈余公积金可用于弥补亏损或按照国家规定转增资本金等。

第二，提取公益金。公益金按当年税后利润的 5％～10％ 提取，主要用于企业职工的集体福利设施支出。

第三，提取任意盈余公积金。除按法律法规规定提取法定盈余公积金之外，企业按照公司章程规定或投资者会议决议，还可以提取任意盈余公积金，提取比例由企业自行决定。

第四，向投资者分配利润，即应付利润。应付利润包括对国家投资分配利润、对其他单位投资分配利润和对个人投资分配利润等。分配比例往往依据投资者签订的协议或公司的章程等有关资料来确定。项目当年无盈利，不得向投资者分配利润；企业上年度未分配的利润，可以并入当年向投资者分配。

第五，未分配利润即为可供分配利润减去应付利润后的余额。未分配利润主要偿还长期借款。按照国家现行财务制度规定，可供分配利润应首先用于偿还长期借款，借款偿还完毕，才可向投资者进行利润分配。税后利润及其分配顺序，用公式可表示为：

$$税后利润＝应纳税所得额－所得税$$

$$可供分配利润＝税后利润－盈余公积金（含法定盈余公积金、任意盈余公积金和公益金）$$
$$＝应付利润＋未分配利润$$

10.4.3 资金来源与运用表

10.4.3.1 资金来源与运用表的概念

资金来源与运用表（见表10.14）反映项目计算期内各年的投资、融资及生产经营活动的资金流入、流出情况，考察资金平衡和余缺情况。

表 10.14 资金来源与运用表　　　　　　　　　　　　　单位：万元

序号	年份 项目	计算期								合计
		1	2	3	4	5	6	...	n	
1	现金流入									
1.1	销售（营业）收入									
1.2	长期借款									
1.3	短期借款									
1.4	发行债券									
1.5	项目资本金									
1.6	其他									
2	资金流出									
2.1	经营成本									
2.2	销售税金及附加									
2.3	增值税									
2.4	所得税									
2.5	建设投资(不含建设期利息)									
2.6	流动资金									
2.7	各种利息支出									
2.8	偿还债务本金									
2.9	分配股利或利润									
2.10	其他									
3	资金盈余(1－2)									
4	累计资金盈余									

10.4.3.2 资金来源与运用表的结构与填列

资金来源与运用表分三大项，即资金流入、资金流出和资金盈余。资金流入减资金流出为资金盈余（"＋"表示当年有资金盈余，"－"表示当年资金短缺）。

（1）资金流入　销售（营业）收入依据"损益和利润分配表"填列；长期借款、短期借款、发行债券和项目资本金等依据"资金投入计划与资金筹措表"填列。

（2）资金流出　经营成本和利息支出依据"总成本费用估算表"填列；销售税金及附加、增值税、所得税和分配股利或利润依据"损益和利润分配表"填列；各种债务本金的偿还依据"借款偿还计划表"填列；建设投资（不包括利息）和流动资金依据"资金投入计划与资金筹措表"填列。

10.4.4 财务外汇平衡表

10.4.4.1 外汇平衡表的概念与作用

外汇平衡表适用于有外汇收支的项目，用以反映项目计算期内各年外汇余缺程度，进行外汇平衡分析。

10.4.4.2 外汇平衡表的结构与填列

外汇平衡表主体结构包括两大部分，即外汇来源和外汇运用，表现形式是：外汇来源等于外汇运用，用公式表示为：

$$外汇来源＝外汇运用$$

在外汇平衡表中，外汇来源包括产品外销的外汇收入、外汇贷款和自筹外汇等，自筹外汇包括在其他外汇收入项目中。外汇运用包括建设投资中的外汇支出、进口原材料和零部件的外汇支出、在生产期用外汇支付的技术转让费、偿付外汇借款本息和其他外汇支出。各项均按相应表中的外汇收入和外汇支出数据填列。

10.4.5 借款偿还计划表

10.4.5.1 借款偿还计划表的概念与作用

借款偿还计划表（见表 10.15）是反映项目借款偿还期内借款支用、还本付息和可用于偿还借款的资金来源情况，用以计算借款偿还期或者偿债备付率和利息备付率指标，进行偿债能力分析的表格。

表 10.15　借款偿还计划表　　　　　　　　　　　单位：万元

序号	项　目 \ 年　份	计　算　期								合计
		1	2	3	4	5	6	…	n	
1	借款									
1.1	年初本息余额									
1.2	本年借款									
1.3	本年应计利息									
1.4	本年还本付息									
	其中:还本									
	付息									
1.5	年末本息余额									
2	债券									
2.1	年初本息余额									
2.2	本年发行债券									
2.3	本年应计利息									
2.4	本年还本付息									
	其中:还本									
	付息									
2.5	年末本息余额									
3	借款和债券合计									
3.1	年初本息余额									
3.2	本年借款									
3.3	本年应计利息									
3.4	本年还本付息									
	其中:还本									
	付息									
3.5	年末本息余额									
4	还本资金来源									
4.1	当年可用于还本的未分配利润									
4.2	当年可用于还本的折旧费和摊销费									
4.3	以前年度结余可用于还本资金									
4.4	用于还本的短期借款									
4.5	可用于还款的其他资金									

按现行财务制度规定，归还建设投资借款的资金来源主要是当年可用于还本的折旧费和摊销费，当年可用于还本的未分配利润、以前年度结余可用于还本资金和可用于还本的其他资金等。由于流动资金借款本金在项目计算期末一次性回收，因此不必考虑流动资金的偿还问题。

10.4.5.2　借款偿还计划表的结构与填列

（1）借款偿还计划表的结构　借款偿还计划表的结构包括两大部分，即各种债务的借款及还本付息和偿还各种债务本金的资金来源。在借款尚未还清的年份，当年偿还本金的资金来源等于本年还本的数额；在借款还清的年份，当年偿还本金的资金来源等于或大于本年还本的数额。

（2）借款偿还计划表的填列

① 借款　在项目的建设期，年初借款本息累计等于上年借款本金和建设期利息之和；在项目的生产期，年初借款本息累计等于上年尚未还清的借款本金。本年借款和建设期本年应计利息应根据"资金投入计划与资金筹措表"填列；生产期本年应计利息为当年的年初借款本息累计与借款年利率的乘积；本年还本可以根据当年偿还借款本金的资金来源填列；年末本息余额为年初本息余额与本年还本数额的差。

② 债券　借款偿还计划表中的债券是指通过发行债券来筹措建设资金，因此债券的性质应该等同于借款。两者之间的区别是，通过债券筹集建设资金的项目，项目是向债权人支付利息和偿还本金，而不是向贷款的金融机构支付利息和偿还本金。

③ 还本资金来源　当年可用于还本的未分配利润和可用于还本的以前年度结余资金，可根据"损益和利润分配表"填列，当年可用于还本的折旧费和摊销费可根据"总成本费用估算表"填列。

10.4.6　财务报表之间的相互关系

财务分析基本原理就是从财务报表中取得数据，计算财务分析指标，然后与基准值和目标标准等基本参数作比较，根据一定的评价标准，决定项目是否可以考虑接受。可见财务报表的编制，是项目财务分析体系中重要的组成部分，并且各种基本报表之间是有着密切的内在联系的。

"损益和利润分配表"和"财务现金流量表"都是为进行项目盈利能力分析提供基础数据的报表，所不同的是"损益和利润分配表"是为计算反映项目盈利能力的静态指标提供数据，而"财务现金流量表"是为计算反映项目盈利能力的动态指标提供数据，同时"损益和利润分配表"也为"财务现金流量表"的填列提供了一些基础数据。

"借款偿还计划表"和"资金来源与运用表"，都是为进行项目偿债能力分析提供基础数据的报表。根据"借款偿还计划表"可以计算借款偿还期、利息备付率和偿债备付率等偿债能力指标。

财务报表之间的相互关系如图10.4所示。

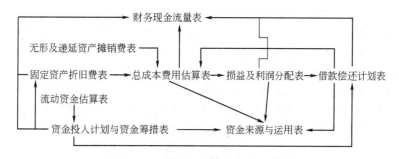

图 10.4　财务报表之间的相互关系

10.5 财务分析指标计算

10.5.1 财务分析指标体系的分类

食品工程项目财务分析结果的好坏，一方面取决于基础数据的可靠性，另一方面则取决于所选取的指标体系的合理性。只有选取正确的指标体系，项目的财务分析结果才能与客观实际情况相吻合，才具有实际意义。一般来讲，投资者的投资目标不只是一个，因此项目财务效益指标体系也不是唯一的。根据不同的评价深度要求和可获得资料的多少，以及项目本身所处条件与性质的不同，可选用不同的指标。这些指标也有主次之分，可从不同侧面反映项目的经济效益状况。

财务分析指标体系根据不同的标准，可作不同形式的分类。

(1) 按是否考虑货币时间价值因素，财务分析指标可分为静态指标和动态指标（见图10.5）。

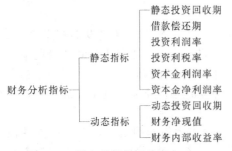

图 10.5　财务分析指标分类之一

(2) 按指标的性质，财务分析指标可分为时间性指标、价值性指标和比率性指标（见图10.6）。

(3) 按财务分析的目标，财务分析指标可分为反映盈利能力的指标、反映偿债能力的指标和反映外汇平衡能力的指标（见图10.7）。

图 10.6　财务分析指标分类之二　　　　图 10.7　财务分析指标分类之三

上述指标可以通过相应的财务分析报表直接或间接求得，这些财务分析指标同财务报表的关系如表10.16所示。

10.5.2 反映项目盈利能力的指标

按照是否考虑资金的时间价值，盈利能力的指标分为静态指标和动态指标。

10.5.2.1 静态指标的计算

静态盈利能力指标是指不考虑货币时间价值因素的影响而计算的盈利能力指标，主要包括投资利润率、投资利税率、资本金利润率、资本金净利润率和静态投资回收期等。静态盈利能力指标可以根据"建设投资估算表"、"资金投入计划与资金筹措表"、"损益和利润分配表"和"财务现金流量表"中的有关数据计算。

(1) 投资利润率　投资利润率是指项目在计算期内正常生产年份的年利润总额或平均年利润率与项目投入资金即总投资之比，它是考察单位投资盈利能力的静态指标。计算公式为：

$$投资利润率 = \frac{年利润总额}{总投资} \times 100\%$$

表 10.16　财务分析指标与财务报表关系

分析内容	基本报表	静态指标	动态指标
盈利能力分析	项目财务现金流量表	投资回收期	项目财务内部收益率 动态投资回收期 项目财务净现值
	资本金财务现金流量表		资本金财务内部收益率 资本金财务净现值
	投资各方财务现金流量表		投资各方财务内部收益率 投资各方财务净现值
	损益和利润分配表	投资利润率 投资利税率 资本金利润率 资本金净利润率	
偿债能力分析	借款偿还计划表	借款偿还期 利息备付率 偿债备付率	
外汇平衡	财务外汇平衡表		
其他		价值指标或实物指标	

若项目生产期较短，且年利润总额波动较大，可以选择生产期的平均年利润总额；若项目生产期较长，年利润总额在生产期又没有较大的波动，可选择正常生产年份的年利润总额。

式中的总投资为建设投资、建设期利息和流动资金之和。

计算出的投资利润率要与同行业的平均投资利润率进行比较，判断项目的获利能力和水平。若计算出的投资利润率大于或等于同行业的平均投资利润率，则认为项目是可以考虑接受的。

（2）投资利税率　投资利税率是指项目的年利润总额或年均利润总额与销售税金及附加之和与项目总投资即项目投入的总资金之比。计算公式为：

$$投资利税率 = \frac{年利税总额}{总投资} \times 100\%$$

式中的年利税总额，可以选择正常生产年份的年利润总额与销售税金及附加之和，也可以选择生产期平均的年利润总额与销售税金及附加之和。选择前者还是后者，依据项目生产期长短和利税之和的波动大小而定，选择原则与计算投资利润率中的选择同理。

式中的总投资也是建设投资、建设期利息和流动资金之和。

计算出的投资利税率要与同行业的平均投资利税率进行比较，若计算出的投资利税率大于或等于同行业的平均投资利税率，则认为项目是可以考虑接受的。

（3）资本金利润率　资本金利润率是项目的年利润总额或年均利润总额与项目资本金之比。计算公式为：

$$资本金利润率 = \frac{年利润总额}{资本金} \times 100\%$$

式中的年利润总额是选择正常生产年份的年利润总额，还是选择生产期平均年利润总额，原理同于投资利润率的计算。式中的资本金是指项目的全部注册资本金。

计算出的资本金利润率要与同行业的平均资本金利润率或投资者的目标资本金利润率进行比较，若计算出的资本金利润率大于或等于同行业的平均资本金利润率或投资者的目标资本金利润率，则认为项目是可以考虑接受的。

（4）资本金净利润率　资本金净利润率是项目的年税后利润与项目资本金之比。计算公式为：

$$资本金净利润率 = \frac{年税后利润}{资本金} \times 100\%$$

式中的年税后利润是选择正常生产年份的税后利润，还是选择生产期平均年税后利润，原理同于投资利润率的计算。式中的资本金也是指项目的全部注册资本金。资本金净利润率应该是投资者最关心的一个指标，因为它反映了投资者自己的出资所带来的净利润。

（5）静态投资回收期　静态投资回收期（P_t）是指在不考虑货币时间价值因素条件下，以项目的净效益回收项目全部投资所需要的时间，一般以年为单位，并从项目建设起始年算起。其表达式：

$$\sum_{t=1}^{P_t} (CI - CO)_t = 0$$

式中，P_t 为静态投资回收期。

若项目每年的净效益基本相同，可用下式计算，即

$$投资回收期 = \frac{总投资}{各项效益之和}$$

若各年的净效益数额差别较大，投资回收期可根据财务现金流量表计算，财务现金流量表中累计净现金流量（所得税前）由负变为零时的时间，即为项目的投资回收期。计算公式为：

$$投资回收期 = 累计净现金流量出现正值的年份 - 1 + \frac{上年累计净现金流量的绝对值}{当年净现金流量}$$

计算出的投资回收期要与食品行业规定的基准投资回收期或同行业平均投资回收期进行比较，如果计算出的投资回收期小于或等于基准投资回收期或同行业平均投资回收期，则认为项目是可以考虑接受的。

10.5.2.2　动态指标的计算

动态盈利能力指标是指考虑货币时间价值因素的影响而计算的盈利能力指标，主要包括财务净现值和财务内部收益率，根据财务现金流量表计算。

（1）财务净现值（NPV）　财务净现值是指按规定的折现率，计算项目计算期内各年净现金流量现值之和。其表达式为：

$$NPV = \sum_{t=1}^{n} (CI - CO)_t (1 + I_c)^{-t}$$

式中　　CI——现金流入量；

　　　　CO——现金流出量；

$(CI - CO)_t$——第 t 年的净现金流量；

　　　　n——计算期（1，2，3，…，n）；

　　　　I_c——设定的折现率；

$(1 + I_c)^{-t}$——第 t 年的折现系数。

财务净现值是评价项目盈利能力的绝对指标，它反映项目在满足按设定折现率要求的盈利能力之外，获得的超额盈利的现值。计算出的财务净现值可能有三种结果，即 NPV＞0，或 NPV＝0，或 NPV＜0。当 NPV＞0 时，说明项目的盈利能力超过了按设定的折现率计算的盈利能力，从财务角度考虑，项目是可以考虑接受的。当 NPV＝0 时，说明项目的盈利能力达到按设定的折现率计算的盈利能力，这时判断项目是否可行，要看设定的折现率，若选择的折现率大于银行长期贷款利率，项目是可以考虑接受的；若选择的折现率等于或小于银行长期贷款利率，一般可判断项目不可行。当 NPV＜0 时，说明项目的盈利能力达不到

按设定的折现率计算的盈利能力，一般可判断项目不可行。

财务净现值指标计算简便，一般只计算所得税前的财务净现值，只要编制了财务现金流量表，确定好折现率，净现值的计算仅是一种简单的算术方法。另外，该指标的计算结果稳定，不会因算术方法的不同而带来任何差异。

财务净现值指标有两个缺陷：一是需要事先确定折现率，而折现率的确定又是非常困难和复杂的，选择的折现率过高，可行的项目可能被否定；选择的折现率过低，不可行的项目就可能被选中，特别是对那些投资收益水平居中的项目。所以，在运用财务净现值指标时，要选择一个比较客观的折现率，否则，评价的结果往往"失真"，可能造成决策失误。第二，财务净现值指标是一个绝对数指标，只能反映项目是否有盈利，并不能反映拟建项目的实际盈利水平。

为了克服财务净现值指标所带来的评价方案或筛选方案所带来的不利影响，在财务分析中，往往选择财务内部收益率作为主要评价指标。

（2）财务内部收益率　财务内部收益率（IRR）是指项目在整个计算期内各年净现金流量现值之和为零时的折现率，它是评价项目盈利能力的一个重要的动态评价指标。其表达式为：

$$\sum_{t=1}^{n} (CI - CO)_t (1 + IRR)^{-t} = 0$$

财务内部收益率与财务净现值的表达式基本相同，但计算程序却截然不同。在计算财务净现值时，预先设定折现率，并根据此折现率将各年净现金流量折算成现值，然后累加得出净现值。在计算财务内部收益率时，要经过多次试算，使得净现金流量现值累计等于零。财务内部收益率的计算比较繁杂，一般可借助专用软件的财务函数或有特定功能的计算器完成。

按分析内容不同，财务内部收益率分为项目财务内部收益率、资本金财务内部收益率和投资各方的财务内部收益率。

项目财务内部收益率是考察项目确定融资方案前且在所得税前整个项目的盈利能力。计算出的项目财务内部收益率要与行业发布的或财务分析人员设定的基准折现率或投资者的目标收益率（i_c）进行比较，如果计算的 IRR 大于或等于 i_c 则说明项目的盈利能力能够满足要求，因而是可以考虑接受的。

资本金财务内部收益率是以项目资本金为计算基础，考察所得税税后资本可能获得的收益水平。

投资各方财务内部收益率，是以投资各方出资额为计算基础，考察投资各方可能获得的收益水平。资本金财务内部收益率和投资各方财务内部收益率应与出资方最低期望收益率对比，判断投资方的收益水平。

但应当指出，财务内部收益率是数学表达式，即是一个高次方程之解，所以，可能出现这样几种情况：财务内部收益率是唯一的；财务内部收益率有多个（即有多根）；无实数财务内部收益率（即无解）。多根与无解是财务内部收益率的重要特性。

为了说明财务内部收益率的多根或无解，有必要了解常规项目与非常规项目的区别。常规项目是指计算期内各年净现金流量在开始一年或数年为负值，在以后各年为正值的项目；非常规项目是指计算期内各年净现金流量的正负符号的变化超过一次的项目。一般来讲，常规项目有唯一实数内部收益率；非常规项目可能会出现多根内部收益率或无实数内部收益率。例如，某拟建项目各年净现金流量如下：

$t=0$	$t=1$	$t=2$
-100	$+320$	-240

直觉告诉我们，该项目是一个亏损项目，因为其累计净现金流量为−20，亦即该项目在既定的时期内无法收回全部投资，更谈不上有什么盈利。然而，计算结果表明，该项目有两个财务内部收益率20%和100%。对于任何大于20%而小于100%的折现率，其净现值为正值。当折现率为60%时，净现值达到极大值。

因此，使用财务内部收益率指标，需持慎重态度。如果项目有多根财务内部收益率或无实数财务内部收益率，则运用财务内部收益率指标将会使投资决策误入歧途，在此情况下，应当运用其他财务分析指标。

（3）动态投资回收期　动态投资回收期（P'_t）是在考虑货币时间价值的条件下，用项目净效益回收项目全部投资所需要的时间。其表达式为：

$$\sum_{t=1}^{P'_t}(\text{CI}-\text{CO})_t(1+i_c)^{-t}=0$$

与静态投资回收期的计算相似，动态投资回收期的计算可通过财务现金流量表计算得出。其具体计算公式为：

$$P'_t=累计净现金流量出现正值的年份-1+\frac{|上年累计折现净现金流量|}{当年折现净现金流量}$$

计算出的动态投资回收期（P'_t）也要与行业规定的标准动态投资回收期或同行业平均动态投资回收期进行比较，如果计算出的动态投资回收期小于或等于行业规定的标准动态投资回收期或同行业平均动态投资回收期，则认为项目可以考虑接受。

10.5.3　反映项目偿债能力的指标

进行项目的偿债能力分析，应根据有关财务报表计算反映偿债能力的指标，反映项目偿债能力的指标包括借款偿还期、利息备付率和偿债备付率。如果采用借款偿还期指标，可以不再计算备付率指标；如果计算备付率，可不再计算借款偿还期指标。

10.5.3.1　借款偿还期

借款偿还期是以项目投产后获得的可用于还本付息的资金来源，还清建设投资借款本息所需要的时间，一般以年为单位。偿还借款的资金来源包括按照国家规定当年可用于还本的折旧费、摊销费、未分配利润、以前年度结余可用于还本的资金、用于还本的短期借款和其他可用于还款的资金等。借款偿还期依据"借款偿还计划表"（见表10.15）计算。

借款偿还计划表可依据"资金投入计划与资金筹措表"、"总成本费用估算表"、"损益和利润分配表"的有关数据，通过计算进行填列。

借款偿还期的计算公式为：

借款偿还期＝偿还借款本金的资金来源大于年初借款本息累计的年份−

开始借款的年份＋$\dfrac{当年偿还借款数}{当年可用于还款的资金来源}$

或　　　　　借款偿还期＝偿还借款本金的资金来源大于年初借款本息累计的年份−

开始借款的年份＋$\dfrac{年初借款本息累计}{当年实际偿还借款本金的资金来源}$

计算出借款偿还期后，要与贷款机构的要求期限进行对比，等于或小于贷款机构提出的要求期限，即认为项目有足够的偿债能力。否则，认为项目的偿债能力不足，从偿债能力角度考虑，可认为项目是不可行的。

计算借款偿还期指标，目的是计算项目的最大偿还能力，因此这一指标适用于尽快偿还贷款的项目，不适用于已经约定偿还借款期限的项目，如项目借款中涉及国外借款时，一般采取等本偿还或等额偿还的方式，借款偿还期限是约定的，这时勿需计算借款偿还期指标。

对于已经约定借款偿还期限的项目，应采用利息备付率和偿债备付率指标分析项目的偿债能力。

10.5.3.2 利息备付率

利息备付率是指项目在借款偿还期内，各年可用于支付利息的税前利润与当期应付利息费用的比值。这一指标主要用以衡量项目偿付借款利息的能力。其计算公式为：

$$利息备付率 = \frac{税息前利润}{当期应付利息费用}$$

其中，税息前利润是指损益和利润分配表中未扣除利息费用和所得税之前的利润；当期应付利息费用是指本期发生的全部应付利息。

利息备付率可以按年计算，也可应按整个借款期计算。利息备付率表示项目的利润偿付利息的保证倍率。对于正常运营的企业，利息备付率应当大于2，否则，表示付息能力保障程度不足。

10.5.3.3 偿债备付率

偿债备付率是指项目在借款偿还期内，各年可用于还本付息与当期应还本付息金额的比值。其计算公式为：

$$偿债备付率 = \frac{可用于还本付息资金}{当前应还本付息金额}$$

可用于还本付息的资金，包括可用于还款的折旧费和摊销费，可用于还款的利润等。当期应还本付息金额包括当期应还贷款及列入成本的利息。

偿债备付率可以按年计算，也可以按整个借款期计算。偿债备付率表示项目可用于还本付息的资金偿还借款本息的保证倍率。对于正常运营的企业，偿债备付率应当大于1。当指标值小于1时，表示当年资金来源不足以偿还当期债务，需要通过短期借款偿付已到期的债务。

10.5.4 外汇平衡分析

涉及外汇收支的项目，应进行财务外汇平衡分析，考察各年外汇余缺程度。首先根据各年的外汇收支情况，编制"外汇平衡表"，然后进行分析，考察计算期内各年的外汇余缺程度。一般要求，涉及外汇收支的项目要达到外汇的基本平衡，如果达不到外汇的基本平衡，项目评估人员要提出具体的解决办法。

10.5.5 财务分析案例

【背景】 见10.2.6财务基础数据估算案例分析中给出的各项基础条件。

【问题】

1. 编制项目财务现金流量表、资本金财务现金流量表、资金来源与运用表；

2. 计算各项盈利能力和偿债能力指标，对该拟建食品加工项目进行财务分析。

【分析要点】

项目的财务分析，主要是分析项目的盈利能力和偿债能力，而项目盈利能力和偿债能力的考察是通过填制财务报表和计算财务分析指标完成的。因此项目的财务分析必须要掌握财务报表的编制和各项评价指标的计算。

解

1. 根据已经完成的总成本费用估算表、损益和利润分配表完成项目财务现金流量表，见表10.17。

财务内部收益率（IRR）可以利用新建Office文档中的建设项目报表计算，具体计算方法如下。

表 10.17　项目财务现金流量表　　　　　　　　　　　　　　　　单位：万元

序号	项目＼年份	1	2	3	4	5	6	7	8
1	现金流入			2700	4050	5400	5400	5400	6909.92
1.1	销售收入			2700	4050	5400	5400	5400	5400
1.2	回收固定资产余值								709.92
1.3	回收流动资金								800
1.4	其他现金流入								
2	现金流出	1200	2340	2244	3003	3554	3554	3554	3554
2.1	建设投资(不含建设期利息)	1200	2340						
2.2	流动资金			400	400				
2.3	销售税金及附加			162	243	324	324	324	324
2.4	经营资本			1682	2360	3230	3230	3230	3230
2.5	增值税								
2.6	其他现金流出								
3	净现金流量	−1200	−2340	456	1047	1846	1846	1846	3355.92
4	累计净现金流量	−1200	−3540	−3084	−2037	−191	1655		

计算指标：财务内部收益率 IRR＝27.90%

　　　　　　财务净现值 $(i_c＝8\%)$ NPV＝3324.15 万元

　　　　　　投资回收期 $P_t＝5.10$ 年

第一步：打开计算机单击开始→单击新建 Office 文档→出现新建 Office 文档对话框，如图 10.8 所示。

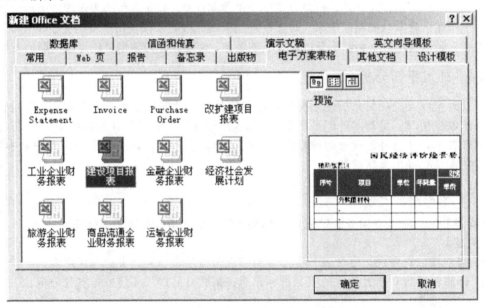

图 10.8　新建 Office 文档对话框

第二步：单击电子方案表格→单击建设项目报表→单击现金流量表→添入数据，将光标放入财务内部收益率后空格内（见图 10.9）。

第三步：从插入下拉菜单中选择函数，在粘贴函数对话框中"函数分类"选"财务"，"函数名"选"TRR"（见图 10.10）。

第四步：在粘贴函数对话框中单击"确定"后出现 IRR 对话框，如图 10.11 所示。

第五步：单击 IRR 对话框右侧红色斜箭头，用鼠标选定 1～8 年净现金流量，如图 10.12 所示。

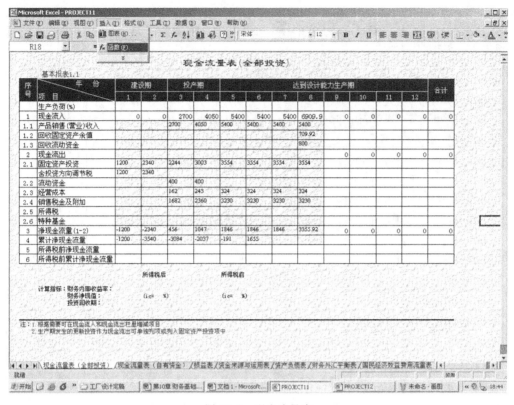

图 10.9　现金流量表

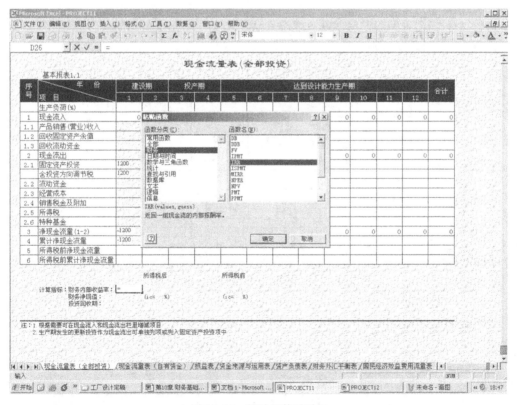

图 10.10　粘贴函数对话框

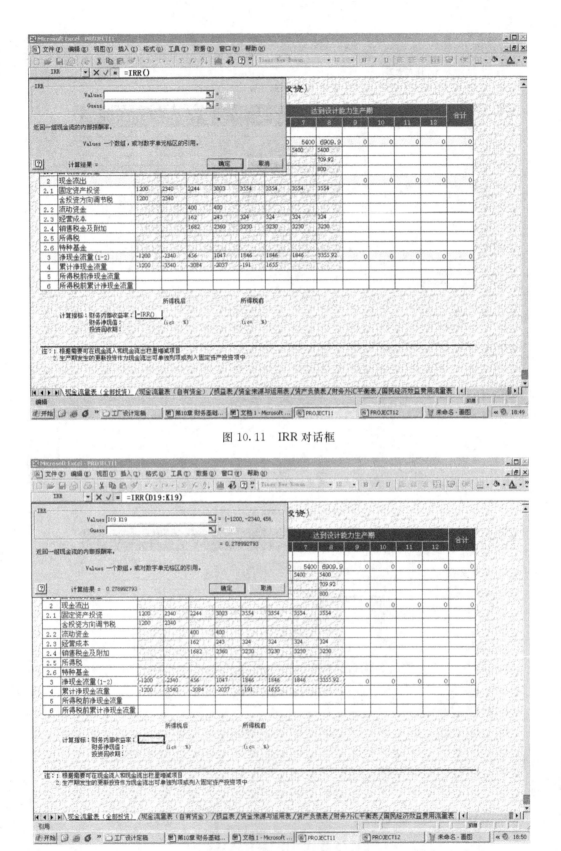

图 10.11　IRR 对话框

图 10.12　IRR 对话框（选定数据后）

第六步：单击“确定”后计算出内部收益率为 28%→运算完成，如图 10.13 所示。

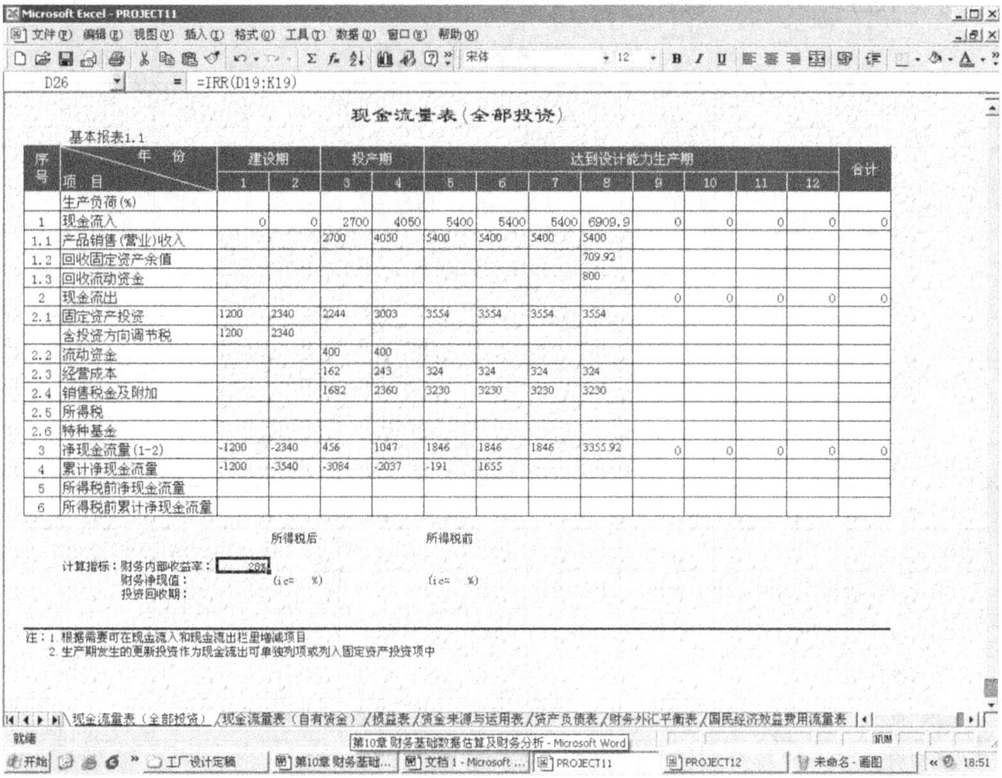

D26 =IRR(D19:K19)

现金流量表（全部投资）

基本报表1.1

序号	项目 \ 年份	建设期 1	建设期 2	投产期 3	投产期 4	达到设计能力生产期 5	6	7	8	9	10	11	12	合计
	生产负荷(%)													
1	现金流入	0	0	2700	4050	5400	5400	5400	6909.9	0	0	0	0	0
1.1	产品销售(营业)收入			2700	4050	5400	5400	5400	5400					
1.2	回收固定资产余值								709.92					
1.3	回收流动资金								800					
2	现金流出									0	0	0	0	0
2.1	固定资产投资	1200	2340	2244	3003	3554	3554	3554	3554					
	含投资方向调节税	1200	2340											
2.2	流动资金			400	400									
2.3	经营成本			162	243	324	324	324	324					
2.4	销售税金及附加			1682	2360	3230	3230	3230	3230					
2.5	所得税													
2.6	特种基金													
3	净现金流量(1-2)	-1200	-2340	456	1047	1846	1846	1846	3355.92	0	0	0	0	0
4	累计净现金流量	-1200	-3540	-3084	-2037	-191	1655							
5	所得税前净现金流量													
6	所得税前累计净现金流量													

所得税后　所得税前

计算指标：财务内部收益率：28%

财务净现值：(ic=　%)　(ic=　%)

投资回收期：

注：1. 根据需要可在现金流入和现金流出栏里增减项目

2. 生产期发生的更新投资作为现金流出可单独列项或列入固定资产投资项中

图 10.13　计算结果

NPV 的计算与此类似，在此不一一介绍，请读者自己研习。

2. 根据总成本费用估算表、损益和利润分配表、借款偿还计划表，完成资本金财务现金流量表，见表 10.18。

表 10.18　资本金财务现金流量表　　单位：万元

序号	项目 \ 年份	1	2	3	4	5	6	7	8
1	现金流入			2700	4050	5400	5400	5400	6409.92
1.1	销售收入			2700	4050	5400	5400	5400	5400
1.2	回收固定资产余值								709.92
1.3	回收流动资金								300
1.4	其他现金流入								
2	现金流出	1200	340	2976.91	3986.01	4579.11	4049.94	4049.94	4049.94
2.1	资本金	1200	340	300					
2.2	借款本金偿还			591.58	959.71	508.72			
2.3	借款利息支付			127.6	108.11	50.52	20	20	20
2.4	销售税金及附加			162	243	324	324	324	324
2.5	经营资本			1682	2360	3230	3230	3230	3230
2.6	增值税								
2.7	所得税			113.73	315.19	465.87	475.94	475.94	475.94
2.8	其他现金流出								
3	净现金流量	－1200	－340	－276.91	63.99	820.89	1350.06	1350.06	2359.98

计算指标：财务内部收益率 IRR＝25.16%

财务净现值（i_c＝8%）NPV＝1896.83 万元

3. 根据总成本费用估算表、损益和利润分配表、借款偿还计划表，完成资金来源与运用表，见表 10.19。

表 10.19 资金来源与运用表 单位：万元

序号	项 目 / 年份	1	2	3	4	5	6	7	8
1	现金流入	1200	2340	3100	4450	5400	5400	5400	5400
1.1	销售收入			2700	4050	5400	5400	5400	5400
1.2	长期借款		2000						
1.3	短期借款			100	400				
1.4	项目资本金	1200	340	300					
2	现金流出	1200	2340	3076.91	4386	5305.4	4919.61	4919.61	4919.61
2.1	经营资本			1682	2360	3230	3230	3230	3230
2.2	销售税金及附加			162	243	324	324	324	324
2.3	增值税								
2.4	所得税			113.73	315.19	465.87	475.94	475.94	475.94
2.5	建设投资(不含建设期利息)	1200	2340						
2.6	流动资金			400	400				
2.7	借款本金偿还			591.58	959.71	508.72			
2.8	借款利息支付			127.6	108.11	50.52	20	20	20
2.9	分配利润					726.31	869.67	869.67	869.67
3	资金盈余			23.09	63.99	94.58	480.39	480.39	480.39
4	累计资金盈余			23.09	87.08	181.66	662.05	1142.44	1622.83

4. 指标的计算

（1）盈利能力指标的计算

静态指标：

$$投资利润率 = \frac{年利润总额}{项目总投资} \times 100\% = \frac{1173.04}{4400} \times 100\% = 27\%$$

$$投资利税率 = \frac{年利税总额}{项目总投资} \times 100\% = \frac{1173.04 + 283.5}{4400} \times 100\% = 33\%$$

$$资本金利润率 = \frac{年利润总额}{项目资本金} \times 100\% = \frac{1173.04}{1840} \times 100\% = 64\%$$

$$投资回收期 = \frac{累计净现金流量}{出现正值的年份} - 1 + \frac{上年累计净现金流量的绝对值}{当年净现金流量}$$

$$= 6 - 1 + \frac{|-191|}{1846} = 5.1 \text{ 年}$$

上述公式中年利润总额和年利税总额均为 6 年的平均值。

动态指标：

根据公式：$NPV = \sum_{t=1}^{n} (CI - CO)_t (1 + i_c)^{-t}$

利用新建 Office 文档中的建设项目报表，采用插入函数方法计算：

项目财务净现值（NPV）= 3324.15 万元

资本金财务净现值（NPV）＝1896.83 万元

根据公式：

$$\sum_{t=1}^{n}(CI-CO)_t(1+IRR)^{-t}=0$$

利用新建 Office 文档中的建设项目报表，采用插入函数方法计算：

项目财务内部收益率（IRR）＝27.90％

资本金财务内部收益率（IRR）＝25.16％

（2）偿债能力指标

借款偿还期＝借款偿还后出现盈余年份－开始借款年份＋$\dfrac{\text{年初借款本息累计}}{\text{当年可用于偿还借款资金来源}}$

$=5-2+\dfrac{508.72}{293.76(\text{折旧费})+90(\text{摊销费})+851.27(\text{当年可用于还本的未分配利润})}$

＝3.41 年

结论：

财务分析表明，该项目的财务净现值为 3324.15 万元，资本金财务净现值为 1896.83 万元，远远大于零；该项目的财务内部收益率为 27.90％，资本金财务内部收益率为 25.16％，大于基准折现率 8％；投资利润率、投资利税率和资本金利润率分别为 27％、33％和 64％，高于同行业平均标准；借款偿还期 3.41 年，低于银行规定标准（4 年）。可见，该项目的盈利能力和偿债能力都是比较强的。

因此，从财务角度分析，该项目是可行的。

复习思考题

1. 财务基础数据估算应遵循哪些原则？

2. 财务基础数据估算应按照什么程序进行？

3. 固定资产有几种寿命期？确定项目生产期应该依据哪一种寿命期？为什么？

4. 生产成本由哪几部分构成？各有什么内容？

5. 期间费用由哪几部分构成？各有什么内容？

6. 为什么要从总成本中剔除折旧费、维简费、摊销费和利息支出而计算经营成本？

7. 项目产品销售价格有几种选择？各是什么？

8. 销售税金及附加包括哪些内容？

9. 国外贷款偿还有哪几种方式？怎样计算年还本付息额？各适用哪类项目？

10. 财务分析的主要目标是什么？

11. 财务分析有哪些财务报表？

12. 净现值指标有哪些优缺点？

13. 净现值与折现率有什么联系？

14. 财务内部收益率指标有哪些优缺点？

15. 怎样计算内部收益率？

16. 折现率怎样确定？

17. 反映项目盈利能力的指标有哪些？

18. 反映项目偿债能力的指标有哪些？

参 考 文 献

1 曹尔阶等.投资项目管理学.北京：中国人民大学出版社，1992
2 陈英旭等.环境学.北京：中国环境科学出版社，2001
3 单熙滨.制药工程.北京：北京医科大学出版社，1994
4 杜朋编.果蔬汁饮料工艺学.北京：农业出版社，1992
5 高福成主编.现代食品工程高新技术.北京：中国轻工业出版社，1997
6 葛毅强.饮料工业，2000，（5）：12～15
7 国家质量监督检验检疫总局产品质量监督司.食品质量安全市场准入审查指南（方便面、饼干、膨化食品、速冻面米
   食品、糖、味精分册）.北京：中国标准出版社，2003
8 国家质量监督检验检疫总局产品质量监督司.食品质量安全市场准入审查指南（肉制品、罐头食品分册）.北京：中
   国标准出版社，2003
9 国家质量监督检验检疫总局产品质量监督司.食品质量安全市场准入审查指南（乳制品、饮料、冷冻饮品分册）.北
   京：中国标准出版社，2003
10 华东化工学院机械制图教研室.化工制图.北京：高等教育出版社，1992
11 机械工业部.机械产品目录（食品机械部分）.北京：机械工业出版社，1996
12 蒋展鹏.环境工程学.北京：高等教育出版社，1991
13 李正明，王兰君编.实用果蔬汁生产技术.北京：中国轻工业出版社，1996
14 李正明，吴寒.矿泉水和纯净水工业手册.北京：中国轻工业出版社，2000
15 连添达，臧润清，翟家佩编著.制冷装置设计.北京：中国经济出版社，1994
16 梁文珍，丁立群，富新华等.饮料工业，2000，（5）：3～6
17 林文权，倪元颖等编.热带果汁饮料制造.北京：中国轻工业出版社，1996
18 刘江汉.食品工厂设计概论.北京：中国轻工业出版社，1994
19 刘天齐等.环境保护.北京：化学工业出版社，2000
20 芦石泉等.投资项目评估.大连：东北财经大学出版社，1997
21 马群飞.食品科学，2000，21（9）：52
22 潘仲麟等.环境声学与噪声控制.杭州：杭州大学出版社，1997
23 宋思扬，楼士林.生物技术概论.北京：科学出版社，1999
24 孙广荣等.环境声学基础.南京：南京大学出版社，1995
25 孙庆琨.食品厂设计.哈尔滨：黑龙江科学技术出版社，1988
26 王靖.农业项目评估与分析.北京：中国金融出版社，1992
27 王立国，王红岩，宋维佳.可行性研究与项目评估.大连：东北财经大学出版社，2001
28 王立国等.工程项目可行性研究.北京：人民邮电出版社，2002
29 王隆昌.开发银行与工业项目效益评估.北京：中国财政经济出版社，1988
30 王韧等.甜菜糖厂设计基础.北京：轻工业出版社，1987
31 王如福等.食品工厂设计.北京：中国轻工业出版社，2001
32 王淑珍，白光润编译.国外最新饮料工艺及配方选编.北京：轻工业出版社，1987
33 无锡轻工业学院等.食品工厂设计基础.北京：中国轻工业出版社，1997
34 吴思方.发酵工厂工艺设计概论.北京：中国轻工业出版社，1995
35 吴卫华.农产品加工工程设计.北京：中国轻工业出版社，1994
36 吴卫华编.苹果综合加工新技术.北京：中国轻工业出版社，1996
37 辛淑秀等.食品工艺学（中册）.北京：轻工业出版社，1991
38 许兴炜等.低压锅炉水处理技术.北京：中国劳动出版社，1991
39 许占林.中国食品与包装工程装备手册.北京：中国轻工业出版社，2000
40 薛效贤等编.新型饮料加工工艺及配方.北京：科学技术文献出版社，1998
41 杨桂馥，罗瑜编.现代饮料生产技术.天津：天津科学技术出版社，1998
42 杨秋林.农业项目投资评估.北京：中国农业出版社，1999
43 于海天.制冷装置设计.哈尔滨：黑龙江科学技术出版社，1990
44 张敏，周宝明，管作江等编.饮料的配方及工艺.北京：中国标准出版社，1997
45 张忠学等.食品工艺学（上册）.北京：轻工业出版社，1991
46 赵晋府主编.食品工艺学.北京：中国轻工业出版社，1998
47 郑友军.新兴食品加工实用手册.北京：中国农业科技出版社，1990
48 中国投资银行.工业贷款项目评估手册.北京：中国财政经济出版社，1990
49 朱蓓薇等.饮料生产工艺与设备选用手册.北京：化学工业出版社，2003

内 容 提 要

本书共分 10 章，在简要介绍基本建设程序和工厂设计内容的基础上，重点介绍了厂址选择和总平面设计，工厂工艺设计（产品方案及班产量、主要产品生产工艺流程、物料、设备、生产工艺布置、用水量、用汽量等），食品质量安全准入，辅助部门（原料接受站、研发中心、品控中心、仓库等）、卫生及生活设施、公用系统设计（给排水、供电及自控、供汽、采暖与通风、制冷等），环境保护，设计概算与财务基础数据估算及财务分析等内容。

本书可作为高等院校食品科学与工程专业的教材，也可供相关专业人员参考。